JN416861

가시광 통신 기술 활용

남상엽 · 안병구 · 이규대 공저

도서출판 상학당

欲爲大者 當爲人役

크고자 하거든 남을 섬기라

학습 모듈코드 1903100303_15v1

대분류	중분류	소분류	세분류	능력단위
전기전자/19	전자기기개발 /03	광기술개발/10	LED기술개발/03	LED제품설계/03

가시광 통신 기술 활용

머리말

LED 가시광 통신(VLC : Visible Light Communication) 기술은 LED 조명의 빛에 정보를 실어 무선 통신하는 기술이며, 가시광 통신은 LED나 인버터 형광등 기술을 토대로 한 통신을 말한다. 모든 보이는 빛을 사용한 통신의 역사는 의외로 오래되었다. 가시광 무선통신 기술은 1998년 일본 케이오대학 이공학부의 나카무라 교수에 의해 처음 제안되었고, 유럽에서는 오메가(OMEGA) 프로젝트라는 이름으로 연구가 진행되고 있다.

가시광 통신의 주파수는 385~789THz로 매우 넓으며 이는 무선통신 전체 주파수의 약 1만 배에 달한다. 넓은 주파수 대역을 가짐으로써 더 많은 사용자 접속이 가능하고 주파수 대역을 여러 개로 분할 가능하여 빠른 데이터 전송이 가능하다.

가시광 주파수 대역은 정부의 규제나 허가 없이 누구나 무료로 사용이 가능하므로 국내 통신사의 LTE-A를 개통을 위한 20MHz 대역의 주파수 사용권 비용이 약 1조 원임에 비해, 가시광 통신 주파수는 사용료가 무료이며 세계 공통이므로 저렴한 운영비용이 특징이다. 특히 LED 조명 인프라 사용으로 추가적 인프라 구축비용이 절감하는 효과가 있다.

가시광을 이용한 기존의 산업 인프라를 그대로 사용하여 어디서나 다양한 서비스를 이룰 수 있다는 점이 가시광 통신 기술의 장점이다. 즉 언제 어디서나 환경에 적응적인 유비쿼터스(Ubiquitous) 환경구현에 적합한 기술로서 가시광 무선통신 기술은 백열등, 형광등과 같은 기존의 조명방식이 LED 조명으로 바뀌는 인프라를 이용한 무선통신이 가능하여 기존의 LED 조명 장치에 통신 기능을 더한 새로운 융합(Convergence)기술이다.

가시광 통신의 핵심기술은 VLC PHY 기술, VLC 고속 스위칭 기술, VLC 간섭 제거 기술, VLC ID 기술, VLC Infra 구축 기술, VLC 위치 측정 기술 등으로 대표적으로 구분한다.

조명용 LED 소자의 낮은 성능에서는 조명용도로 사용되는 백색 LED는 통신용 LED에 비해 주파수 응답이 낮기 때문에 변조할 수 있는 전송속도가 제한되어 있다.

빛의 주파수 및 밝기 규제에서 인간이 느낄 수 있는 주파수 이하로 빛을 변화시키는 LED를 변조해서는 안되며, LED 조명의 밝기 제어 기능이 가시광 통신 중에도 동작해야 한다. 외부 간섭 요인 극복에서 햇빛, 신호등, 기상 상태 등의 외부 요인에 따른 광간섭 현상을 극복하기 위한 서비스 및 어플리케이션 개발이 필요하다.

OPAN 응용분야로 가시광 통신 기술 적용시 W-PAN, USN, 지능형 정보가전 및 홈네트워크, 전광판 및 광고 산업분야와 관련성이 높고, ITS 응용분야로 가시광 통신 기술 적용시 ITS 센서, 차량용 조명등 및 교통 신호등 산업분야와 관련성이 높다. 특히 ID-TAG 응용분야로 VLC 기술 적용시 RFID 및 모바일 RFID 산업분야와 관련성이 높다.

이 책에서는 가시광 통신 시스템의 연구 개발 논문을 토대로 가시광 통신 시스템의 개발이라는 제목으로 3개의 장을 구성하였다. 이는 연구논문을 바탕으로 개발 진행과정을 소개하였다. 그리고 특히 차세대 가시광 통신 융합기술인 라이파이의 기술에 대하여 간략히 소개했다. 가시광 통신 기술을 활용한 차세대 통신기술인 라이파이는 2011년 영국의 에딘버러대학교의 해럴드 하스(Harald Haas) 교수가 이를 LiFi(Light Fidelity, 라이파이)라는 새로운 근거리 통신기술을 명명하였으며, 고속 및 완전 네트워크 무선 통신 기술로서 스펙트럼의 빛을 이용한 차세대 이동 통신 기술이다.

가시광 무선통신으로 인하여 창출되는 서비스인 자동차 안전통신, 초정밀 측위, M-to-M, I-to-M, 가시광 이미지 센서 기술 등 통신 표준 서비스가 필요하므로 간단히 국내외 표준화의 동향에 대한 내용을 서술하였다.

가시광 통신 시장은 2015년부터 본격적인 상용화가 시작되어 연평균 87% 성장을 통해 2020년 경에는 40%를 상회하는 93억 달러의 시장규모를 보일 것으로 예측하고 있다.

가시광 통신은 아직 초기단계로서 전송속도를 높이려는 연구개발이 계속 진행 중이며 향후기술개발이 이루어지면 넓은 주파수 대역을 이용하여 기존 무선랜의 100배까지 속도향상이 가능하다. LED 가시광 통신의 핵심기술과 기술개발 및 특허는 산업화하는 데 무척 많은 노력과 결실이 필요한 부분이다. 이 부분에 대하여도 일부자료를 제시하고 동향을 분석하였다.

이 교재는 컴퓨터, 정보통신, 전기, 전자, 무선통신, LED 등 관련 공학 분야의 입문자를 대상으로 가시광 무선 기술 활용에 대한 기본적인 지식이 없어도 단계별 필요지식을 꾸준히 따라오면 가시광 통신 기술 활용 관련 지식을 얻어 이해하는 단계로 발전하여 능력향상이라는 숲을 볼 수 있도록 눈높이를 맞추는 데 1차적인 목표를 두었다.

이 교재의 주요 구성은 다음과 같다.

학습 1 가시광 무선통신의 개요, 학습 2 가시광과 LED의 원리 및 응용, 학습 3 가시광 통신 시스템의 구성, 학습 4 가시광 통신 시스템의 개발(1), 학습 5 가시광 통신 시스템의 개발(2), 학습 6 가시광 통신 시스템의 개발(3), 학습 7 차세대 가시광 통신 융합기술, 라이파이 기술, 학습 8 가시광 무선통신의 국내외 표준화 동향, 학습 9 가시광 통신 산업시장 동향, 학습 10 가시광 통신의 특허동향, 학습 11 가시광 통신 응용과 활용으로 구성되어 있다.

특히 각 장에서는 수행순서에 따른 수행질문에 따라 임의적으로 해법에 대하여는 생략했다. 창의적인 사고를 학생들이 추가로 작성하고 수행과제를 스스로 제시하고 토론을 통하여 새로운 자리를 마련하여 많은 지식을 상호간 문제점에 대하여 토론하길 바란다.

이 교재가 출간되기까지 가장 많은 지원과 아낌없는 격려를 보내주신 도서출판 상학당 남승우 사장님 및 출판할 수 있도록 배려해주신 편집의 남상석 차장, 연구원들께 감사를 전한다.

또한 가시광 통신 기술 활용 관련 자문 및 논문, 보고서 자료제공을 해주신 관련 교수님, 기업 및 단체에 대하여 지면을 빌려 깊은 감사의 말씀을 전하고, 특히 가시광 통신 응용 관련 자료를 인터넷 블로그 및 관련 연구소 자료집에 올려주신 저자들 등 관련 관계자 여러분에게 감사의 마음을 전한다.

이 책에서 부족했던 점이나 기타 문의사항과 관련한 자료 제공 및 지원은 도서출판 상학당을 통해 지속적으로 지원할 계획이며, 수행에 필요한 자료 등, 기타 보충자료 또한 지속적으로 업데이트할 예정이므로 독자 여러분의 따뜻한 질책과 조언을 부탁드린다.

저자 씀

차 례

가시광 통신 기술 활용 학습 모듈의 위치

대분류	19. 전기전자
중분류	03. 전자기기개발
소분류	10. 광기술개발

세분류	능력단위
03. LED 기술개발	01. LED제품 개발기획
	02. LED제품 지식재산권 확보전략수립
	03. LED제품 설계
	04. LED제품 회로 설계
	05. LED제품 제조공정 개발
	06. LED제품 패키지개발
	07. LED제품 기구 개발
	08. LED제품 시험분석 검증
	09. LED개발 제품 인증

1. 학습 모듈의 목표

가시광 통신 기술 활용을 위한 LED기술개발은 LED를 활용하여 가시광 통신 기술 분야에서 요구되는 제품을 개발하기 위하여 전기전자, 광학, 재료, 기계기술 기초지식을 바탕으로 가시광 통신 LED제품 개발기획, 지식재산권 확보전략 수립, 제품 설계, 회로 설계, 제품공정 개발, 패키지 개발, 기구 개발, 품질관리, 시험분석 검증, 개발제품 인증을 수행하는 일이므로 .최신 LED응용 기술인 가시광 통신 기술에 대한 정보수집, 기술동향, 특허정보 및 활용 동향 등을 이해하고 분석하는 데 목표를 두고 있다.

2. 선행 학습

무선통신기술, 무선주파수, 가시광, LED기본기술, 반도체기본, 전기·전자 회로 이론, 기구 설계 이론, 기구 제작(1903020206_14v1), 기구 상세 설계(1903020211_16v2)

3. 핵심 용어

가시광 통신, LED조명, Li-Fi, 가시광 무선통신, LED 제품, 표시 사항, 광효율, KC인증, KS인증, 고효율 기자재 인증, 제품 규격서, 광학 설계, 회로 설계, 기구 설계, 목업(Mock-Up), 원부자재, 데이터시트

4. 교육과정 학점 및 이수시간

학 습	교육과정 학점 및 이수시간	
	학점	이수시간
1. 가시광 무선통신의 개요	3	3
2. 가시광과 LED의 원리 및 응용	3	3
3. 가시광 통신 시스템의 구성	3	3
4. 가시광 통신 시스템의 개발(1)	3	6
5. 가시광 통신 시스템의 개발(2)	3	6
6. 가시광 통신 시스템의 개발(3)	3	6
7. 차세대 가시광 통신 융합기술, 라이파이 기술	3	3
8. 가시광 무선통신의 국내외 표준화 동향	3	3
9. 가시광 통신 산업시장 동향	3	3
10. 가시광 통신의 특허동향	3	1
11. 가시광 통신 응용과 활용	3	2

가시광 통신 기술 활용 학습 모듈의 명세서

학습명	학습내용명
1. 가시광 무선통신의 개요	1-1 가시광 무선통신의 개념 1-2 가시광 통신의 특징 1-3 가시광 무선통신의 출현 배경 및 필요성 1-4 가시광 통신의 핵심기술 1-5 가시광 통신의 활용방안 및 극복방안 1-6 가시광 통신 응용 분야
2. 가시광과 LED의 원리 및 응용	2-1 가시광의 개요 2-2 LED의 원리 및 분류
3. 가시광 통신 시스템의 구성	3-1 가시광 통신의 역사 3-2 가시광 통신의 요소기술 3-3 가시광 무선 통신시스템의 기능 3-4 가시광 무선 통신시스템의 구성 3-5 가시광 무선 통신의 주파수 할당
4. 가시광 통신 시스템의 개발(1)	4-1 LED통신 기반 PC-PC 전송시스템 4-2 LED 통신기반 멀티 홉 무선 전송네트워크시스템
5. 가시광 통신 시스템의 개발(2)	5-1 LED 통신 기반 멀티 홉 오디오 데이터 전송 네트워크시스템 5-2 VLC 기반 멀티 홉 멀티미디어 데이터 전송 네트워크 시스템
6. 가시광 통신 시스템의 개발(3)	6-1 LED-to-LED 양방향 가시광 통신 시스템 6-2 스마트폰을 이용한 가시광 통신 기반 실내 IoT 모니터링 시스템
7. 차세대 가시광 통신 융합기술, 라이파이 기술	7-1 라이파이 기술의 개요 7-2 라이파이 기술의 특징 7-3 라이파이의 기술 7-4 라이파이 기술의 표준 7-5 기술 실현의 장애요인 7-6 국내외 개발 동향 7-7 라이파이의 주요 응용분야 7-8 라이파이 기술의 기대효과

학습명	학습내용명
8. 가시광 무선 통신의 국내외 표준화 동향	8-1 가시광 통신의 표준화 8-2 국내외의 표준화 동향
9. 가시광 통신 산업시장 동향	9-1 가시광 통신의 시장의 현황 9-2 가시광 통신의 산업 구조
10. 가시광 통신의 특허동향	10-1 LED 가시광 통신의 기술개발 및 특허 동향 10-2 국내 특허출원 현황 및 전망 10-3 국외 주요 국가별 특허출원 현황 및 전망
11. 가시광 통신 응용과 활용	11-1 실내 측위 기반 서비스 11-2 특수시설 내부 통신 11-3 전시물 및 광고판 11-4 IoT 가전제품 11-5 수중 근거리 통신 시스템 11-6 지능형 교통 시스템

학습 1	가시광 무선통신의 개요
학습 2	가시광과 LED의 원리 및 응용
학습 3	가시광 통신 시스템의 구성
학습 4	가시광 통신 시스템의 개발(1)
학습 5	가시광 통신 시스템의 개발(2)
학습 6	가시광 통신 시스템의 개발(3)
학습 7	차세대 가시광 통신 융합기술, 라이파이 기술
학습 8	가시광 통신 국내외 표준화 동향
학습 9	가시광 통신 산업 시장 동향
학습 10	가시광 통신 특허 동향
학습 11	가시광 통신 응용과 활용

학습 목표

1-1. 가시광 무선통신의 개요를 이해할 수 있다.

1-1 가시광 무선통신의 개념

LED 가시광 통신(VLC : Visible Light Communication) 기술은 LED 조명의 빛에 정보를 실어 무선 통신하는 기술이다. 디지털 반도체에 의해 발생된 빛으로 켜짐과 꺼짐을 반복하여 빛의 켜짐을 디지털 정보 1로 하고, 빛의 꺼짐을 디지털 정보 0으로 하여 정보를 전달한다. 사람은 가시광 빛을 초당 200번 이상 꺼짐과 켜짐을 반복하면 계속 켜있는 빛으로 인식하는 원리를 이용하여 조명의 기능과 무선통신의 기능을 동시에 실현가능하다.

LED는 전기를 빛으로 바꾸며 LED가 전기에서 빛으로 바꾸는 속도가 약 200 나노미터로 LED와 PD(포토 다이오드)의 깜박임(On-Off 스위칭) 통신 모듈레이션을 이용하여 송수신한다. 사람은 초당 200번 이상 깜박이면, 깜박임을 인식하지 못하고 계속적으로 켜진 것으로 인식하기 때문에 통신에 의한 깜박임이 있지만, 계속적으로 켜진 것으로 인식되기 때문에 조명의 기능도 유지한다.

가시광 통신의 주파수는 385~789THz(테라헤르츠)로 매우 넓으며 이는 무선통신 전체 주파수의 약 1만배에 달한다. 넓은 주파수 대역을 가짐으로써 더 많은 사용자 접속 가능하고 주파수 대역을 여러 개로 분할 가능하여 빠른 데이터 전송이 가능하다.

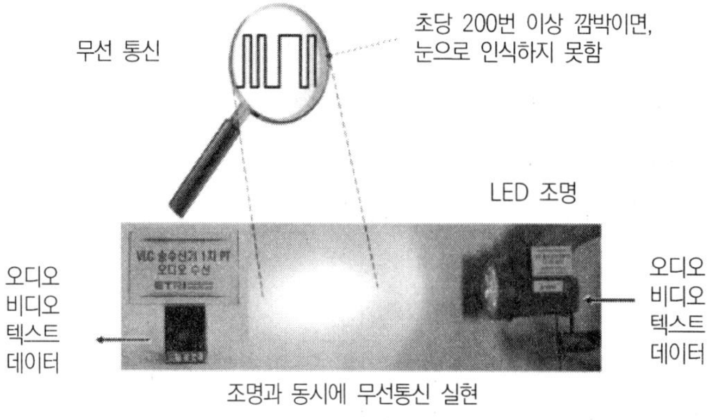

[그림 1-1] 가시광 무선통신 원리

참고 : LED 가시광 통신 기술동향과 발전전망

특히 현재 상용화 초기 단계에서 무선랜 최고 속도보다 약 1.4배 빠른 속도(10Gbps)를 구현하고, 향후 파장분할 다중방식(WDM : Wavelength Division Multiplexing : 광섬유 하나에 개별 채널 별 여러 파장을 동시에 전송하는 통신 기술) 등을 이용하면 무선랜 대비 최대 100배의 데이터 전송 속도로 구현이 가능하다.

가시광 주파수 대역은 정부의 규제나 허가 없이 누구나 무료로 사용이 가능하므로 국내 통신사의 LTE-A를 개통을 위한 20MHz 대역의 주파수 사용권 비용이 약 1조원임에 비해, 가시광 통신 주파수는 사용료가 무료이며 세계 공통이므로 저렴한 운영비용이 특징이다. 특히 LED 조명 인프라 사용으로 추가적 인프라 구축비용이 절감하는 효과가 있다.

〈표 1-1〉 유무선 광통신 및 가시광 통신 비교

분 류	기술내용	관련기술	특 징
유선 광통신	유선의 광섬유 내부에 광 송수신 기술	FTTH, 광전달망, 광가입자망, PON, WDM	• 유선 고속 통신 • 1500nm 파장 사용
무선 광통신	LD(Laser Diode)를 이용하여 무선 광 송수신 기술	LD 통신, 건물간 무선통신, FSO(Free Space Optic), 광무선통신, IR	• 장거리 고속 무선 통신 • 780nm 이상 파장 사용
가시광 무선통신	LED(Light Emitting Diode)조명을 이용하여 가시광 무선 송수신 기술	가시광 무선통신	• 조명 인프라 통신 • 센서, 측위 응용 가능 • 380~780nm 가시광 파장 사용

자료 : 정보통신기술협회(2016), 'ICT 중점기술 표준전략화 맵'

1-2 가시광 통신의 특징

LED 가시광은 780nm에서 380nm의 파장(wavelength)에 해당되며 가시광 무선 통신에서 사용하는 파장을 주파수로 변환하면, 385THz에서 789THz(주파수 대역= 빛의 속도(300,000,000m) / 파장(380×1000))에 해당된다.

가청(오디오) 주파수 대역은 20Hz에서 20,000Hz에 해당되고, 적외선 파장을 사용하는 IrDA, 2.4Hz의 IEEE 802.11n, 802.15.1 Bluetooth, IEEE802.15.3c 60GHz, 802.15.4 Zigbee UWB 등으로 구분한다.

가시광 무선통신은 870~900nm를 사용하는 IrDA와 가장 유사한 파장을 사용하지만, 조명과 동시에 통신을 할 수 있고 기존의 산업 인프라를 그대로 사용할 수 있고 LED조명의 에너지 절감과 언제 어디서나 다양한 특화 서비스가 가능한 유비쿼터스 환경 구현 및 실현이 가능하다는 것이 특징이며 장점이다.

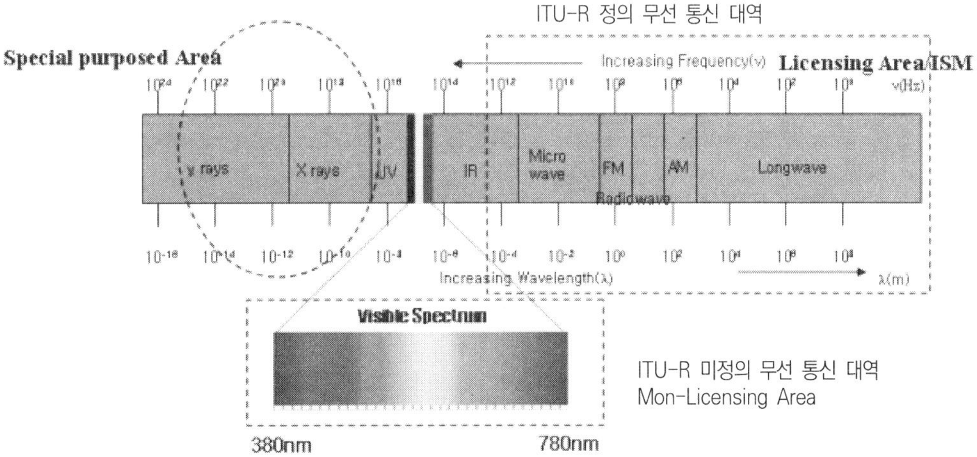

[그림 1-2] 가시광 무선통신 파장 대역

참고 : LED가시광 통신 기술동향과 발전전망

가시광 무선통신은 LED 조명의 눈으로 보이는 빛을 이용하기 때문에 무선통신 구간을 눈으로 확인이 가능하다.

이와 반면에, 타 무선통신인 ZigBee, IrDA, Bluetooth 등은 눈으로 보이지 않는 주파수를 사용하고 있으며, 통상 ISM(industrial scientific and medical equipment) 주파수를 사용한다.

<표 1-2> 가시광 무선통신과 타 기술 비교

	송신 매체	상용화 사례	표준단체	LOS (Line of Sight)	가시성
가시광 무선통신	가시광 (조명 활용)	상용화 제품 없음	IEEE 802.15.7	매우 높음	보임
타 무선통신 (ZigBee, IrDA, Bluetooth 등)	ISM	상용제품 다수 있음	IEEE 802.15.1, 802.15.3, 802.15.4	낮음	안보임

<표 1-3> LED 기반 가시광 통신 기술과 RF 무선 통신 기술의 비교

구분 / 응용	Property	RF	VLC
	Bandwidth Limitation	Regulatory	No
	Electromagnetic Interference	Yes	No
	Line of Sight	No	Yes
	Standard	Yes	No
LAN	Security	Bad	Secure
	Infra	Access Point	LED
	Mobility	Yes	Limited
	Coverage	Wide	Limited
주변기기 (Peripheral)	Visibility	No	Yes
	Power consumption	Medium	Low
	Distance	Medium	Short
	Power Budget	Medium	Tigh

조명과 동시에 통신을 할 수 있으며 기존의 산업 인프라를 그대로 사용, LED 조명의 에너지 절감과 언제 어디서나 다양한 특화 서비스가 가능한 유비쿼터스 환경 구현 및 실현이 가능하다.

기존의 무선 통신기술(802.11b/g : near 2.45GHz) 또는 RFID(860~960MHz and 2.45GHz)가 갖는 전자파 유해논란과 무관한 녹색 친환경기반 실내 네트워크용 무선 통신으로도 활용하고 있다.

1-3 가시광 무선통신의 출현 배경 및 필요성

1. LED 광원의 저전력 장수명

백열전구의 경우 전력의 10%만을 빛으로 전환시켜 사용하는데 반해 LED 광원은 90%를 빛으로 변환시켜 전력 소모가 백열전구에 비해 현저히 낮아 고유가 시대에 적당한 차세대 조명용 광원으로 부각되고 있다.

각 전구별 수명은 백열전구 1,000시간 내외, 형광등 10,000시간 내외, LED 40,000~100,000시간 정도이며 이후 기술 개발과 더불어 LED의 수명시간은 반영구적 사용으로 늘어날 것으로 전망하고 있다.

〈표 1-4〉 각 전구별 수명시간

(단위 : 시간)

종 류	수명[시간]
백열전구	1000
형광등	10,000
LED	40,000-100,000

2. 친환경적인 LED 광원

2000년대 중반 이후에 전세계적으로 고유가에 의한 에너지 위기와 지구 온난화에 의한 이산화탄소 배출로 인한 환경 규제가 본격화되고 있다.

에너지 문제와 관련된 대표적인 국제 활동으로 교토의정서(Kyoto Protocol)에서는 이산화탄소 배출금지, RoHS(Restriction of Hazardous Substances)에서는 무수은 조명 사용억제, WEEE에서는 조명 통신 융합으로 폐기물 최소화를 목적으로 폐기물 회수를 요구하고 있다.

LED는 전력을 절감하고, 수은을 포함하고 있지 않기 때문에 폐기물 처리가 상대적으로 자유로워 LED 사용을 권장하고 있다.

LED는 수은, 납, 카드뮴 등 환경유해물질을 사용하지 않아 RoHS, WEEE 등 국제환경규제기준에 부합하는 친환경 반도체 광원(光源)으로 각광받고 있다.

LED 제조공정 과정에서 발생하는 폐기물(암모니아, 유기물가스, 산/염기, 아세톤

등)은 종류별 폐기물 처리절차(예를 들면 암모니아의 경우에는 연소 후 스크러버 흡착시켜 물에 용해시킨 후 중화제 투여하는 절차)에 의거 중화하여 폐수종말 처리장 등으로 방출한다.

기존 광원이 수은과 납 등의 중금속을 사용하지만, LED는 기존 광원에서 사용하는 중금속을 사용하지 않는 RoHS 규제를 따르고 있어 친환경적인 광원이다.

1-4 가시광 통신의 핵심기술

가시광을 이용한 기존의 산업 인프라를 그대로 사용하여 어디서나 다양한 서비스를 이룰 수 있다는 점이 가시광 통신 기술의 장점이다.

즉 언제 어디서나 환경에 적응적인 유비쿼터스(Ubiquitous)환경구현에 적합한 기술로서 가시광 무선통신 기술은 백열등, 형광등과 같은 기존의 조명방식이 LED 조명으로 바뀌는 인프라를 이용한 무선 통신 가능하여 기존의 LED 조명 장치에 통신 기능을 더한 새로운 융합(Convergence)기술이다.

가시광 통신 기술은 아직 초기 단계지만 LED 조명시장 확장과 더불어 4차산업 혁명 기술인 IoT 산업의 주요 기술로 주목 받으면서, 특히 미국, 유럽, 일본, 중국 등에서 관련 기술 개발 및 특허 출원 증가 추세이다.

미국의 펜실바니아 주립대학은 전력선 통신과 융합된 가시광 통신 시스템 제안하였으며, 보스턴 대학은 무선랜 대체 가시광 무선통신을 개발하고 있다.

유럽의 영국은 기존 독일 연구소가 구현한 3Gbps보다 3배 이상 빠른 10Gbps 속도를 구현하였으며, EU에서는 신규 배선 설치 없이 1Gbps 전송 속도의 홈 네트워크 국제표준을 추진하고 있다.

일본의 파나소닉, 도시바 등 LED 원천 기술을 보유한 기업을 중심으로 가시광 통신을 이용한 지능형교통 시스템, 전력선 통신과 융합하는 방안 등을 추진하고 있다.

중국의 Fudan대학은 1W LED 전구로 4대의 컴퓨터를 인터넷에 연결하여 3.25Gbps 전송속도 기록하고 있다.

한국은 가시광 송수신 기술 및 통신 프로토콜(Protocol)에 대한 기술 표준 개발 및 제정 진행 중이다.

[그림 1-3]은 가시광 통신 시스템의 송 · 수신기의 구조이다.

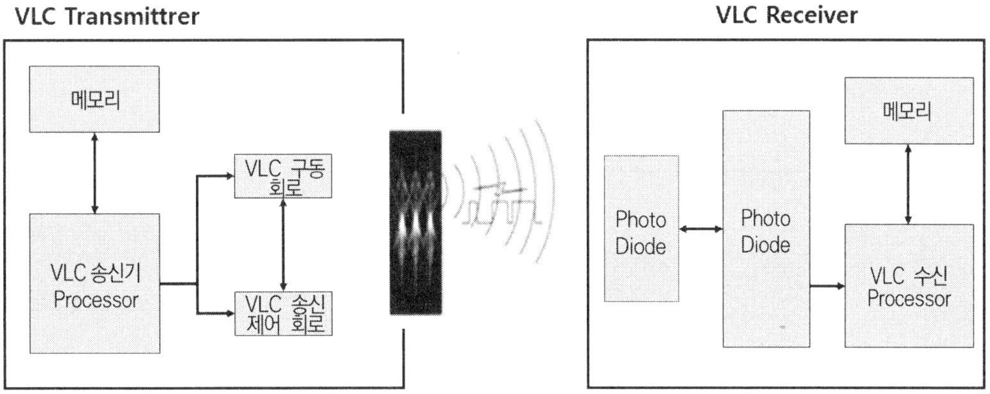

[그림 1-3] 가시광 통신의 송수신기의 구조

〈표 1-5〉처럼 LED조명 가시광 통신의 핵심기술은 VLC PHY 기술, VLC 고속스위칭기술, VLC 간섭제거 기술, VLC ID 기술, VLC Infra 구축 기술, VLC 위치 측정 기술 등으로 대표적으로 구분한다.

〈표 1-5〉 LED조명 가시광 통신의 핵심기술

핵심기술	기술내용
VLC PHY 기술	VLC(가시광 통신)의 PHY(physical layer)에 관한 기술
VLC 고속 스위칭기술	고속의 깜박임(on-off switching) 제어에 관한 기술
VLC 간섭제거 기술	주변 광 간섭에 의한 통신 장애를 제거할 수 있는 기술
VLC ID 기술	VLC 조명 또는 단말 각각에 대한 식별번호(ID)를 정의하고, ID에 따라 단말을 제어할 수 있는 기술
VLC Infra 구축 기술	VLC 통신이 가능한 인프라 구축에 관한 기술
VLC 위치 측정 기술	VLC를 이용한 위치 정보를 송수신할 수 있는 기술

참고; 주대영, LED가시광 통신의 기술개발 동향

1-5 가시광 통신의 활용방안 및 극복방안

1. 가시광 통신의 활용 및 효과

가시광 통신은 기존에 RF(Radio Frequency) 기술에 의해서 사용되었던 단거리, 실내 무선통신 서비스 등에 효과적으로 적용이 가능하다. LED(Light Emitting Diode)는 긴 수명, 작은 크기와 저전력 소모 등과 같은 특징을 가지고 있다. LED는 교통 조명 등에 많이 사용되고 있을 뿐만 아니라, 점진적으로 전통적인 조명 시스템들이 LED 조명으로 대체되고 있다.

또한 LED는 밝기를 주기적으로 조절이 가능해 데이터를 전송할 수 있으며, 발광뿐만 아니라 포토다이오드(Photo Diode)처럼 들어오는 빛을 수신해 수신기로 사용이 가능하다. LED-to-LED 양방향통신 시스템은 별도의 수신기가 필요가 없어 네트워크 구성을 단순하게 하고, 센서 네트워크, 홈 네트워크, 스마트 조명 등에 응용이 가능하다.

LED-to-LED 양방향 통신은 기존의 적외선통신과 RF 통신에서 사용하는 통신방식을 가시광 통신에 응용할 수 있는 확장성을 가진다.

최근 인터넷 서비스와 함께 유무선 통신 서비스가 보편화되면서 각종 부가서비스를 제공하기 시작했고, 보다 향상된 정보통신의 필요성이 커지고 있다.

이에 따라 근거리 무선통신 기술이 다양하게 개발되고 있다. 그 중 가시광 무선통신(VLC : Visible Light Communication)은 국제표준화가 진행되고 있으며, 송신을 위한 발광소자로 LED가 주목받고 있다.

LED는 휴대폰용 키패드 광원이나 LCD 창의 백라이트 광원으로 쓰이는 등 용도가 다양화 되고 있으며, 특히 일반 조명으로의 사용이 늘고 있는 추세이다. LED가 기존의 조명용 광원인 백열등이나 형광등보다 우수한 점은 백열등에 비해 1/10 정도의 낮은 소비 전력을 사용하면서 100배 정도의 긴 수명을 갖는다는 점이다. 또한 진동이나 충격에 강하고 내구성이 뛰어나다는 장점이 있다. 뿐만 아니라 LED는 수은을 함유하지 않고 폐기물 처리가 상대적으로 자유롭기 때문에 환경 규제가 대두되고 있는 현재 상황에 적합한 친환경적 광원이라 할 수 있다.

가시광 무선통신은 차세대 조명용 광원의 유력한 후보로 부상하고 있는 LED를 이용함으로써 조명 인프라를 통신용 광원으로 사용할 수 있고, 시스템 구축비용을 절감하는 효과를 거둘 수 있다.

우리가 주목할 만 한 점으로 LED는 전기를 빛으로 바꾸는 속도가 약 30ns에서 250ns에 달하는데, 이렇게 빠른 스위칭 특성을 이용한 변조로 통신에 활용할 수 있다.

사람은 초당 100회 이상 깜박이면 이를 인식하지 못하고 계속적으로 켜져 있는 것으로 인식한다. 통신에 의한 깜박임이 있지만 그 깜박임을 인식하지 못하기 때문에 조명의 기능도 유지된다.

LED 조명 인프라를 이용하여 통신환경을 조성한다면, 조명 인프라를 공유하는 경제적 이득효과가 발생할 뿐만 아니라 실생활 조명과 함께하는 융합 멀티미디어 통신 서비스를 제공하게 될 것이다.

2. 가시광 통신 극복 과제

조명용 LED 소자의 낮은 성능에서는 조명용도로 사용되는 백색 LED는 통신용 LED에 비해 주파수 응답이 낮기 때문에 변조할 수 있는 전송속도의 제한되어 있다.

빛의 주파수 및 밝기 규제에서 인간이 느낄 수 있는 주파수 이하로 빛을 변화시키는 LED를 변조해서는 안 되며, LED 조명의 밝기 제어 기능이 가시광 통신 중에도 동작해야 한다.

외부 간섭 요인 극복에서 햇빛, 신호등, 기상 상태 등의 외부 요인에 따른 광 간섭 현상을 극복하기 위한 서비스 및 어플리케이션 개발이 필요하다.

1-6 가시광 통신 응용 분야

OPAN 응용분야로 가시광 통신 기술 적용시 W-PAN, USN, 지능형 정보가전 및 홈네트워크, 전광판 및 광고 산업분야와 관련성이 높고 ITS 응용분야로 가시광 통신 기술 적용시 ITS 센서, 차량용 조명등 및 교통 신호등 산업분야와 관련성이 높다.

특히 ID-TAG 응용분야로 VLC 기술 적용시 RFID 및 모바일 RFID 산업분야와 관련성이 높다.

〈표 1-6〉 가시광 통신 응용분야

VLC 응용분야	관련 기술 분야
OPAN 응용분야	W-PAN
	USN
	지능형 정보가전 및 홈네트워크
	전광판 및 광고
ITS 응용분야	ITS Sensors
	차량용 조명등
	교통 신호등
ID-TAG 응용분	RFID
	모바일 RFID

학습활동.1 교수 · 학습 방법

교수 방법

- 가시광 무선통신의 개요에 대한 관련 용어, 구성, 방식 이해 정도를 파악한 후 수업을 진행한다.
- 교수자의 주도로 가시광 무선통신의 개요 등의 내용을 PPT 자료로 제시한 후 설명한다.
- 가능하면 사전에 개인별 학습 자료를 준비하여 모든 학생이 참여할 수 있는 문제 해결식 수업, 협력 수업이 가능하도록 한다.
- 가시광 무선통신의 개요 전 과정을 작업의 순서에 따라 단계적으로 실습이 이루어질 수 있도록 지도한다.
- 교재를 통해 수업을 준비하는데 있어서 필요한 모든 정보나 팁, 힌트 등 도움이 될 만한 내용들을 확인할 수 있다.
- 학생들이 만들게 될 각 모델들은 수업시간에 중점적으로 다뤄질 부분과 어휘, 질문, 답을 포함하고 있으며 또한 탐구할만한 추가적인 아이디어들도 포함하고 있다.

학습 방법

- 가시광 무선통신 개요에 대한 관련 용어를 숙지하고, 가시광 무선통신의 개요에 대해 이해한다.
- 가시광 무선통신 개요의 각 단계별 중점 사항을 체계적으로 학습한다.
- 가시광 무선통신 개요의 수행순서의 전 과정을 실습한다.
- 가시광 무선통신 개요의 내용을 이해한다.
- 가시광 무선통신 개요를 이해하고 숙달이 될 때까지 학습한다.

학습활동.1 평가 및 피드백

평가 준거

- 평가자는 피평가자가 수행 준거 및 평가 내용에 제시되어 있는 내용을 성공적으로 수행할 수 있는 지를 평가해야 한다.

학습내용	평가항목	성취수준		
		상	중	하
가시광 무선통신의 개요	가시광 무선통신의 개요를 이해할 수 있다.			

평가 방법

• 작업 포트폴리오

학습내용	평가항목	성취수준		
		상	중	하
가시광 무선통신의 개요	가시광 무선통신의 개요를 이해할 수 있다.			

• 필기시험

학습내용	평가항목	성취수준		
		상	중	하
가시광 무선통신의 개요	가시광 무선통신의 개요를 이해할 수 있다.			

• 체크리스트를 통한 관찰

학습내용	평가항목	성취수준		
		상	중	하
가시광 무선통신의 개요	가시광 무선통신의 개요를 이해할 수 있다.			

피드백

1. 작업 포트폴리오
   – 제출한 보고서를 평가한 후 주요 사항에 대하여 표시하여 돌려준다.
2. 필기시험
   – 평가 결과 성적이 저조한 학생은 보고서 제출 기회를 부여한다.
3. 체크리스트를 통한 관찰
   – 실습 과정에서 평가한 후 개선해야 할 사항 등을 정리하여 돌려둔다.

학습 1

참 | 고 | 자 | 료

1. 오대곤, LED 가시광 통신(VLC) 기술 및 발전 전망, 한국산업기술평가관리원, 2011.
2. "LED Fusion Technologies for intelligent lighting functions," Kang Tae Gyu, 2011.
3. The 5th International Conference on LED and Solid State Lighting.
4. 임상규, "LED 조명과 결합된 가시광 무선통신 기술 동향," 전자통신동향분석 제25권 제4호 2010년 8월.
5. "가시광 통신 VLC의 기술 동향 및 이용 활성화 방안연구," 한국전파진흥원, 2009.1, KORPA연구008-08 최종보고서).
6. "IT 산업융합원천기술개발사업 2012-2016 R&D 발전전략," KEIT, 2011.9, R&D 발전 전략보고서).
7. 주재연, LED가시광 통신의 기술개발 동향, 과학기술정책, 제20권 제3호.
8. 심경석, "LED조명으로 정보를 전송한다," 가시광 통신, KB지식비타민, 2016.11.07.

학습 1	가시광선 무선통신의 개요
학습 2	**가시광과 LED의 원리 및 응용**
학습 3	가시광 통신 시스템의 구성
학습 4	가시광 통신 시스템의 개발(1)
학습 5	가시광 통신 시스템의 개발(2)
학습 6	가시광 통신 시스템의 개발(3)
학습 7	차세대 가시광 통신 융합기술, 라이파이 기술
학습 8	가시광 통신 국내외 표준화 동향
학습 9	가시광 통신 산업 시장 동향
학습 10	가시광 통신 특허 동향
학습 11	가시광 통신 응용과 활용

학습 목표

2-1 가시광과 LED의 기본원리 및 응용을 이해할 수 있다.

2-1 가시광의 개요

1. 빛의 정의

빛은 두 가지 형태로 설명할 수 있다.

- 파장과 진동수로서 웨이브 성질의 용어로 사용된다.
- 입자 같은 특성 광자라 부르는 에너지 패킷으로 표현된다.

이러한 용어는 전자기 스펙트럼 영역에서 유효하며 일반적으로 "빛"(가시광선, 자외선 및 적외선)이라고 간주되는 것으로 제한하지 않는다.

빛은 [그림 2-1]처럼 본질적으로 진동하는 전기(E)와 자기(M)장으로 이루어져 웨이브처럼 간주된다. 이 두개의 파장은 서로 직각을 이루며, 주어진 매질에서 일정 속도로 이동한다. 진공 상태에서 이 속도는 3×10^8m/sec이다.

1) 파장과 진동수

전자기 방사선과 관련된 에너지는 다음과 같이 정의할 수 있다.

$$E = h \cdot v \quad \cdots\cdots (2\text{-}1)$$

E : 에너지(J)

h : Planck 상수(6.62×10^{-34}Js)

v : 진동수(s-1)

[주의] 분광학에서 파장은 일반적으로 마이크로미터, 나노미터 또는 파수(1/λ; 역 센티미터)로 표현된다.

진동수는 다음과 같이 파장과 관련되어 있다.

$$v = \frac{c}{\lambda} \quad \cdots\cdots (2\text{-}2)$$

c : 빛의 속도(3×10^{8}m/sec)

λ : 파장(m)

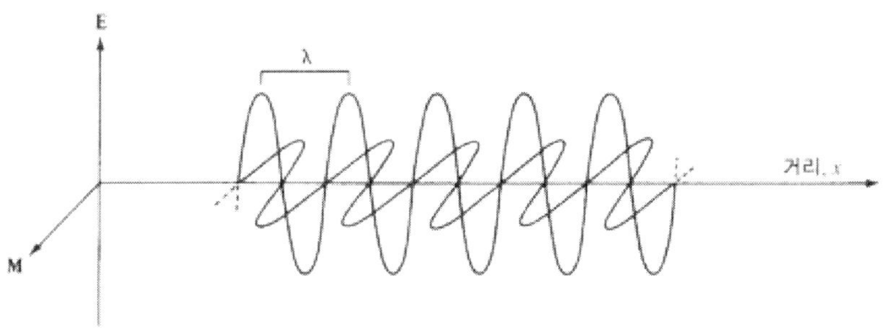

[그림 2-1] 빛의 형태

2) 흡수와 방출

물질과 전자기 방사선의 상호작용은 넓게 다음과 같이 분류될 수 있다.

(1) 흡수 과정

광원으로부터 방출된 전자기장이 시료에 흡수되고 검출기에 도달하는 방사 에너지의 감소가 일어나는 과정이다.

(2) 방출 과정

전자기 방사선이 시료에서 나와 검출기에 도달하는 방사 에너지가 증가하는 과정이다.

흡수와 방출 과정은 서로 다른 에너지 준위 또는 상태로 전이 과정을 포함하고 있다. 전이가 발생할 때 입사 광자가 두 상태 사이의 에너지 차이와 같은 에너지를 가져야 한다. 이 경우에 에너지가 흡수되고 들뜬 상태로 전이가 발생할 수 있다.

그러한 전이는 다음과 같은 변화가 수반될 수 있다

- 전자 에너지
- 진동 에너지
- 회전 에너지

$$\Delta E_{\text{전자}} > \Delta E_{\text{진동}} > \Delta E_{\text{회전}}$$

핵 에너지 준위의 변화는 매우 높은 에너지로 관찰될 수 있지만(γ 선), 핵 회절상태의 변화는 훨씬 낮은 에너지에서 관찰될 수 있다(마이크로파 및 라디오파).

[그림 2-2]는 포름알데히드에서 전자 전이와 이를 일으키는 빛의 파장을 보여준다. 이러한 전이로 인해 흡수하는 종의 에너지 준위에 매우 특징적인 차이를 가지는 파장에서 매우 좁은 흡광도 밴드가 발생한다.

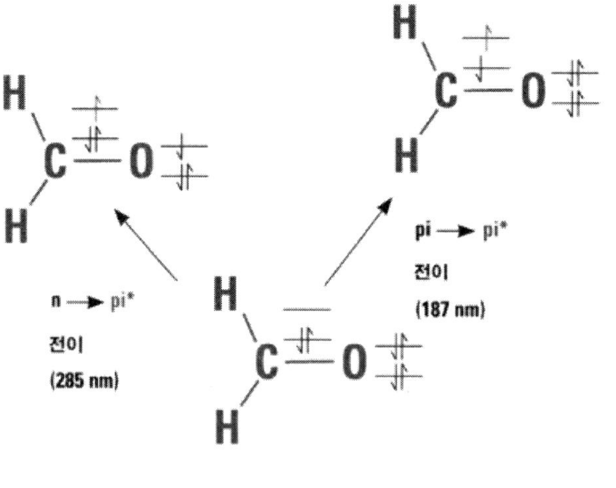

[그림 2-2] 포름알데히드에서 전자전이

[그림 2-3]에서 전자 에너지 준위에 겹쳐진 진동 및 회전 에너지 준위를 볼 수 있다. 서로 다른 에너지를 가지는 많은 전이가 발생할 수 있기 때문에 밴드가 넓어진다. 밴드가 넓어지는 현상은 용매-용질 상호작용으로 인해 용액에서 더 커진다.

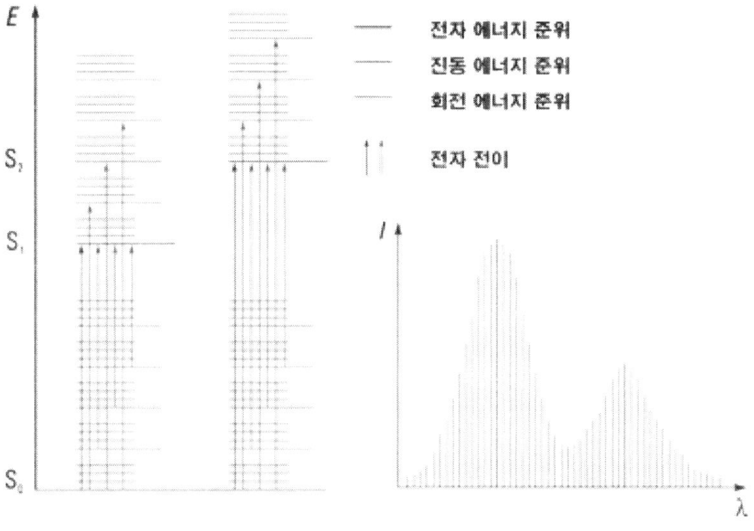

[그림 2-3] 분자에서 전자 전이와 UV-visible 스펙트럼

[그림 2-4]처럼 원자에서 전자 전이의 예를 보여준다. 이러한 전이로 인해 흡수하는 전자의 에너지 준위에 매우 특징적인 차이를 가지는 파장에서 매우 좁은 흡광도 밴드가 발생한다. 원자로부터 각 흡수/방출 에너지에 대해 고유의 파장이 존재한다.

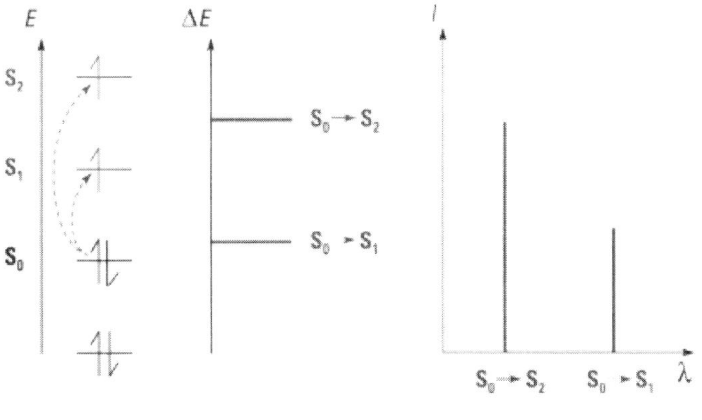

[그림 2-4] 원자에서 전자 전이와 스펙트럼

원자들은 가열이나 서로 다른 파장의 빛에 따라 서로 다른 양의 에너지를 흡수할 수 있다.

전자가 에너지 준위를 다음과 같이 변경할 수 있다.

- 에너지 준위 변화=흡수된 빛의 에너지
- 원자가 "들뜸"
- 전자가 더 높은 에너지 준위로 이동한다.

  E_1, E_2, ... E_n

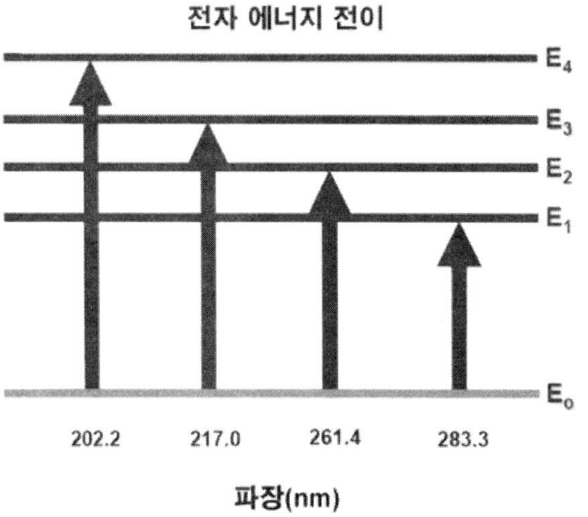

[그림 2-5] 납(Pb)의 에너지 준위 다이어그램

3) 빛의 흡수 대 에너지 준위

빛의 파장(λ)은 에너지 준위 사이의 간격에 역비례 한다.

$$\lambda = \frac{c}{\Delta \cdot E} \text{(더 넓은 간격=더 짧은 파장)}$$

각 전이는 서로 다른 간격과 에너지를 가지며 이에 따라 파장도 다르다. 원자도 방출 선을 가진다. 들뜸 원자가 바닥상태로 이완되어 방출된 빛으로 에너지를 표출한다.

- 흡수와 동일한 에너지
- 흡수와 동일한 파장

4) 원자 스펙트럼의 특징

선명한 피크(UV-Vis의 넓은 피크에 비해)로 가장 뚜렷한 선은 바닥상태로부터 기인한다. 공명선은 가장 강렬한 선으로써 원자 흡수와 가장 큰 관계이다.

하나의 들뜸 상태에서 다른 상태로 발생이 가능하다.

비공명선은 약한 선으로 일반적으로 원자흡수에는 유용하지 않다.

5) 흡광도 및 투과도

방사선이 물질과 상호작용할 때 흡광, 반사, 산란, 형광/인광, 광화학 반응 등 수많은 과정이 일어날 수 있다. 빛이 시료를 통과하거나 시료에서 반사될 때 흡수된 빛의 양은 입사 방사선(I_o) 대 투과된 방사선(I)의 비율과 같다.

$T=\frac{I}{I_o}$ $\quad T=\left(\frac{I}{I_o}\right)\cdot 100$ (투과도)	$A=-\log_{10}T$ (흡광도)

6) 흡광도와 농도관계

(1) Lambert의 법칙

- 투명매질에 의해 흡수된 빛의 양은 입사광의 강도와 무관하다.
- 각각의 연속적인 매질 두께 단위는 매질을 통과하는 빛의 동일한 부분을 흡수한다.

(2) Beer의 법칙

- 빛 흡수는 시료의 흡수 종수에 비례한다.

흡광도는 Beer-Bouguer-Lambert 법칙에 따라 농도에 관련 된다.

$$A=-\log_{10}T=\varepsilon\cdot b\cdot c$$

ε : 흡광 계수 또는 몰흡 광도(Lmol-1 cm-1)
b : 투과 경로 길이(cm)
c : 농도

흡광도는 시료와의 상호작용 및 또는 반사 및 산란으로 인한 손실에 기인할 수 있다. 검량은 A를 c의 변화에 따라 측정하여 이루어진다.

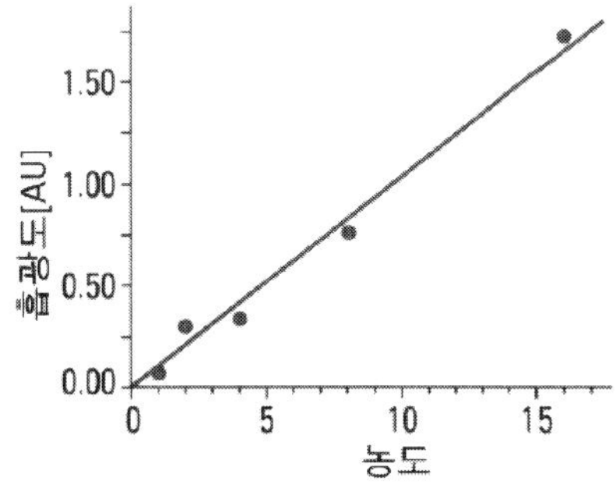

[그림 2-6] 검량선의 예

2. 빛의 파장

가시광(Visible Light)을 이용 가시광선 영역은 적외선과 자외선 사이의 인간의 눈으로 확인할 수 있는 400nm에서 700nm까지의 전자기파의 영역이다. 파장의 단위는 nm(100만분의 1m)를 사용한다.

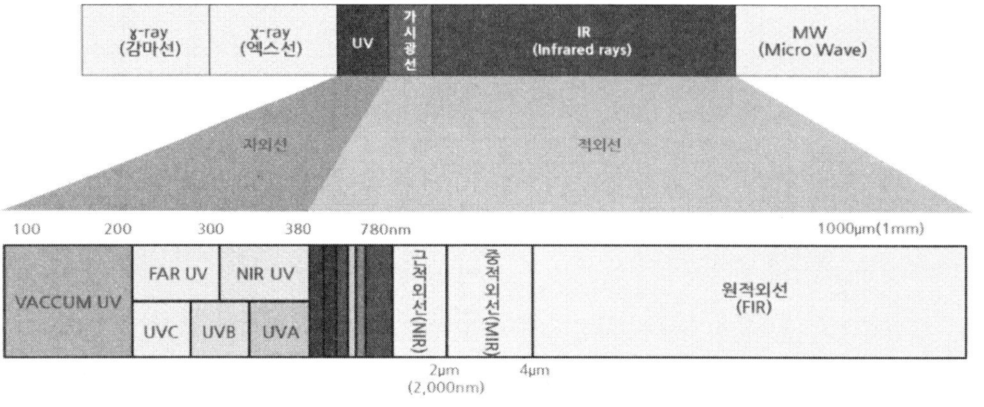

[그림 2-7] 빛의 파장(대역별 구분)

그리고 빨강보다 파장이 긴 빛을 적외선(IR : Infrared Rays), 보라보다 파장이 짧은 빛을 자외선(UV : Untra Violet Rays)이라 한다. 대기를 통해서 지상에 도달하는 태양복사의 광량은 가시광선 영역이 가장 많은데 사람의 눈의 감도가 이 부분에서 가장 높기 때문이다.

1) 적외선(赤外線)

적외선은 1800년에 허셀이 발견하였다. 벌과 같은 곤충은 꿀을 가지고 있는 꽃을 찾는 데 유용한 자외선을 볼 수 있다. 파장(波長)이 적색 가시(可視) 광선(光線)보다 길고 열작용(作用)이 큰 전자파(電磁波)를 적외선이다. 눈에 안보이고 공기(空氣) 중(中)의 투과력이 큰 점이 특징이다. 파장이 가시광선보다 길며 극초단파보다 짧은 750μm~1mm의 전자기파. 눈으로는 볼 수 없고 일반적으로 공기 가운데에서 산란되기 어려우며, 가시광선보다 투과력이 강하다.

가시광선에서 가까운 정도로 적외선을 분류하기도 하는데 근적외선(NIR : Near Infrared) 영역은 가시광선 영역에서 가장 가깝고 중적외선(MWIR : Medium Length IR), 원적외선(FIR or LWIR : Far IR) 순으로 멀어진다. 자외선의 단파장 부분에는 사진 작용 · 형광 작용 · 광전(光電) 작용이 있어, 적외선 사진이나 적외선 통신 · 물질 감정 · 의료 따위에 이용한다.

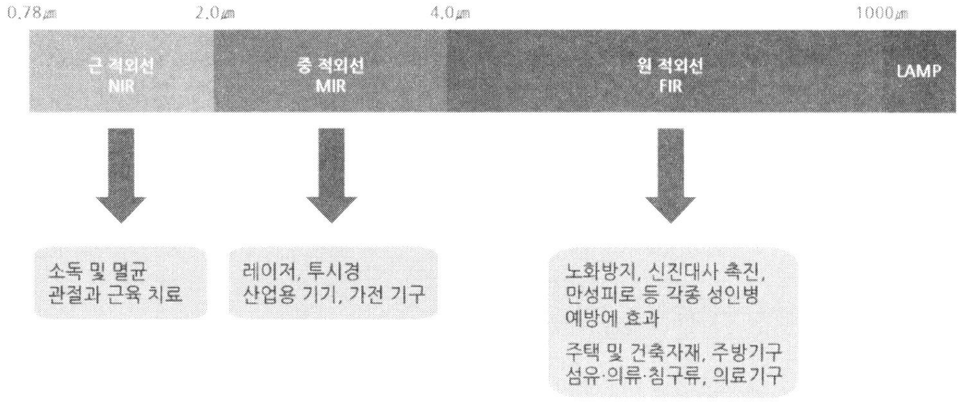

[그림 2-8] 적외선의 종류와 활용

2) 자외선(紫外線)

자외선(Ultra Violet rays : UV)은 파장이 엑스선보다 길고, 가시광선보다 짧은 전자기파이다.

파장은 대략 1억분의 1cm부터 10만분의 4cm에 이르는데 자색 광선으로 눈으로 볼 수 없으며 광화학 반응을 일으키는 등의 화학 작용이나 생리적 작용이 강하고 살균 작용을 한다.

지구에 도달하는 태양광선 속의 자외선은 대기 중의 산소 분자에 의하여 대부분이 흡수되어 오존을 만든다.

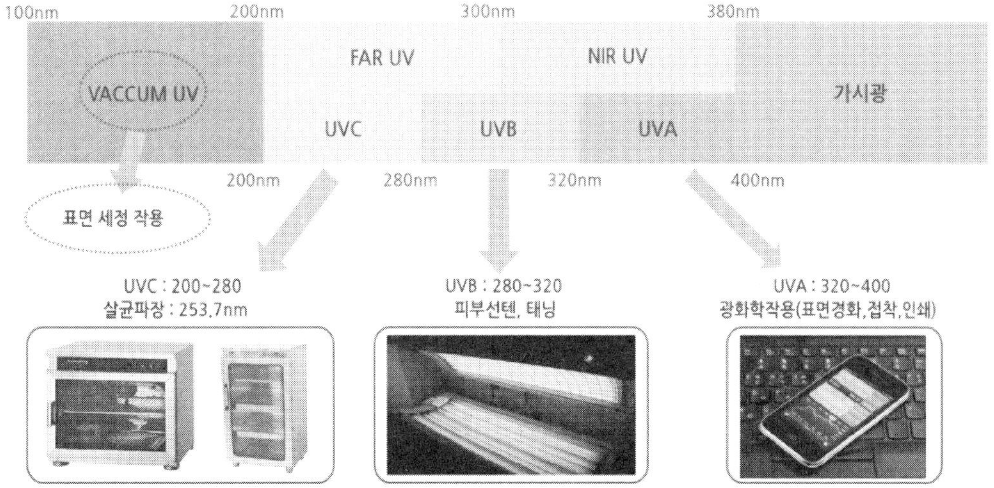

[그림 2-9] 자외선의 종류와 활용

[그림 2-9]와 같이 자외선을 활용할 수 있는 곳은 무궁무진하다.

태양광선에는 자외선, 가시광선, 적외선 등이 동시에 나오고 있다. 인류 문명이 좋은 것, 강한 것을 더 유용하게 활용하는 쪽으로 발전해 왔듯이 자외선 역시 에너지가 강한 부분, 침투력이 강한 부분을 활용하는 기술을 중심으로 발전해 왔다.

자외선은 태양광선 중에 약 9%가 있으며, 방전 램프(UV램프)를 통해서도 인위 생성이 가능한데, 그 원리는 방전 시 수은 원자의 최외각 전자가 여기 되었다가 기저상태로 복귀하면서 방사하는 전자기파가 각각의 에너지 준위에 따라 1849A, 2537A, 2967A, 3650A 등의 자외선으로 나타나게 된다.

이 때 방사되는 각 파장의 에너지와 에너지 준위에 따른 역할이 다르며, 파장에 따른 명칭 및 용도는 다음과 같다.

(1) 오존생성과 개질

공기 중의 산소 분자에 184.9nm 자외선이 조사되면 에너지 충격으로 산소 분자의 외각 전자가 여기(excited state)되어 산소분자가 반응성이 좋은 발생기 산소가 된다. 이 원자가 산소 분자와 결합하여 반응성이 좋은 산소가 되는데 이렇게 발생한 산소가 바로 오존이다.

〈오존 생성 반응식〉

O_2 + 자외선(UV) ──〉 2O*O2 + 2O* ──〉 O_3

오존은 산화력이 매우 강해 LCD 기판 위의 유기물과 표면 물질을 효과적으로 산화분해하여 표면을 세정하거나, 다른 화학 구조로 개질시켜 접촉각을 감소시킨다.

(2) 세정작용

185nm 에너지는 산소에 의해서 흡수되어 오존을 만들고 254nm에너지는 유기 물질들에 의해서 흡수되어 물질의 분자 활동을 증가 시키는데 이 때 표면에 있는 유기물의 결합 고리를 깨트려 탄산가스와 수분으로 산화시킴으로써 표면을 세정한다.

(3) 광화학 작용

광화학 작용은 365nm와 같은 단파장 자외선에 의해 일어나는 화학반응을 말한다. 평상 시 안정한 상태로 유지되는 모노머나 다이머에 자외선을 조사하면 광중합 반응을 일으켜 폴리머(딱딱하게 굳어짐)로 변하는데 표면 경화, 인쇄, 코팅, UV 본딩에서 사용된다.

(4) 살균작용

살균작용은 210~320nm 사이에서 강하게 나타나며, 그 중에서도 250~260nm 자외선이 가장 살균 작용이 강하다. 살균 효력이 가장 강한 자외선 253.7nm을 효율적으로 방사하도록 만드는 램프가 UV 살균 램프이다. UV 살균 램프는 제약회사, 연구소, 병원 등에서 실내 공기 살균용으로 사용이 되며, 식품공업 분야에서 수십 년간 이용되어 왔으나, 최근에는 하수도, 방류수처럼 대량으로 방류하는 시스템의 최종 살균 처리에 사용되고 있다.

(5) 홍반작용

야외에서 태양광에 과다하게 노출되었을 때 나타나는 현상으로 피부에 자외선이 조사되면 수 시간 후에 모세 혈관이 확장(홍반)되기 시작하고 이 현상과 더불어 피부 표피 세포 변성이 일어난다. 그래서 자외선 조사량이 많으면 피부가 까칠까칠해져 아픔을 느끼게 된다.

파장	명 칭
184.9	표면 개질/세정, 오존발생(Ozone Production)
253.7	표면 개질/세정, 살균(Germicidel) 살균 효력이 가장 강한 자외선 253.7nm을 효율적으로 방사하도록 만드는 램프가 살균 램프이다.
296.7	홍반 작용(Erythermal) 여름철 야외에서 태양광에 과다하게 노출되었을 때 나타나는 현상
365	경화(UV curing), 광화학(Photo chemical)
403	경화(UV curing)

[그림 2-10] 자외선의 활용(파장 대역별)

3. 색의 인식과 파장

색은 빛을 우리 눈이 인식한 결과로 나타난다. 우리 눈의 망막에는 추상체, 간상체라는 두 종류의 시세포가 있는 데 한낮의 밝은 상황에서는 추상체가 자극되어 색을 느낄 수 있지만 밤이나 어두운 조명에서는 추상체보다 더 감도가 뛰어나지만 색에 대한 식별력이 없는 간상체가 작용하여 흑백사진과 같은 영상을 느끼게 된다.

추상체 내에는 특정한 파장에 민감하게 반응하는 세 종류의 세포가 있어 각 세포에 걸리는 자극의 정도에 따라 색을 다르게 느끼게 되는 것이다.

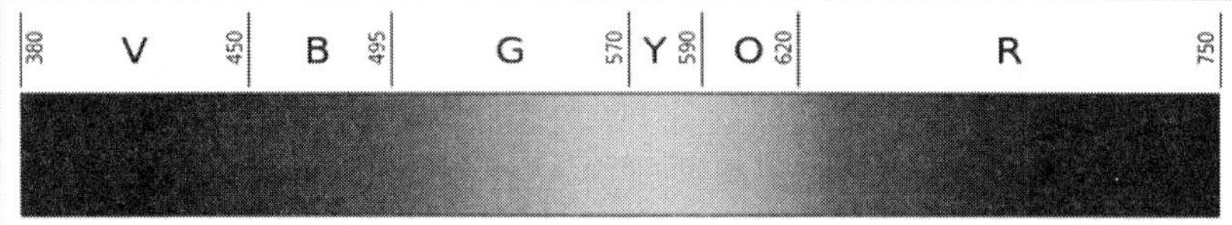

색깔	파장	주파수	광자 에너지
보라색(보통 410nm 영역에서 보라색으로 인식한다)	380–450 nm	668–789 THz	2.75 –3.26 eV
파랑(보통 454nm 영역에서 파랑으로 인식한다)	450–495 nm	606–668 THz	2.50 –2.75 eV
초록색(보통 555nm 영역에서 녹색으로 인식한다)	495–570 nm	526–606 THz	2.17 –2.50 eV
노랑(보통 587nm 영역에서 노랑으로 인식한다)	570–590 nm	508–526 THz	2.10 –2.17 eV
주황(보통 600nm 영역에서 주황으로 인식한다)	590–620 nm	484–508 THz	2.00 –2.10 eV
빨강(보통 656nm 영역에서 빨강으로 인식한다)	620–750 nm	400–484 THz	1.60 –2.00 eV

[그림 2-11] 가시광 파장대역

[그림 2-11]은 색의 세포가 감응하는 파장의 범위와 감도를 나타내고 있다. R로 표현한 세포는 가시광선 전체에 걸쳐서 넓게 빛을 받아들이지만 대체로 붉은 빛에 속하는 580nm 주변을 더욱 강하게 받아들인다. 한편 G는 노랑과 녹색을, B는 청색을 느낀다. R, G, B의 세 세포에 걸리는 자극의 강도가 달라지면 색을 다르게 느끼고, 실제의 스펙트럼이 다르다 하여도 세 자극의 자극이 같다면 같은 색으로 느낀다. 우리 눈의 망막에 있는 추상체의 R, G, B 세 세포가 인지하는 파장별 자극의 정도를 나타낸 그래프로서 이 세 자극 값에 따라 색을 다르게 느낀다.

가시광의 파장을 주파수로 환산하면 대략 385~789THz에 해당되며, 일반적으로 사람의 귀로 들을 수 있는 가청(오디오)주파수 대역은 20Hz~20kHz, 적외선 파장을 사용하는 IrDA, 2.4GHz대를 사용하는 IEEE 802.11n, 802.15.1 Bluetooth, IEEE 802.15.3c, 802.15.4, ZigBee, UWB 및 60GHz통신 등으로 구분한다.

가시광 무선통신은 870~900nm를 사용하는 IrDA와 가장 유사한 파장을 사용하지만, 조명과 동시에 통신을 할 수 있다는 것이 특징이며 장점이다.

국내뿐만 아니라 세계적으로도 한정된 주파수 자원에 대한 수요가 민간뿐 아니라 공공서비스 등의 전 분야에 걸쳐 확산됨에 따라 주파수 자원의 희소성이 가중하고 있다. 또한 무료사용 주파수 대역을 이용하는 통신이 많기 때문에 발생하는 데이터 전송의 혼선이 야기되는 문제가 발생, 다른 주파수 대역은 사용 허가를 받아야만 사용이 가능하나 가시광은 사용 허가를 받지 않아도 사용 가능하다.

2-2 LED의 원리 및 분류

1. LED의 원리와 재료

1) LED의 원리

LED(발광 다이오드, Light-Emitting Diode)는 PN접합 반도체 소자로, 음의 성질인 N형 불순물이 반도체에 여분의 전자를 추가하고, 양의 성질인 P형 불순물은 '정공'을 생성한다. 다이오드 내부에는 N형 물질이 P형 물질 옆에 놓이며, 이 둘이 전극 사이에 위치하는 구조이다. 이 때 전류가 N형 쪽 전극으로부터 P형 쪽 전극으로 한 방향으로만 흐르게 된다.

순방향으로 전압을 가하면 수 볼트의 전압으로 전류가 흘러 발광한다. 즉, N층의 전자가 P층으로 이동해서 정공과 만나는 결합하는 순간 전자는 광자의 형태로 에너지를 내보내며, 그 결과 빛이 발산된다. 이때 에너지는 주로 열이나 빛의 형태로 발산하는 것이 LED이다. 반도체에 어떤 물질이 사용되는지에 따라 UV를 비롯한 다양한 빛의 파장들이 생성된다.

즉 LED는 [그림 2-12]처럼 P형 반도체와 N형 반도체를 접합한 다이오드에 순방향 전압을 걸때 P-N 접합부분에서 정공과 전자가 결합하면서 전도대(Conduction Band, Ec)와 가전자대(Valence Band, Ev)사이의 에너지 준위(eV)차이인 페르미 레벨의 차이만큼의 에너지가 빛에너지로 변환되어서 발광하게 되는 발광소자이다. 에너지의 차이가 크면 단파장인 보라색 계통의 빛을 나타내고 에너지 차이가 작으면 장파장인 붉은 색 계통의 빛이 나온다.

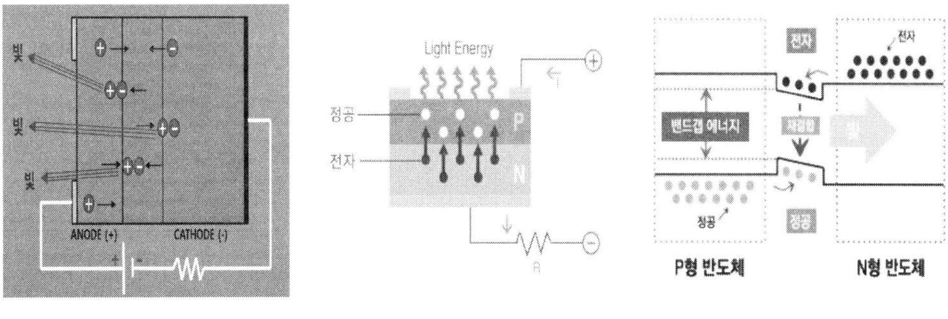

[그림 2-12] LED의 구조

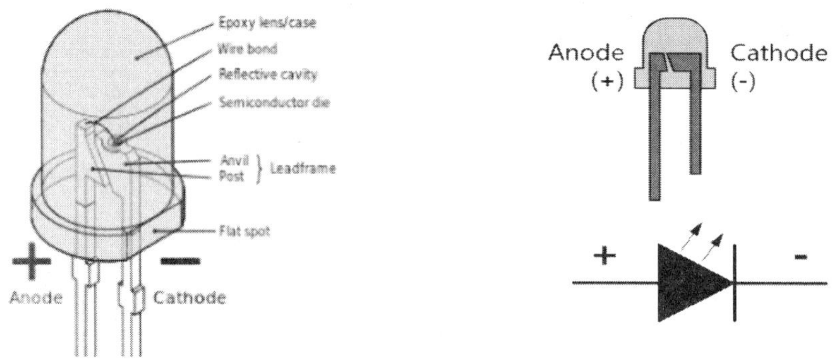

[그림 2-13] LED의 구조

[그림 2-13]처럼 다른 일반적인 다이오드와 동일하게 극성을 가지고 있으며, 캐소드(Cathode : 음극)에서 애노드 (Anode : 양극)로 정전압을 가해서 사용한다. 전압이 낮은 동안은 전압을 올려도 거의 전류가 흐르지 않고, 발광도 하지 않는다.

[그림 2-14]처럼 LED 회로 구성은 기본적인 부품으로는 전원이 될 건전지와 LED, On/Off를 가능하게 할 스위치, 그리고 LED에 걸리는 전압을 낮춰주는 저항이 필요하다. 저항은 330Ω(ohm)~1kΩ(ohm) 정도 사용하면 된다. 아두이노와 같은 마이컴에서 출력 표시장치로 이용하면 LED를 On/Off 회로에서는 전원부분과 스위치를 디지털 출력으로 대체하면 회로가 완성된다.

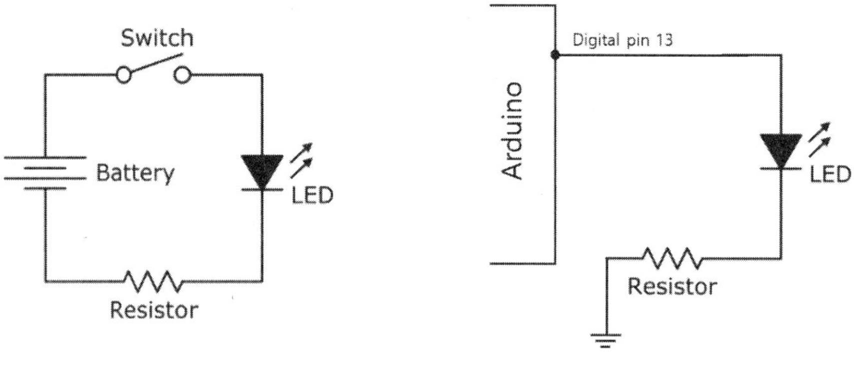

a) LED 회로 구성　　b) 아누이노 출력 표시 회로구성

[그림 2-14] LED의 회로 구성

어느 전압 이상이 되면 전압 상승에 대하여 전류가 빠르게 흘러서, 전류량에 비례해서 빛이 발생된다. 이 전압을 순방향 강하전압이라고 하고, 일반적인 다이오드와 비교

해서 발광 다이오드는 순방향 강하전압이 높다.

발광색에 따라 다르지만, 빨간색(610 〈 λ 〈 760), 오렌지색(590 〈 λ 〈 610), 노란색(570 〈 λ 〈 590), 초록색(500 〈 λ 〈 570)에서는 2.1V 정도이다.

빨간빛을 내지 않는 것은 1.4V 정도이다. 백색(Broad Spectrum)과 파란색(450 〈 λ 〈 500)은 3.5V 정도이다. 고출력 제품은 5V 전후인 것도 있다.

발광할 때 소비 전류는 표시등 용도에서는 수 mA~50mA정도이지만, 조명 용도에서는 소비 전력이 수W단위의 대 출력 발광 다이오드도 판매되고 있어 구동 전류가 1A를 넘는 제품도 있다. 역방향으로 전압을 가하는 경우의 내전압은 일반적인 실리콘 다이오드보다 더 낮고, 보통은 -5V 정도이며, 이것을 넘으면 소자가 파괴된다. 따라서 정류 용도로 사용할 수 있다.

2) LED의 재료

발광되는 빛의 파장 (색)은 PN 접합을 형성하는 소재의 띠틈의 크기와 관련 있다. 발광 다이오드는 근적외선이나 가시광선, 자외선에 이르는 파장에 대응하는 띠 틈을 가지는 반도체 재료가 이용된다.

일반적으로 발광 다이오드에는 발광재결합 확률이 높은 직접 천이형의 반도체가 적합하고, 일반적인 반도체 재료인 규소(실리콘)나 게르마늄 같은 간접 천이형 반도체에서는 전자나 정공이 재결합할 경우에 빛을 방출하기 어렵다. 그러나 노란색이나 황녹색에 오랫동안 사용되어온 GaAsP계나 GaP계는 도핑한 불순물 준위를 개입시켜 강한 발광을 하는 재료도 있어서 넓게 사용되고 있다.

다음의 소재를 사용하여 다양한 색의 발광 다이오드를 만들 수 있다.

① 알루미늄 갈륨 비소(AlGaAs) : 적외선, 빨간색

② 갈륨 비소 인(GaAsP) : 빨간색, 오렌지색, 노란색

③ 인듐 질화 갈륨(InGaN) / 질화 갈륨(GaN) / 알루미늄 질화 갈륨(AlGaN) : (오렌지색, 노란색) 녹색, 파란색, 보라색, 자외선

④ 인화 갈륨(GaP) : 빨간색, 노란색, 녹색

⑤ 셀렌화 아연(ZnSe) : 녹색, 파란색

⑥ 알루미늄 갈륨 인듐 인(AlGaInP) : 오렌지색, 노란색, 녹색

⑦ 다이아몬드(C) : 자외선

⑧ 산화 아연(ZnO) : 근 자외선

다음은 기판으로 사용되고 있다.

① 탄화 규소(SiC) 기판 : 파랑

② 사파이어(Al_2O_3) 기판 : 파랑

③ 규소(Si) 기판 : 파랑(연구 단계)

2. LED의 역사

1) LED의 탄생

제너럴 일렉트릭 닉 홀로니악이 1962년에 최초로 빨간색 가시광선을 발광하는 발광 다이오드를 개발하였다. 개발 직후에는 주로 전자 측정 장비의 표시등으로 사용되다가, 1970년대 초반 7세그먼트 표시 장치에 사용되었다. 이후 출력과 색이 다양해지면서. 신호등을 비롯한 다양한 장비에 사용되기 시작했다. 발광 다이오드하면 보통 총알 모양의 T-34/4 램프를 떠올리는데, 이 초창기 LED는 전자 측정 장비 표시등의 모양을 따라 만들었기 때문이었다. 이후 표면 실장 기술(SMT)가 도입되면서 모양이 바뀌었다. 바뀐 모양은 더 나은 열 관리를 가능케 하여, 고휘도의 LED가 나오게 되었다.

2) LED의 발전 과정

LED의 발전 과정은 다음과 같다.

① 1962년 GE가 GaAsP(갈륨 아세나이드 필스퍼러스(갈륨-비소-인))를 이용한 적색 LED를 발명했으며, 1968년부터 양산하였다..

② 1980년대에는 AlGaAs(알루미늄갈륨비소)기술을 이용한 고휘도 적색 LED가 개발되면서 sign, signal, display 분야로 응용되기 시작되었다.

③ 1992년 InGaAlP(인듐갈륨알루미늄포스파이드)기술을 이용한 초고휘도 적색 LED가 개발되면서 교통신호등, 자동차 램프 등으로 활용되기 시작하였다.

④ 질화물 반도체는 1986년 일본의 아카사키 교수가 AlN 버퍼 층을 이용하여 고품위 GaN 결정을 성장시켜 Mg 도핑 후 LEEBI(Low-Energy Electron Beam Irradiation) 후처리를 이용하여 2×10의 16승에 세제곱 센티미터의 정공 농도로 얻은 결과를 바탕으로 1991년에 p-n 접합식의 GaN LED 개발하였다.

⑤ 1993년에는 니치아 화학 공업의 나카무라 슈지 박사가 저온에서 성장된 질화갈륨(GaN) 버퍼를 사용하여 양질의 질화물계 박막을 성장하였고, 그 후 InGaN/GaN 다중양자 우물층을 활성층으로 한 고휘도 청색 LED가 개발되었다.

⑥ 2000년 InGaAlP 적색 LED 방사효율이 100 lm/W를 기록하면서 형광등(80 lm/W)을 능가하는 효율을 보인다.

2000년 전후로 RGB 및 백색 LED의 효율과 출력이 빠른 속도로 증가하면서 휴대용 단말기 LCD 백라이트, 자동차, 전광판, 특수 조명분야 등 응용범위가 넓어지기 시작하였다.

3) 파란색 발광 다이오드

파랑색 발광 다이오드는 주로 질화 갈륨(GaN)을 재료로 하는 파랑색 빛을 가진 발광 다이오드이다. 일본 화학 회사인 니치아 화학공업 주식회사가 큰 시장 점유율을 가지고 있다. GaN계 화합물을 이용한 발광 다이오드의 개발과 거기에 이어서 파랑색 반도체 레이저의 실현으로 자외선부터 완전한 녹색 가시광선 단파장 영역의 반도체 발광소자가 널리 실용화되었다.

발광 다이오드는 낮은 전력으로 구동할 수 있는 광원이기 때문에 디스플레이 장치에 응용하는 것을 기대하고 있다. 하지만 1980년대 중순까지 빛의 삼원색에 필요한 빨강색은 실용화되었지만, 파랑색은 실용적으로 높은 휘도를 내는 제품은 없었다. 그리고 노란녹색은 일찍부터 실용화되었지만 순수한 녹색은 파랑색과 같은 GaN계 반도체 재료가 사용되기 때문에 녹색 LED의 실용화는 파랑색 LED의 등장 이후이다. 그렇기 때문에 발광 다이오드에 의한 RGB 디스플레이의 구현은 쉽지 않았다.

순수한 파랑색 발광의 구현때문에 셀렌화 아연(ZnSe)계 화합물이나 탄화 규소(SiC)를 이용한 연구가 예전부터 행해져 ZnSe계에 의한 파란녹~녹색 발광 다이오드 개발 이외, SiC의 파랑색 발광 다이오드는 낮은 발광 강도로 시판도 되었다.

그러나 이 후에 GaN계 화합물에 의한 발광 다이오드가 급속도로 보급되었기 때문에 현재에는 이러한 재료계의 기술은 흰색 발광소자나 기판같은 용도에만 사용되고 있다.

질화 갈륨을 이용한 고휘도 파랑색 LED 개발과 관련돼서 나치아 화학공업의 나카무라 슈지(일본어 : 中村修二)가 유명해 졌으며, 기초적인 부분은 나고야 대학(일본어 : 名古屋大学)의 이사무(일본어 : 赤崎勇) 교수(현재 메이조 대학(일본어 : 名城大学) 교수)가 제안한 것이 많다. 고휘도 파랑색 LED의 첫 제품화는 나치아 화학공업이었지만 그 전에 도요타 중앙 연구소(일본어 : 豊田中央研究所)와 아카사키(일본어 : 赤崎) 교수의 협력을 받은 도요타 합성(일본어 : 豊田合成) 주식회사에서 먼저 실현된 적도 있어서 "누가 먼저 만들었는가?"라고 하는 물음에 답하는 것은 곤란하다.

2001년 8월에 나카무라 슈지(일본어 : 中村修二)(현재 캘리포니아대학 산타 바바라

교 교수)가 직무상에서 발명한(특허법에서 직무발명이라고 함) "404 특허"를 놓고서 이전 업무회사인 니치아 화학공업을 제소해서 같은 특허의 원고에게 귀속권 확인내지 양도 대가를 둘러싸고 논쟁이 되었다. "기업과 직무 발명자와의 관계에 대하여 논란이 생긴다"라는 사회 문제도 일으키게 되었다.

2004년 12월에 도호쿠 대학(일본어 : 東北大学) 금속재료 연구소의 가와사키 마사시(일본어 : 川崎雅司) 교수(박막 전자재료 화학)의 연구팀은 가격이 저렴한 산화 아연을 이용한 파랑색 발광 다이오드(파랑색 LED의 재발명이라고 함) 개발에 성공했고, 12월 19일자 영국 과학잡지 네이처(전자판)에 발표했다. 비싼 질화 갈륨을 대체할 가능성도 있다.

2014년 10월 7일 노벨 물리학상 수상자에 아카사키 이사무 메이조대 교수, 아마노 히로시 나고야 대학 교수, 나카무라 슈지 캘리포니아주립대 교수 등 3명의 일본계 학자가 선정됐다. 스웨덴 왕립 과학 아카데미는 7일(현지시간) 청색 광원을 갖고 더 효율적이고 친환경적인 발광다이오드(LED) 조명을 만들어 인류 생활에 기여한 공로로 이들 세 학자를 노벨 물리학상 수상자로 결정했다고 밝혔다.

4) 흰색 발광 다이오드

흰색 빛은 단색 빛이 아니고 연속된 스펙트럼에 따라 구현된 색이기 때문에 발광 다이오드는 기본적으로 좁은 범위의 파장만 발광하므로 단일 소자에서 흰색 빛을 발생시킬 수 없다. 거기에서 인간의 눈에는 빛의 삼원색의 혼합이나 보색 관계에 있는 2색 혼합도 흰색으로 보이는 것을 이용하여 흰색 빛을 얻는 방법이 몇 가지 고안되고 있다. 이후에 "흰색"이란 "인간의 눈에 흰색으로 보이는 빛"을 의미한다.

현재 주 방식은 형광체를 이용하는 방법이고 파란색 발광 다이오드의 제조를 하고 있는 니치아 화학은 원래 형광제의 제조사여서 이 방식을 만족해하고 있다.

도요타 합성도 같은 방식을 사용하고 있다. 발광 부분의 팁은 파란색 발광 다이오드의 물질을 이용하고 그것을 YAG계열의 형광체로 가리면 형광에서 얻을 수 있는 노란색과 투과된 파란색이 합쳐져서 흰색 발광을 얻을 수 있다.

특히 단일의 팁과 패키지만으로 흰색 발광의 구현이 가능하다. 이것이 세계 최초의 흰색 발광 다이오드가 되었다. 세계적으로 충격을 준 파란색 발광 다이오드 발표 이후였기 때문에 흰색 발광 다이오드 구현의 보도는 소극적이었지만 업계에서는 큰 뉴스였다.

그리고 형광체에 따라 원래의 빛보다 긴 파장의 형광을 얻을 수 있어도 반대로 할 수 없기 때문에, 흰색 발광 다이오드의 구현에는 파란색 발광 다이오드의 존재가 꼭 필요했다. 이 형광체 방식을 개발함으로써 흰색 발광 다이오드의 본격적인 보급이 시작되었다.

파란색과 노란색으로 된 흰색 빛은 빨간색이 적으며, 이는 조명에 사용했을 때 연색성이 낮아지는 단점이 있다. 특히 빨강 계열의 색 재현성이 나빠진다(빨간 물체가 덜 빨갛게 보임). 이것은 당시 이용 가능한 형광체 재료가 형광등용의 자외선이 여기 되는 것이 주였고, 푸른색이 여기해서 녹색이나 빨간색을 발하는 적절한 형광체가 없었던 것 때문이다. 최근에는 파란색에서 노란색 이외의 색을 발하는 형광체나 보라색~자외선을 발하는 발광 다이오드가 개발되고 있다. 이에 따라 형광등과 같은 삼원색을 여기 및 발광시켜 연색성을 향상시킨 흰색 발광 다이오드도 등장하고 있다.

그 외 흰색 발광의 구현 방법으로 단순하게 빛의 삼원색인 빨간색, 녹색, 파란색의 발광 다이오드의 팁을 이용해 하나의 발광원으로서 흰색을 얻는 방법도 있다.

원리 자체는 단순하지만 3개의 팁이 필요하고 보는 각도에 상관없이 균일한 발광색을 얻는 것이 어렵다. 그리고 점등 회로역시 3개의 채널이 필요하다. 하지만 형광체가 발광 다이오드의 팁에서 발열하여 열화되는 문제를 피할 수 있고, 각 발광 다이오드의 광량을 조절하여 임의의 빛깔을 얻을 수 있는 장점이 있다.

발광 다이오드의 특성중 하나인 낮은 소비 전력으로 큰 빛 에너지를 얻을 수 있는 특징으로 조명용으로 주목받고 있다. 그러나 조명으로 적당한 흰색의 고휘도 제품의 구현이 어렵고, 제조에 걸리는 비용이 흰색 전구나 형광등에 비교해 비싸기 때문에 현재에는 간단한 램프 종류의 용도에 머물고 있다. 향후 개발이 진행됨에 따라서 기존의 조명기구를 대체할 것으로 여겨지고 있다.

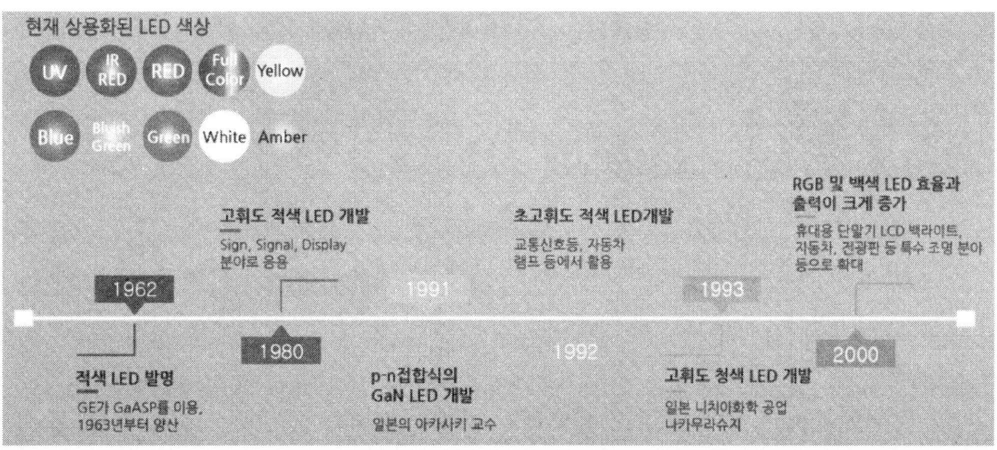

[그림 2-15] LED의 발전과정

현재 여러 LED조명기구들이 여러 종류 개발되어 시판되고 있다. 아직은 일반 형광등, 삼파장 등 기존 조명기구들과는 몇 배의 가격차이가 나고 있지만 전기세와 교체비용이 간단하여 가정용 조명도 LED로 서서히 바뀌고 있다.

3. LED의 제조와 산업구조

1) LED의 제조

발광 다이오드의 기본은 PN 접합이지만 실제로 발광 효율을 올리기 위해서 이중 이질접합 구조나 양자 우물접합 구조를 이용하며 기술적으로 반도체 레이저와 공통점이 많다. 제조법은 기판위에 화학기상 성장법을 이용하여 박막을 겹쳐 쌓아가는 방식이 사용된다.

가장 단순한 것은 발광부를 포함하는 투명 수지 부분과 2개의 단자로 구성된다. 여러 가지 색을 내는 발광 다이오드를 내장한 것은 3개 이상의 단자를 가진다.

LED는 기존 반도체와 유사한 공정으로 소자를 제작한다.

제조공정은 기판 위에 단결정의 얇은 막을 성장시키는 에피(epitaxy)웨이퍼 제작공정, 에피 웨이퍼에 전극을 형성시키고 각각의 소자로 분리하는 칩 공정, 습기 충격 등 외부로부터 칩을 보호하는 패키징 공정 등으로 나눌 수 있으며, 각각의 제조공정에 따라 다양한 세부기술이 요구된다.

LED 생산을 위한 에피 웨이퍼 제작을 위해 MOCVD(Metal Organic Chemical Vapor Deposition) 등의 장비를 이용한다.

기 판	에 피	칩 前공정				칩 後공정		패키징		
단결정성장	박막성장	노광	세정	식각	증착	절단	평가/분류	Die & Wire bonding	형광체 mold	Test & Taping
	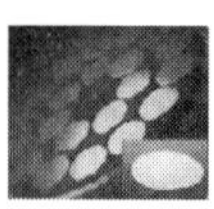	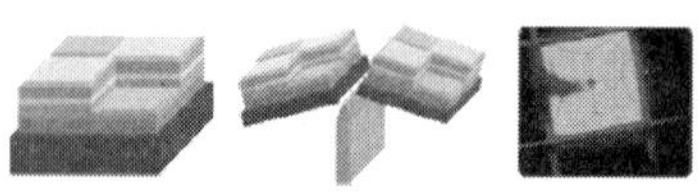						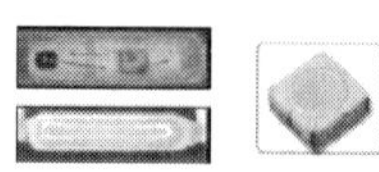		
HEM Kyropoulos Ammonoth-ermal	MOCVD HVPE	1) 노광공정 : Contact Aligner, Stepper 2) 식각공정 : ICP 3) 증착공정 : PECVD, Sputter, E-beam evaporator 4) 절단/연마 : Scriber, Polishing 5) 측정평가 : Prober/Sorter, Tester						Die/Wire bonder Dispenser/Molder Tester/Handler Taping Machine		

[그림 2-16] LED소자 주요공정 및 장비현황

2) LED의 종류

LED의 종류는 LED의 리드선의 모양에 따라 딥(Dip) 타입의 라운드형 및 원통형 평면형(포탄형, 팁형)과 칩 LED, 바LED로 구분되고 멀티 어레이 형태로는 멀티 컬러 LED와 LED어레이(다 세그먼트(segment)형(7 세그먼트형, 14 세그먼트형, 매트릭스형)으로 구분한다.

특히 수퍼/하이플레스 LED가 최근 새롭게 등장하고 있다.

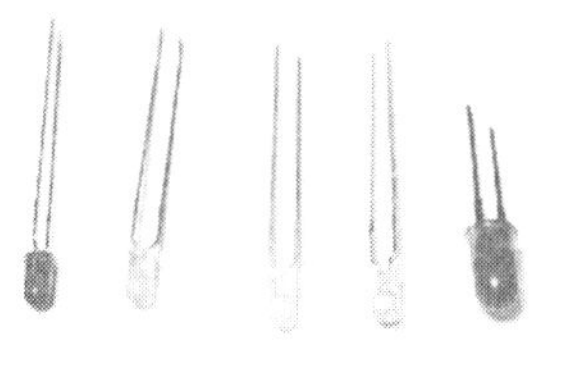

딥(Dip)타입의 라운드 LED

칩 LED

바 LED

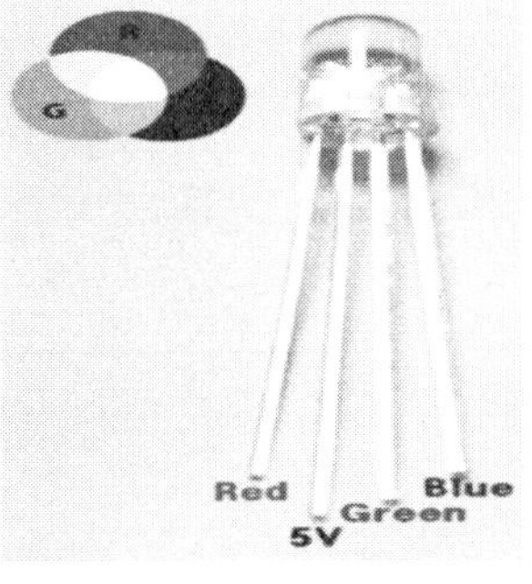

4핀 멀티3색 LED

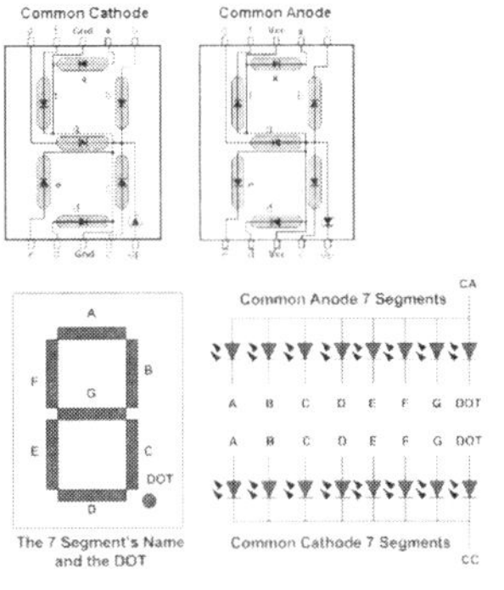

7세그먼트 구성/종류

Flexible RGB Matrix LED

[그림 2-17] LED의 종류(모양에 따른 분류)

3) LED의 산업

LED응용 산업 분야는 소비 전력이 낮고 수명이 길어서 많은 전자기기에 사용되고 있다. 그리고 1개의 소자로 여러 가지 색을 낼 수 있는 구조의 발광 다이오드도 있다.

전자기기의 동작 모드에 따라서 색을 바꿀 수 있게 되어 기기의 소형화에 기여하였다. 초기에는 휘도가 낮았기 때문에 전자기기의 동작 표시등이나 실내 용도에 한정되었지만 빨강이나 녹색의 고휘도 종류의 발광 다이오드가 실용화되고 나서는, 역의 행선지 안내판 같은 옥외용 디스플레이 장치에도 사용되었다.

그리고 고휘도의 파란색이나 흰색 발광 다이오드가 생산되고 나서는 경기장의 스크린 같은 완전한 색의 대형 디스플레이, 전구 대신한 손전등이나 신호기, 자동차의 방향 표시등이나 미등 같은 다양한 조명에 이용되고 있다.

특히 미등에 사용했을 경우 전구보다 브레이크 페달을 밟은 후 점등할 때까지의 시간이 짧기 때문에 안전성이 향상된다. 또한, 보행자나 다른 운전자가 차량을 쉽게 알아볼 수 있도록 하여, 교통사고를 막아주는 자동차의 주간 주행등(daytime running light(lamp))에도 많이 쓰인다.

그리고 철도, 버스의 방향 표시에도 롤지식이나 안내판 대신 사용되고 있다. 실제로 신칸센 N700계 전동차에서 사용된 행선판에서는 풀 컬러 LED가 사용되었다.

또 냉음극 형광 램프에서 발생되는 흰색 빛을 컬러 필터에 투과해 얻을 수 있는 색깔인 빨강, 녹색, 파랑에 비해서 발광 다이오드가 발생하는 빛이 색 순도가 높다. 그렇기 때문에 액정 디스플레이의 백라이트를 냉음극 형광 램프에서 발광 다이오드로 변경하여서 색 재연 범위를 크게 개선할 수 있다.

그러나 발광 다이오드는 점광원이기 때문에 넓은 면적을 조사하려면 얼룩 번짐이 생기기 쉽고, 백라이트용으로는 휴대용 소형 디스플레이에 주로 이용되었다.

대형 디스플레이용 발광 다이오드 백라이트는 2004년 11월에 소니에서 액정 텔레비전이 실용화시켰다. 또한 발광 다이오드 자체의 수명은 길지만 사용 목적에 따라서 수지의 열화에 의한 조도 저하의 진행이 빨리 되기도 하기 때문에 발광 다이오드 교환이 필요한 정도까지 조도가 떨어졌을 때 기판의 교환을 포함하여 대규모 보수가 필요하게 되는 것이 앞으로 풀어야 할 과제이다.

현재 LED 산업 및 구조는 [그림 2-18]처럼 크게 LED 광소자, LED 응용(융합), LED 조명 3가지로 분류가 된다. LED 조명 및 응용(융합)

LED조명 산업은 LED를 이용한 조명기구(LED 모듈과 방열 및 광학 기구로 구성) 및 시스템(전원장치, 구동회로, S/W 및 시스템 제어)을 통칭한다.

LED 융합산업은 응용분야에 따라서 일반조명과 더불어 디스플레이, 수송조명, 농생물, 의료, 해양수산과 같은 LED-IT/NT/BT 융 복합기술을 활용한 특수조명 및 이에 대한 특성/신뢰성 평가분야로 분류된다.

LED 융합 광기술 산업은 LED/LD/PD/수동광소자등 광부품의 고유 특성을 이용하여 새로운 산업과 융합하는 응용기술로 정의하며 나노 광 응용기술, 정보통신용 광소자, 차세대 광 응용기술 분야로 분류하고 나노 광 응용기술은 기존 광통신 부품기술의 고도화 및 차세대 컴퓨터콤, 디스플레이, 태양광 및 센서 분야에 활용 가능한 융합 응용기술이고 정보통신용 광소자 기술은 광가입자용 부품기술과 대용량 정보전송 부품

기술 및 유무선 통합 시스템용 광 부품 기술이다. 차세대 광 응용기술은 광인터커넥션 기술, 광센서 기술, 광학식 터치 및 입출력 패널기술로 구분한다.

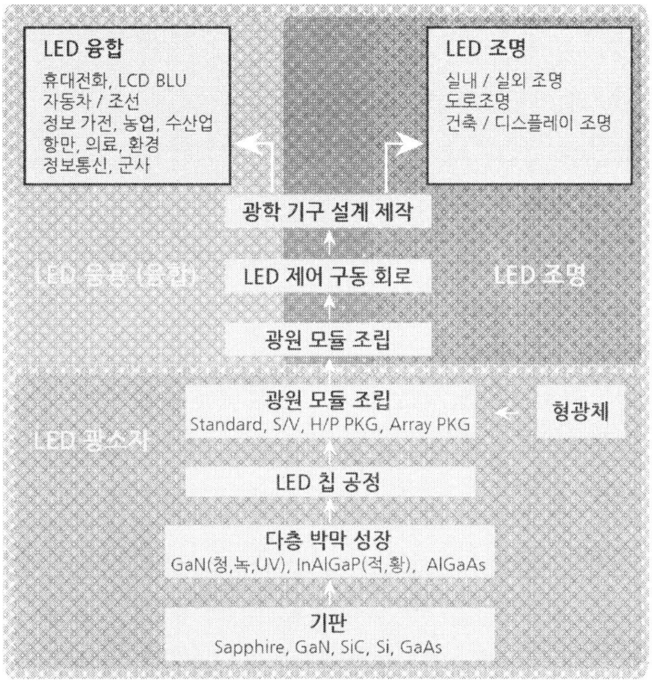

[그림 2-18] LED의 산업의 구조

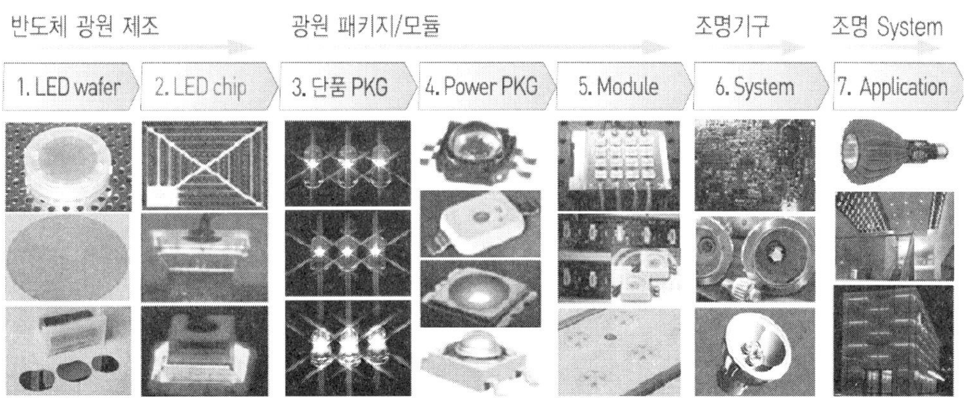

[그림 2-19] LED 및 광산업의 개념도

4. LED 광 융합 기술

중분류	소분류	관련 요소기술
LED 및 광	LED 에피/칩/패키지/장비	독자기술자립형 R, G, B
		UV LED
		고집적 chip on module 수직형 LED
		180 lm/W급 White LED
		High Power LED칩
		친환경응용 deep UV LED
		Chip Scale Wafer Level Package 등
		대용량 MOCVD, 칩공정, 검사장비 등
	LED 소재/모듈	신기능 기판
		고방열 Heat Spreader metal PCB
		단파장/내열성/내습성 실리콘 봉지재
		고효율 적색/황색/녹색 형광체
		다기능 제어 IC 및 고효율 AD/DC converting IC 등
	LED조명	일반조명용 백색 LED조명기기
		총천연색 색가변 LED조명 기기
		심리/생리 융합형/Smart LED조명 시스템
		Ubiquitous multi-media 조명 플랫폼 기술 등
		LED조명 특성, 신뢰성평가, 고장분석 기술
		LED조명 표준, 규격 평가 및 인증 기술
		광학부품, 전원, 회로, 기구물 설계기술 등
		고효율, 고기능성 광원모듈
		플랫폼(인터페이스) 표준화 기술
	LED응용(융합)	대화면 LCD TV용 LED BLU
		자동차용 LED응용(융합)기기
		특수선박/쿠르즈용 LED응용(융합)기기
		의료용 LED응용(융합)기기
		농생명, 수산양식용 LED응용(융합)기기
		정보통신용 LED응용(융합)기기
		정보가전용 LED응용(융합)기기
		환경용 LED응용(융합)기기
		군사과학용 특수응용(융합)기기 등
		LED응용(융합)기기 표준, 규격 평가 및 인증 기술
		LED응용(융합)기기 고기능 설계, 제조기술
	융합 광기술	나노포토닉스 응용기술
		광가입자 부품기술
		유무선 통합 및 대용량 광전송 부품기술
		광인터코넥션기술
		광센서 기술
		광학식 터치 및 영상 입출력 소자기술

학습활동.2 교수 · 학습 방법

교수 방법

- 가시광과 LED 원리 및 응용에 대한 관련 용어, 구성, 방식 이해 정도를 파악한 후 수업을 진행한다.
- 교수자의 주도로 가시광과 LED 원리 및 응용 등의 내용을 PPT 자료로 제시한 후 설명한다.
- 가능하면 사전에 개인별 학습 자료를 준비하여 모든 학생이 참여할 수 있는 문제 해결식 수업, 협력 수업이 가능하도록 한다.
- 가시광과 LED 원리 및 응용 전 과정을 작업의 순서에 따라 단계적으로 실습이 이루어질 수 있도록 지도한다.
- 교재를 통해 수업을 준비하는데 있어서 필요한 모든 정보나 팁, 힌트 등 도움이 될 만한 내용들을 확인할 수 있다.
- 학생들이 만들게 될 각 모델들은 수업시간에 중점적으로 다뤄질 부분과 어휘, 질문, 답을 포함하고 있으며 또한 탐구할만한 추가적인 아이디어들도 포함하고 있다.

학습 방법

- 가시광과 LED 원리 및 응용에 대한 관련 용어를 숙지하고, 가시광과 LED 원리 및 응용에 대해 이해한다.
- 가시광과 LED 원리 및 응용의 각 단계별 중점 사항을 체계적으로 학습한다.
- 가시광과 LED 원리 및 응용의 수행순서의 전 과정을 실습한다.
- 가시광과 LED 원리 및 응용의 내용을 이해한다.
- 가시광과 LED 원리 및 응용을 이해하고 숙달이 될 때까지 학습한다.

학습활동.2 평가 및 피드백

평가 준거

- 평가자는 피평가자가 수행 준거 및 평가 내용에 제시되어 있는 내용을 성공적으로 수행할 수 있는 지를 평가해야 한다.

학습내용	평가항목	성취수준		
		상	중	하
가시광과 LED 원리 및 응용	가시광과 LED의 기본원리 및 응용을 이해할 수 있다.			

평가 방법

- 작업 포트폴리오

학습내용	평가항목	성취수준		
		상	중	하
가시광과 LED 원리 및 응용	가시광과 LED의 기본원리 및 응용을 이해할 수 있다.			

- 필기시험

학습내용	평가항목	성취수준		
		상	중	하
가시광과 LED 원리 및 응용	가시광과 LED의 기본원리 및 응용을 이해할 수 있다.			

- 체크리스트를 통한 관찰

학습내용	평가항목	성취수준		
		상	중	하
가시광과 LED 원리 및 응용	가시광과 LED의 기본원리 및 응용을 이해할 수 있다.			

피드백

1. 작업 포트폴리오
   - 제출한 보고서를 평가한 후 주요 사항에 대하여 표시하여 돌려준다.
2. 필기시험
   - 평가 결과 성적이 저조한 학생은 보고서 제출 기회를 부여한다.
3. 체크리스트를 통한 관찰
   - 실습 과정에서 평가한 후 개선해야 할 사항 등을 정리하여 돌려둔다.

참 | 고 | 자 | 료

1. "LED Fusion Technologies for intelligent lighting functions," Kang Tae Gyu, 2011. 4, The 5th International Conference on LED and Solid State Lighting.
2. "LED 조명과 결합된 가시광 무선통신 기술 동향," 임상규, 전자통신동향분석 제25권 제4호 2010년 8월.
3. "가시광 통신 VLC의 기술 동향 및 이용 활성화 방안연구," 한국전파진흥원, 2009.1, KORPA연구008-08 최종보고서).
4. "IT 산업융합원천기술개발사업 2012-2016 R&D 발전전략," KEIT, 2011.9, R&D 발전 전략보고서).
5. 오대광 "LED가시광 기술 및 발전 전망," KEIT PD ISSUE REPORT September 2011, Vol.7.
6. U-hitec.co.kr
7. 위키백과 "발광 다이오드"
8. "LED와 광," 중장기 기술개발 계획, Korea Evaluation Institute of Industrial Technology.
9. Agilent Technologies "분광기의 기초 ; 이론," 2016.3.7.

학습 1	가시광선 무선통신의 개요
학습 2	가시광과 LED의 원리 및 응용
학습 3	**가시광 통신 시스템의 구성**
학습 4	가시광 통신 시스템의 개발(1)
학습 5	가시광 통신 시스템의 개발(2)
학습 6	가시광 통신 시스템의 개발(3)
학습 7	차세대 가시광 통신 융합기술, 라이파이 기술
학습 8	가시광 통신 국내외 표준화 동향
학습 9	가시광 통신 산업 시장 동향
학습 10	가시광 통신 특허 동향
학습 11	가시광 통신 응용과 활용

학습 목표	3-1 가시광 무선통신 시스템의 구성을 이해할 수 있다.

3-1 가시광 통신의 역사

가시광 통신은 LED나 인버터 형광등 기술을 토대로 한 통신을 말한다. 모든 보이는 빛을 사용한 통신의 역사는 의외로 오래되었다.

1. 알렉산더 그레이엄의 포토폰

알렉산더 그레이엄 벨이 유선 전화기를 발명한 4년 뒤 1880년에 빛을 이용한 포토폰(photophone)을 고안 했었다. 포토폰은 튜브를 통해 빛을 전달하고 한쪽 끝에서 이 빛을 포토셀(photo cell)을 통해 감지, 변조기를 통해 음성으로 변환하는 원리로, 큰 소리는 아니지만 200M 거리에서 사람이 이해할 수 있는 정도의 수준의 통신이 가능만 했다.

[그림 3-1]은 알렉산더 그레이엄 벨의 포토폰(photophone)의 개념을 나타낸 것으로 최초의 가시광 통신이라고 할 수 있다. 벨은 본인의 음성을 광원으로서 태양광을 이용하여 200m의 거리를 전달하였다. 즉, 태양광을 매우 가벼운 거울로 반사시키는데 그 거울은 음성으로 진동하고 있다. 태양광은 먼 쪽에 집광되어 광전 셀로 전기로 변환되어 이어폰으로 듣는 원리이다. 당시로는 인공적 광원으로 적었으므로 태양을 광원으로서 이용했다.

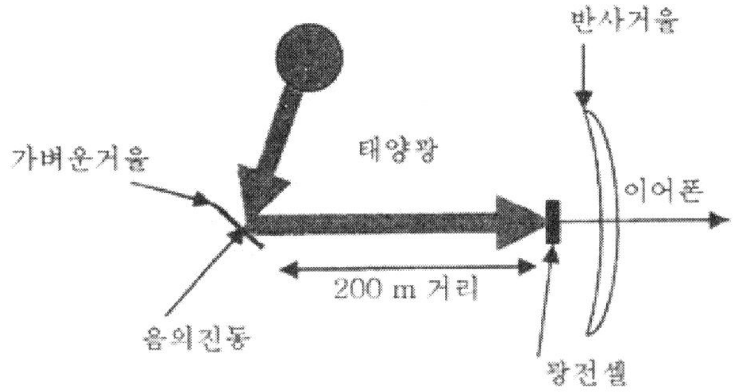

[그림 3-1] 알렉산더 그레이엄 벨의 포토폰

2. 군용 가시광 통신의 모호스 부호

모호스 부호는 1960루비 레이저(ruby laser)가 발명되었으며, 이후 빛을 이용한 통신에 많은 노력을 들였으나, 송신부와 수신부 사이에 있어 장애 없이 통신을 기대하기엔 여전히 문제가 많았다. 불굴의 노력결과 1983년 모호스 부호(Morse code)를 이용한 240km 구간의 광통신 실험이 성공을 거두었다.

제2차 세계대전의 기록영화나 극영화에서 대서양을 항해하는 함대가 U보트의 공격이 무서워 무선을 이용하지 않고 배의 서치라이트를 점멸시켜 모스통신을 행하는 배경이 나온다. 이것은 진정한 가시광 통신이다.

3. 가시광 무선통신기술의 최초 제안

가시광 무선통신 기술은 1998년 일본 케이오대학 이공학부의 나카무라 교수에 의해 처음 제안되었고 유럽에서는 오메가(OMEGA) 프로젝트라는 이름으로 연구가 진행되고 있다.

4. LiFi(Light Fidelity, 라이파이)의 탄생

2011년 영국의 에딘버러대학교의 해럴드 하스(Harald Haas) 교수는 이를 LiFi(Light Fidelity, 라이파이)라는 새로운 근거리 통신기술을 명명하고 고속 및 완전 네트워크 무선 통신 기술로써 스펙트럼의 빛을 이용한 차세대 이동 통신 기술이다.

3-2 가시광 통신의 요소기술

1. VLC-PHY(VLC-Physical Layer) 변조기술

가시광 통신을 위한 송수신 신호의 변조(modulation) 및 복조(demodulation)에 관한 기술로서 핵심기술은 송신 PHY, 수신 PHY, LED조명 인터페이스, 광 식별번호(ID) 등이 있다.

변조방식에는 베이스밴드 변조나 브로드밴드 변조 방식 등 다양한 변조방식이 있지만 가시광 통신방식은 기본적으로 빛의 깜박임으로 통신이 이루어지므로, 전송 데이터가 0과 1의 조합으로 변환해서 전송하게 되므로 일반 무선 디지털 통산방식과 같은 방식의 적용이 가능하다.

그리고 플리커 현상을 없애기 위해서 인간의 눈으로 감지되지 않는 속도로 통신이 이루어져야 하고, 오류가 발생했을 시에 복원이 가능한 통신방식을 선정할 필요가 있다.

라인코딩기법으로는 여러 가지가 있으나 MCU에서 출력되는 데이터가 NRZ(Non Return to Zero) 데이터이므로 이 데이터를 맨체스터코드로 변환시켜서 듀티 비를 50%로 만들어서 조명의 밝기변화가 거의 없도록 만든다. 대표적인 변조방식으로 사용되는 ASK(Amplitude Shift Keying), FSK(Freguency Shift Keying), BPSK(Binary Phase Shift Keying) 등의 변조를 사용한다.

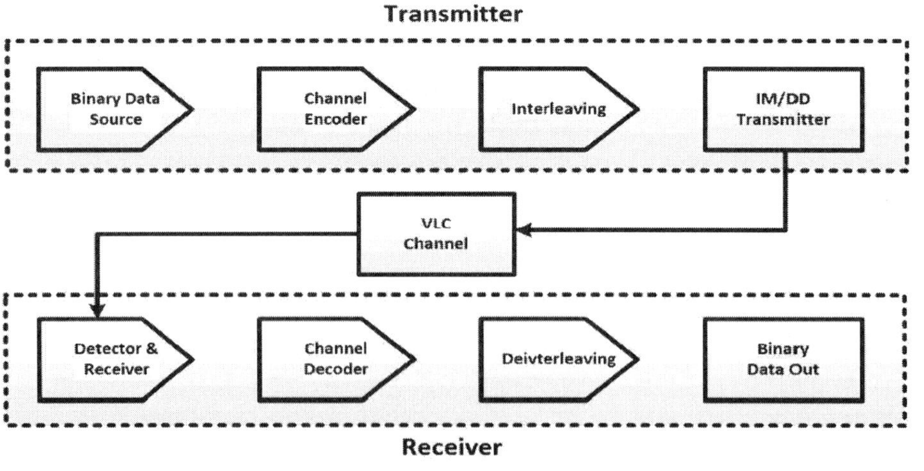

[그림 3-2] 가시광 통신의 송수신 개념도

가시광 무선통신에서 송신 물리적 접속 및 신호 규격을 위한 송신 PHY, 가시광 무선통신 수신 물리적 접속 및 신호규격을 위한 수신 PHY, 가시광 무선통신과 LED 조명 간의 인터페이스, LED 조명 인터페이스 등 표준규격을 정의하고 있다. [그림 3-2]에 가시광 통신의 송수신 개념도를 나타내었다.

1) 송신단의 전송기법

송신단의 전송기법을 LED 제어는 펄스 폭 변조(Pulse Width Modulation : PWM) 방식의 하나인 펄스 위치 변조(Pulse Position Modulation : PPM)를 사용한다.

VPPM(Variable Pulse Position Modulation)방식을 사용한 예이다.

VPPM 방식은 2bit 통신일 경우에 Low-High Pulse로 변화하면 '1'로, High-Low Pulse로 변화하면 '0'으로 정의하였다. 그리고 LED가 일정시간 동안 ON인 경우 High Pulse, OFF이면 Low Pulse로 설정하였다.

VPPM 방식은 한 주기에서 Pulse의 폭으로 조명의 밝기를 조절 할 수 있다는 장점이 있다. 그래서 LED가 ON일 경우에 High Pulse의 길이조절을 통해 Dimming을 조절할 수 있다.

(a) 데이터 정의 (b) LED의 ON이 되는 시간을 달리하여 밝기 제어(LED ON-1, LED OFF-0)

[그림 3-3] VPPM방식

Dimming을 조절하기 위해서는 Pulse의 주기를 결정해야 한다. 여기서 Chip라는 개념을 사용한다. Chip는 송신단의 LED가 ON이나 OFF가 되는 최소단위로, 사용자가 설정한 MCU의 신호 주파수에 따라 변화한다. 일정 거리 안에서 Frame 없이 통신이 가능하도록 우리는 한 Bit를 [그림 3-3]에 표시된 것처럼 10Chip로 설정하였다. 10Chip로 설정하면 밝기를 10% 단위로 조절할 수 있다.

2) 송신단의 데이터 구조

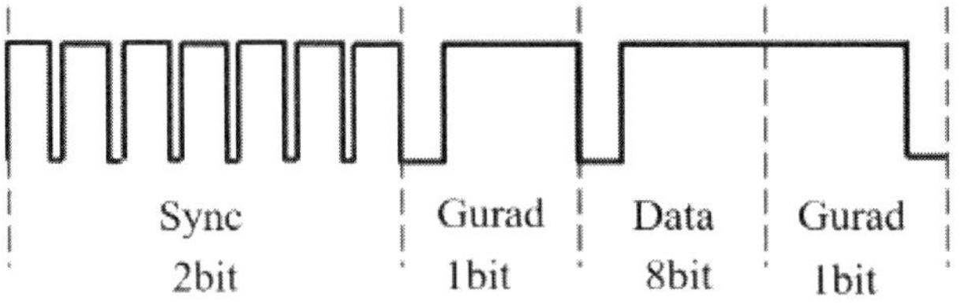

[그림 3-4] 송신 Packet 구조

송신단의 Packet은 [그림 3-4]와 같이 Sync-Guard-Data-Guard 순으로 이루어져 있다. Sync는 2bit 동안 하나의 High Pulse로 송신 Packet에서 가장 긴 Pulse를 가진다.

이를 이용해서 Data분석 시, Sync를 통해 송신 Packet의 시작과 끝을 알리면서 다음과 이전의 Packet과 구분을 지을 수 있고, 1 Chip당 Pixel 개수를 통해서 다른 Pulse들의 Chip 개수를 확인하여 Dimming를 알 수 있다. Guard Bit는 Sync와 Data 사이의 오류를 방지하는 역할이다.

Sync와 Data의 연속적인 부분이 발생할 경우를 대비해서 Sync와 Data를 구분하기 위해 High Bit가 많은 Sync 후에 1Bit를 Low-High로 그리고 Data 끝에 1Bit를 High-Low로 사용한다. 마지막으로 Data는 기본적인 정보단위인 1Byte(=8bits)로 통신한다.

2. VLC-MAC(VLC-Media Access Control) 프로토콜 기술

가시광 통신의 2계층(layer 2) 프로토콜 기술로서 데이터 계층의 데이터 무결성 보장을 하기 위한 것으로 P2P(Peer-to-Peer) 통신에 사용할 MAC와 LAN 통신에 사용할 infrastructure MAC으로 구분하여 표준화되어 있다.

가시광 무선통신에서 VLC-PHY와 VLC-MAC의 연관성을 보면, WLAN과 IP/TCP/UDP 프로토콜을 적용하여 두 계층간의 자동차 안전 프로토콜, 조명식별번호, 위치기반 추적서비스 및 M-to-M 프로토콜 등을 제어하고 있음을 알 수 있다.

[그림 3-5]에 VLC-PHY와 VLC-MAC의 연관도를 나타내었다.

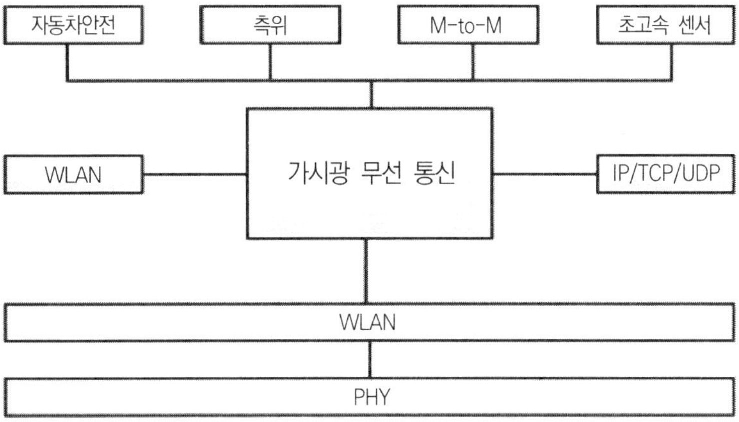

[그림 3-5] VLC-PHY와 VLC-MAC의 연관도

3. VLC 응용 프로토콜 서비스

가시광 통신에서 제공할 수 있는 자동차 안전, 초정밀측위, M-to-M 무선통신 초고속 센서 등의 응용서비스를 적용하기 위한 프로토콜을 정의하고 있으며, 자동차 안전, 측위, M-to-M, 초고속 센서 등에 따라 정보의 흐름을 표준화한다.

자동차 안전 응용 서비스는 교통신호등에서 교통정보 제공, 차량간 충돌방지를 위한 지능통신, 자동차 간 정보통신, 신호등과 자동차 간 정보통신 및 가로등과 지역 정보 제공 서비스 등을 들 수 있으며, 측위응용 서비스로는 LED 조명을 이용한 위치기반 추적/측위 서비스, 실내 로봇을 이용한 위치정보 서비스 등을 제공하고 있다.

그리고 M-to-M 응용서비스는 데이터 단말기 간의 M-to-M 통신, P2P, 홈 네트워크 무선통신 서비스 등이 있으며, 초고속 센서 응용서비스로는 LED 조명 또는 디스플레이 인프라를 활용하는 초고속 센서를 사용하여 거대 쇼핑몰 상점 정보, 공항 또는 역내 출발도착 정보 서비스 등을 제공하는 데 응용할 수 있다.

3-3 가시광 무선 통신시스템의 기능

1. 가시광 통신 시스템의 요소기능

가시광 무선 통신 시스템의 LED가 발광하는 빛을 통해 디지털 데이터를 송신하고, 빛의 유무를 감지할 수 있는 PD(Photo Diode)와 광전 변환 회로를 이용하여 데이터를 수신하는 구조를 가지고 있다.

[그림 3-6]은 가시광 무선 통신 시스템의 송수신 특성 및 요소 기능이다.

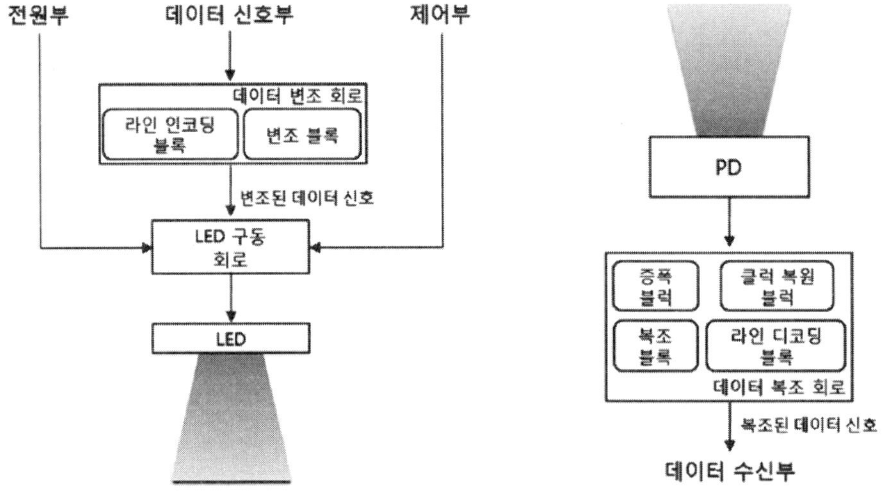

[그림 3-6] 가시광 무선 통신 시스템의 기능 구성

1) 제어시스템

가시광 무선통신 데이터를 변경, 수정, 삭제 기능을 가지고 있고 송신기에 가시광 무선 통신 데이터를 PLASA DMX-512X 가시광 통신 표준 프로토콜을 전달한다.

2) 송신기

LED 빛에 데이터를 실어 무선통신 기능을 가지고 있다. IEEE 802.15.7 가시광 통신 PHY/MAC 표준 프로토콜에 의해 데이터를 빛으로 변환해 수신 단말기에 전달한다.

송신기는 [그림 3-7]과 같이 구성되는데, MCU에는 UART라는 직렬 통신 기능을 사용하기 위한 포트가 존재한다. MCU를 이용하여 4s(Second)의 주기를 구성하고 그 주기 중에 0.5s에서 1.5s, 총 1s의 시간동안 UART 포트로 데이터를 송신하는 펌

웨어를 제작한다. UART는 유선으로 연결해야 하지만, 여기에 LED를 장착하여 가시광 통신 시스템의 송신기를 구현한다.

[그림 3-7] 가시광 통신 시스템의 송신기

3) 수신단말

LED 빛을 데이터로 변환하는 기능을 제공하며 IEEE 15.7 가시광 통신 PHY/MAC 표준 프로토콜에 의해 빛을 데이터로 변환한다.

수신기는 [그림 3-8]과 같이 구성되며, 여기에 MCU의 UART 기능을 사용하면 데이터를 송신할 수도 수신할 수도 있다. 본 수신기에서는 가시광 통신 시스템의 송신기에서 받는 데이터를 읽기 위하여 Photo Diode를 사용했고, 소자의 출력 값을 디지털 값인 HIGH와 LOW로 변환하기 위하여 비교기(Comperator)를 사용한다. 비교기의 출력 부분을 MCU의 UART RX포트에 연결하여 데이터를 전송 받을 수 있도록 한다. MCU에서도 송신기와 마찬가지로 4s의 주기를 만들었고, 데이터를 확실히 받기 위하여 0s에서 3.5s, 총 3.5s 동안 데이터를 수신 받도록 한다. 그 다음 정상적인 데이터인지 검사하고, 전송에 성공한 데이터의 수를 출력하여 시리얼 모니터로 확인하도록 한다.

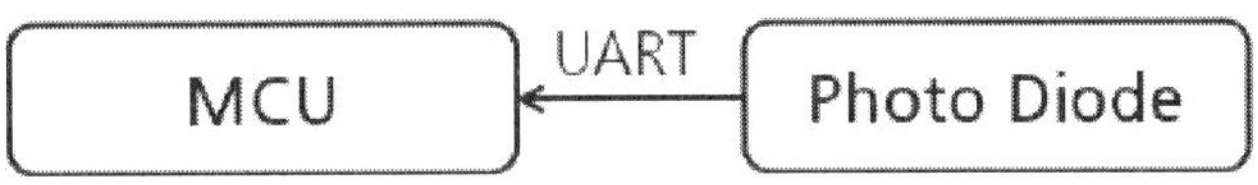

[그림 3-8] 가시광 통신 시스템의 수신기

2. 가시광 통신 시스템의 구성부품

1) 광 검출기(포토 다이오드)

광 검출기(Photo Diode: PD)는 LED와 상대적으로 빛 에너지를 전기 에너지로 변환하는 기능을 갖고 있다. 광 검출기는 보통 광자의 흡수에 의한 자유 전자정공 쌍의 생성에 의해 동작한다. 광 검출기는 특성에 따라 최적으로 감지할 수 있는 빛의 파장이 있기 때문에, LED와 함께 통신의 목적으로 사용하는데 있어서, 사용하는 LED가 발생시키는 파장에 가장 적합한 감지 파장대를 가진 광 검출기를 사용하는 것이 이상적이라고 할 수 있다. 또한 광 검출기는 빛을 전기적 신호로 바꾸는데 있어서 반응 시간이 존재하기 때문에 감지할 수 있는 주파수가 제한되어있다. 따라서 고속 유선통신 등과 비교할 때 전송속도 면에서 성능이 제한될 수 있으나 조명의 기능과 함께 통신을 가능하게 한다는 큰 장점이 있다.

광 검출기와 LED는 모두 다이오드의 특성에서 나오기 때문에 물리적 특성이 비슷하므로 최근에는 조명 통신을 위하여 LED와 포토다이오드를 하나로 구성하여 동시에 제공하는 제품도 있다. 보통 광 검출기는 송신기로는 일반 백색 LED를, 수신기로는 오스람사의 'SFH213(-FA)' 광 검출기를 사용한다.

기존의 가시광 통신에서는 수신기로 고속 수신이 가능한 포토다이오드(Photo-Diode : PD)를 사용하지만, 이는 실내 가시광 통신을 위한 것이고, 실외 가시광 통신에서는 태양광등 외광의 영향에 민감한 PD보다는 배경광의 영향에 덜 민감한 이미지 센서를 많이 사용한다. 하지만 일반 용도의 초당 30프레임 레이트를 가지는 카메라로는 통신용으로는 적합하지 않다. 왜냐하면 LED를 기존 카메라의 촬영 속도인 초당 30Hz로 구동할 때 플리커링(flickering)이 발생하여 눈의 피로도를 증가시키기 때문에 수신기로써 초고속카메라를 사용한다.

[그림 3-9]처럼 자동차에서 사용되는 경우를 보면 송신시 자차의 속도 정보 (x(t))를 데이터 생성기를 통해 8bit의 2진 데이터로 변환(g(t))하고, 변환된 이진데이터를 4-PPM으로 변환한 후 변환된 4-PPM의 각 bit에 잉여 1bit를 추가하여 8-PPM(p(t))을 생성한다. 이렇게 생성된 이진 데이터 열에 현재 자차의 상태(브레이크, 비상등, 긴급 상황 등)를 추가하여 최종 송신 신호를 생성하여 LED 시스템의 MCU로 보낸다. 여기서 8-PPM으로 변조하는 이유는 후미등과 브레이크 등을 구별하여 디밍하기 위해 사용한다.

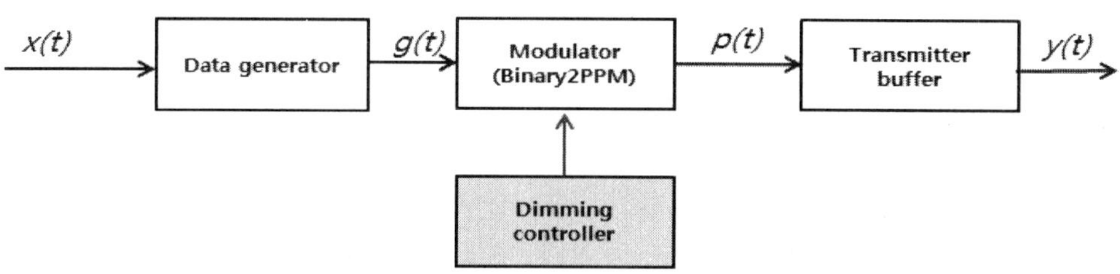

(a) Encoding method(부호화 방법)

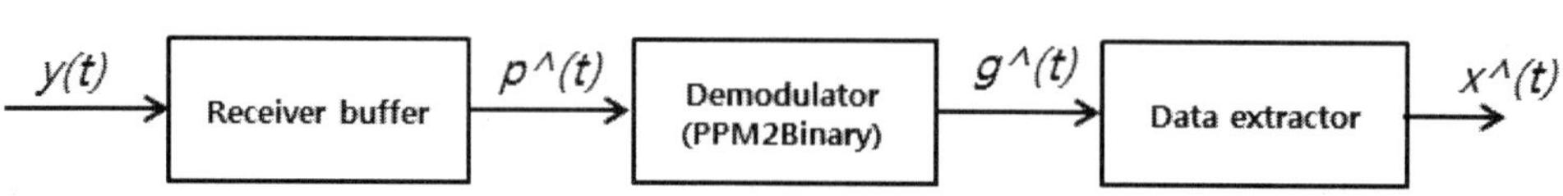

(b) Decoding method(복호화 방법)

[그림 3-9] Encoding and decoding algorithm

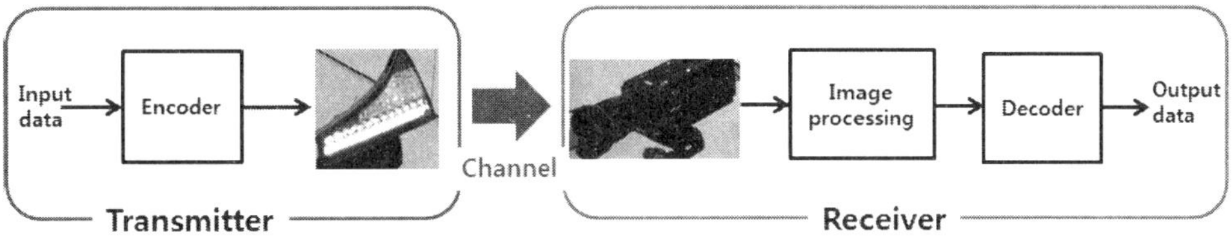

[그림 3-10] 실외에서 사용되는 송수신기의 통신시스템 모델

학습 3

2) 분광기

빛에는 여러 가지 정보가 포함되어 있다. 발광체로부터 나오는 빛의 파장 분포는 발광체의 성질을 알아볼 수 있는 중요한 정보를 준다.

스스로 빛을 내지 않을 경우에는 그 물체에 빛을 통과시키는 것으로 그 파장 분포의 변화를 알 수 있고, 그 변화로부터 물질의 특유한 정보를 알 수가 있다. 파장 분포뿐만 아니라 편광면의 회전이나 강도의 시간적 변화 등을 측정하는 것도 중요하다.

그러나 역시 빛의 파장에 대한 강도 변화, 다시 말해서 파장 분포를 알아야 하는 것이 가장 중요하다. 이것을 위한 구현 장치를 분광기라고 하는데 보통 3부분으로 되어 있다. 즉, 광원 · 분산계 · 감지기가 그것이다. 즉, 분광기는 분광 소자에 의해 스펙트럼으로 분해된 빛을 이용해 광 스펙트럼 영역에서 상대 값을 측정하는 기기이다.

분광기는 물질과 전자기 방사선 사이의 상호작용 한다. 역사적으로, 분광기는 프리즘을 통해 분리된 가시광선에 대한 연구에서 출발했다. 나중에 이 개념은 방사 에너지와 상호작용을 파장 또는 진동수의 함수로서 구성하는 것으로 크게 확장되었다. 분광 데이터는 흔히 관심 항목에 대한 파장 또는 진동수의 감응 함수 값으로 나타낸다.

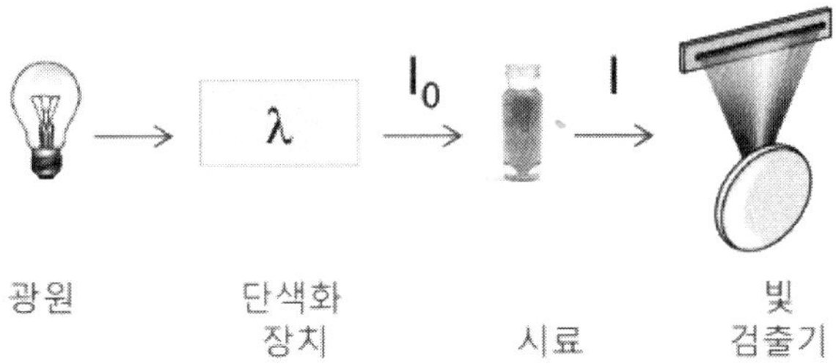

[그림 3-11] 분광기의 원리

3) 키르히호프의 법칙

일반적으로 기체는 고온일 때 고유의 파장을 지닌 빛을 낸다. 그러나 반대로 그 기체가 저온일 때는 같은 파장의 빛을 흡수한다.

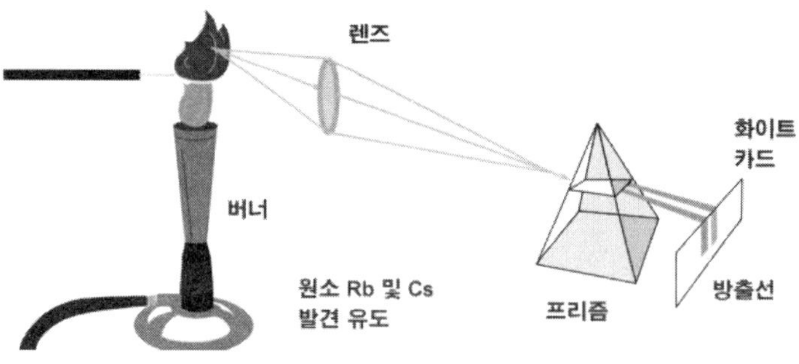

[그림 3-12] 키르히호프 및 Bunsen의 빛 방출 실험

[그림 3-12] 및 [그림 3-12]에서처럼 Kirchhoff와 Bunsen은 광원에서 나오는 빛을 불꽃에 가열된 염에 통과시켜서 Fraunhofer 흡수선을 얻었다.

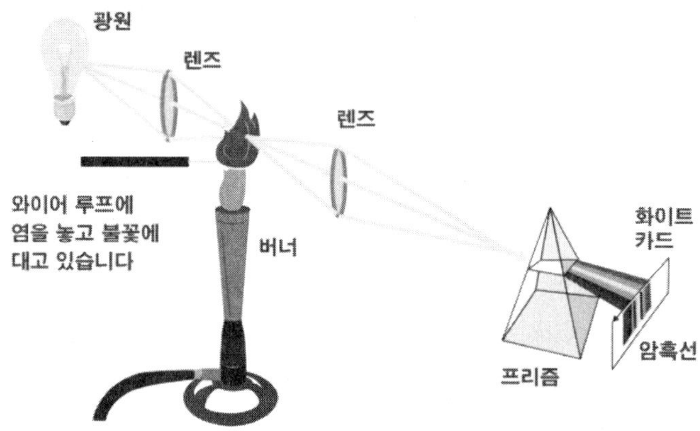

[그림 3-13] 키르히호프 및 Bunsen의 빛 흡광 실험

3-4 가시광 무선 통신시스템의 구성

[그림 3-14]는 가시광 LED를 이용한 무선통신 시스템의 개략도이다. 아날로그 또는 디지털 입력 신호는 LED의 펄스신호로 직접 변조되어 통신을 하게 된다. 수신측에서는 LED의 펄스로 나타내어지는 데이터를 광 검출기를 통하여 해당 펄스를 복조하고 증폭기를 통하여 원래의 신호로 복원한다.

[그림 3-14](a)는 단방향 통신을 위한 시스템 개념도로서 보통 오디오 음원 전송을 위해 적용한다. 입력신호 세기에 의해 직접 변조된 전기적인 신호는 LED의 배열로 구성된 광원을 통해 자유공간으로 전송된다. 수신단은 광 검출기를 통해 전송된 빛을 받아 전기적인 신호로 복조하여 원 신호를 복원하는 과정을 거친다.

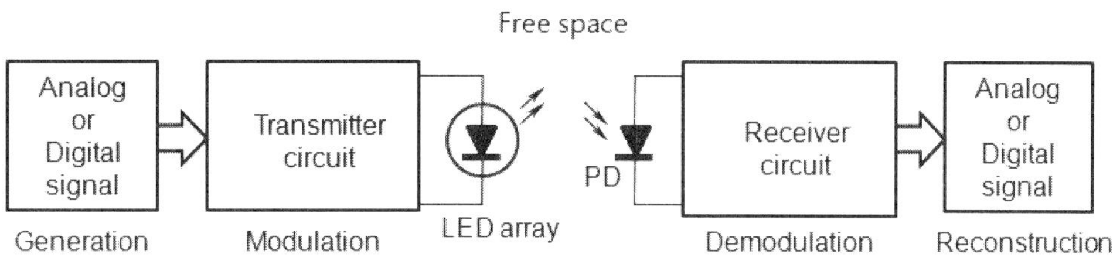

(a) 단방향 가시광 통신 시스템

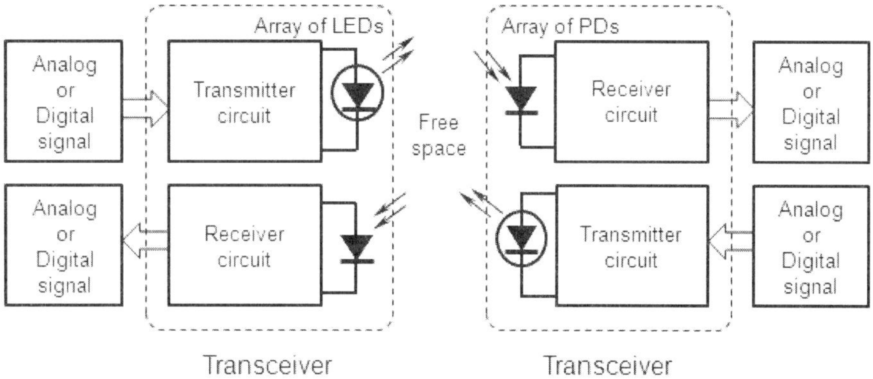

(b) 양방향 가시광 통신 시스템

[그림 3-14] 가시광 통신 시스템의 구성

참고 : 김광현 외 1 가시광 LED를 이용한 양방향 무선통신 시스템 연구

[그림 3-14](b)는 양방향 데이터 전송을 위하여 구성한 시스템 구성도이다. 각각의 단말기는 송수신을 동시에 할 수 있는 트랜시버로의 역할을 하게 된다.

[그림 3-15]에 나타난 회로도는 텍스트 파일 기반의 데이터 또는 음원기반의 음성신호를 선택적으로 하여 두 가지 기능에 대한 양방향 통신이 가능하도록 설계된 회로이다.

음성신호는 폰 잭을 통하여 입력되고 오디오 증폭기를 통해 증폭된 후 LED 구동전압으로 인가되고 직접 변조방식을 통하여 가시광 전송이 이루어진다.

텍스트 파일은 컴퓨터의 직렬포트 와 연결된 MAX232를 통하여 5V의 TTL신호 레벨로 변환된다. 이 신호는 LM386의 Reference전압을 통하여 LED의 구동 인가전압으로 작용한다. 반대로 광 검출기는 가시광으로 전송된 데이터를 수광하여 전기적인 신호로 변환한다. 이 신호는 증폭기를 거쳐 음성신호로 복조되거나 MAX232를 통하여 TTL로 전환되어 수신 단말기에 입력된다.

텍스트 파일 전송과 음성 메시지 전송은 각각 독립적인 회로로 구성되었으며, 두 입력신호는 LED의 구동전압으로서 동시에 동작될 수 없다. 또한 텍스트 파일의 경우는 폰 잭에서 나오는 잡음의 영향으로 파형이 왜곡되며, 음성신호의 경우는 음성신호가 제대로 변복조가 되지 않기 때문에 스위치를 통하여 선택적인 동작을 수행하도록 하였다.

또한 본 회로에서는 LED의 구동전압과 시스템 구동 전압을 식별하기 위하여 다중 출력 전압 레귤레이터로서 LM2577를 사용한다.

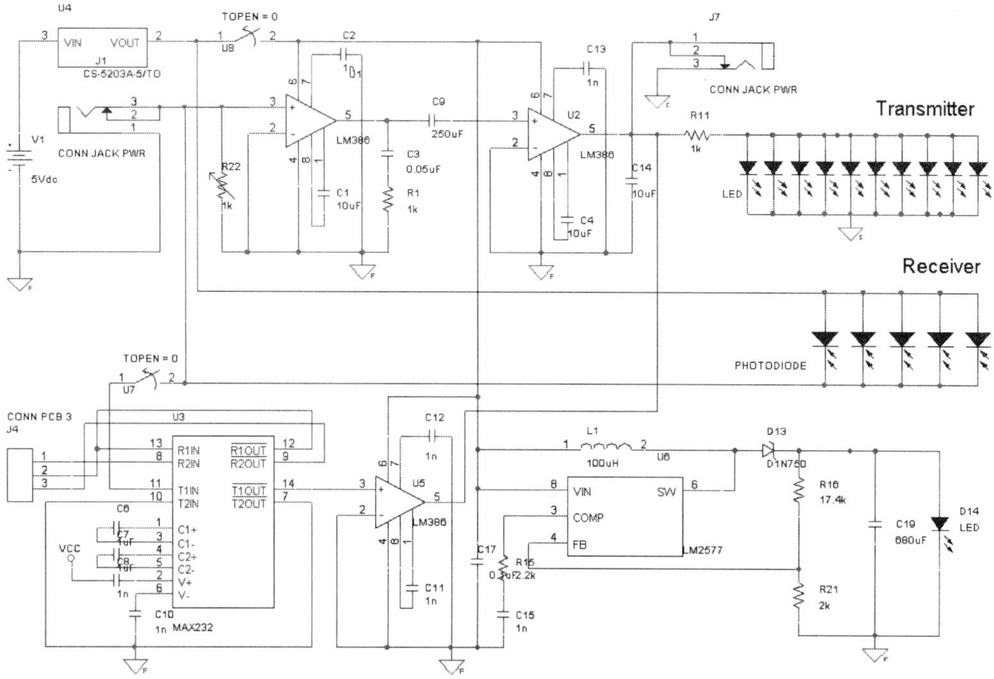

[그림 3-15] 양방향 통신 시스템을 위한 전송기 회로

참고 : 김광현 외1 가시광 LED를 이용한 양방향 무선통신 시스템 연구

LM2577은 내부 발진기를 통하여 입력전압에 따라 펄스의 속도가 변하게 된다. 즉 전압의 변화를 펄스의 변화로서 나타나기 때문에 LED 점멸 속도를 통하여 전압의 변화를 식별할 수 있다.

광원은 1W의 고휘도 가시광 LED 10개를 병렬 연결하여 구현하였다. 광원의 방사 각도를 제한하여 지향성을 높이고 효과적인 통신거리 확보를 위한 방법으로 LED 앞단에 렌즈를 설치하였다.

가시광 조명의 휘도가 높으면 광 검출기에 입사되는 광자수가 증가하여 광전변환 효율이 높아지므로 출력 전류가 커진다. 광 검출기의 개수를 늘릴 경우 광자를 받아들일 수 있는 영역이 넓어져 변환전류의 양을 증가시킬 수 있다.

[그림 3-15]에서 스펙트럼 상의 응답 파장영역은 870nm이며 스위칭 시간은 5nsec인 오스람사의 SFH213 광 검출기 5개를 사용하여 광 신호 검출단을 구성한다.

3-5 가시광 무선 통신의 주파수 할당

가시광 무선 통신의 주파수 할당은 [그림 3-16]처럼 영역 1,2,3으로 구분하여 설정하여 가시광 통신 시스템에 사용하였다.

1. 주파수 영역 1(20~40[KHz]) : 가시광 ID 시스템 등

주파수 영역 1은 적외선 리모콘의 밴드와 겹쳐지는 영역이다. 이 영역은 JEITA 규격 CP-1205A에서는 33~40[KHz]를 할당하고 적외선과의 공존을 생각했을 경우, 서브캐리어 주파수가 겹칠 가능성이 있지만, 광학적인 필터나 통신 프로토콜이 다르므로 분리는 충분히 가능하다.

2. 주파수 영역 2(45[KHz]~1[MHz]) : (어플리케이션)

주파수 영역2는 인버터 방식의 형광등에서 발생하는 노이즈에 영향을 받을 가능성이 높고 이 영역은 적외선에 관한 JEITA 규격에서도 이용을 추천하고 있지 않다.

3. 주파수 영역 3(1[MHz]~) : 가시광 멀티미디어 시스템 등

주파수 영역3은 오디오나 비디오를 이용한 어플리케이션에 이용하고 있고 가시광선 멀티미디어 커뮤니케이션으로서 표준화하고 있고 EITA 규격에서는 상한을 30[MHz]로 하고 있지만 본 규격에서는 상한을 정하지 않고 있다.

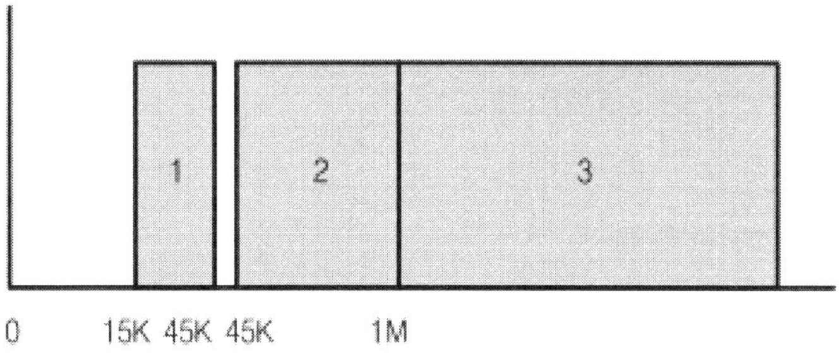

[그림 3-16] 가시광 통신 시스템의 서브 캐리어 주파수 할당

학습활동.3 교수 · 학습 방법

교수 방법

- 가시광 무선통신 시스템의 구성에 대한 관련 용어, 구성, 방식 이해 정도를 파악한 후 수업을 진행한다.
- 교수자의 주도로 가시광 무선통신 시스템의 구성 등의 내용을 PPT 자료로 제시한 후 설명한다.
- 가능하면 사전에 개인별 학습 자료를 준비하여 모든 학생이 참여할 수 있는 문제 해결식 수업, 협력 수업이 가능하도록 한다.
- 가시광 무선통신 시스템의 구성 전 과정을 작업의 순서에 따라 단계적으로 실습이 이루어질 수 있도록 지도한다.
- 교재를 통해 수업을 준비하는데 있어서 필요한 모든 정보나 팁, 힌트 등 도움이 될 만한 내용들을 확인할 수 있다.
- 학생들이 만들게 될 각 모델들은 수업시간에 중점적으로 다뤄질 부분과 어휘, 질문, 답을 포함하고 있으며 또한 탐구할만한 추가적인 아이디어들도 포함하고 있다.

학습 방법

- 가시광 무선통신 시스템 구성에 대한 관련 용어를 숙지하고, 가시광 무선통신 시스템의 구성에 대해 이해한다.
- 가시광 무선통신 시스템 구성의 각 단계별 중점 사항을 체계적으로 학습한다.
- 가시광 무선통신 시스템 구성의 수행순서의 전 과정을 실습한다.
- 가시광 무선통신 시스템 구성의 내용을 이해한다.
- 가시광 무선통신 시스템 구성을 이해하고 숙달이 될 때까지 학습한다

학습활동.3 평가 및 피드백

평가 준거

- 평가자는 피평가자가 수행 준거 및 평가 내용에 제시되어 있는 내용을 성공적으로 수행할 수 있는 지를 평가해야 한다.

학습내용	평가항목	성취수준		
		상	중	하
가시광 무선통신 시스템의 구성	가시광 무선통신 시스템의 구성을 이해할 수 있다.			

평가 방법

• 작업 포트폴리오

학습내용	평가항목	성취수준		
		상	중	하
가시광 무선통신 시스템의 구성	가시광 무선통신 시스템의 구성을 이해할 수 있다.			

• 필기시험

학습내용	평가항목	성취수준		
		상	중	하
가시광 무선통신 시스템의 구성	가시광 무선통신 시스템의 구성을 이해할 수 있다.			

• 체크리스트를 통한 관찰

학습내용	평가항목	성취수준		
		상	중	하
가시광 무선통신 시스템의 구성	가시광 무선통신 시스템의 구성을 이해할 수 있다.			

피드백

1. 작업 포트폴리오
   – 제출한 보고서를 평가한 후 주요 사항에 대하여 표시하여 돌려준다.
2. 필기시험
   – 평가 결과 성적이 저조한 학생은 보고서 제출 기회를 부여한다.
3. 체크리스트를 통한 관찰
   – 실습 과정에서 평가한 후 개선해야 할 사항 등을 정리하여 돌려둔다.

참 | 고 | 자 | 료

1. 김광현 외 1, "가시광 LED를 이용한 양방향 무선통신 시스템 연구," 한국마린엔지니어링학회 제34권 제6호 PP852-857. 2010.9.
2. 주대영, "자동차용 LED조명 기술과 시장동향," 과학기술정책, 2010.3. pp. 34~38, 과학기술정책연구원.
3. 中川正雄, 유비쿼터스 가시광 통신 기술
4. 한국정보통신기술협회, 가시광 통신, https://www.tta.or.kr/data/androReport/roadMap/05-VLC.PDF
5. "가시광 통신 기술 및 시장동향," S&T Market Report vol 35, 2015.11.
6. 김선형, "4차 산업과 Li-Fi 기술동향," 한국정보기술학회, 15권 2호, 2017.12.
7. 황준호, 류디시, 유명식, "가시광 무선 통신 기반의 응용서비스 모델 개발 동향," 한국통신학회(정보와 통신) 2012.12. pp. 77~83.
8. 황준호, 김영석, 유명식, "가시광 무선통신을 이용한 LBS서비스 및 위치 측정 기술 동향," 한국통신학회 (정보와 통신). 2011.11 pp. 61~68.
9. 김주영 외, "LED 후미등 및 초고속 카메라를 이용한 차량간 통신알고리즘," 한국자동차공학회 춘계학술대회 2012.5. pp. 903~904.
10. 안정권 외, "LED이용 가시광 통신 시스템의 실용화 연구," 한국정보기술학회 논문지 14(3), 2016. 3. pp. 25~32.
11. 김선형, "LED상호간 가시광 무선통신 시스템 개발," 한국정보기술학회 논문지 14(11), 2016. 11, pp. 151~157.

학습 목표

4-1 가시광 통신 시스템의 개발(1)을 이해할 수 있다.

4-1 LED 통신 기반 PC-PC 전송시스템

LED는 빛을 내는 반도체이다. 최근 친환경적 산업이 발전함에 따라 LED 조명의 연구가 활발하게 진행되어가고 있다. 특히 LED를 이용한 통신기법인 LED 통신에 대한 활발한 연구가 진행 중이다. 본 장에서는 LED 통신을 이용한 PC-PC 전송시스템을 구현하였다. LED를 이용한 송신부 회로구성 및 PD와 OP-Amp를 이용한 수신부 회로를 구성하였다. 실험은 송 · 수신부 양 끝단에 컴퓨터를 연결한 다음, 텍스트 전송 프로그램을 이용하여 텍스트를 전송하였다. 이때 보드 레이트(baud rate), LED 색깔, 전송거리 등 다양한 변화를 주면서 실험을 진행하였다.

1. LED 통신 기반 PC-PC 전송시스템의 개요

유무선 음성 통신 및 인터넷 서비스가 일반화되면서 보다 향상된 정보 통신을 위하여 근거리 무선통신(PAN : Personal Area Network) 기술이 다양하게 개발되고 있다. 근거리 무선 통신인 IrDA, UWB, IEEE 802.11x,IEEE 802. 15x, 등에 대하여 국제 표준이 진행되고 있고 아직 국제 표준은 시작 단계이지만 PAN의 한 기술로 가시광 통신(VLC : Visible Light Communication)기술이 부각되고 있다. 특히, LED를 조명으로 활용하기 위한 연구 개발이 활발히 이루어지고 있으며 유비쿼터스 기술에 대한 관심이 고조되고 있는 가운데 주파수 할당 규제가 있는 RF 무선 통신에 비해 국제적 규제가 없는 조명 통신 기술의 VLC는 보안성 또한 보장되어 미래 첨단 기술로 주목을 받고 있다.

가시광 통신은 380nm에서 780nm의파장(Wavelength)을 갖는다. 이 파장을 주파수로 바꾸면 385THz에서789THz에 해당한다. 가청 주파수 대역은 20Hz에서 20,000Hz, Zigbee와 Bluetooth는 2.4GHz,IEEE802.15-3c는 60GHz에 해당하므로 가시광 통신의주파수는 기존의 무선 통신의 주파수와 상당한 차이가 있음을 알 수 있다. 특히, 조명과 동시에 통신을 할 수 있다는 점이 특징이며 장점이라 할 수 있다.

가시광 무선 통신 기술은 백열등과 형광등 같은 조명이 LED 조명으로 교체되는 인프라를 이용하여 통신을 가능하게 하는 기술로써 조명 장치에 통신 기능을 더한 새로운 융합(convergence) 기술이다.

통신 측면에서는 법적 규제가 없고 기존의 통신과 혼선의 우려도 없으며 인체 유해성 시비로부터 자유로울 뿐 아니라 통신 링크를 직접 눈으로 확인할 수 있어 도/감청 여부를 직접 판단할 수 있는 보안성을 갖추었다.

조명 측면에서는 통신을 하면서 부수적으로 가시광으로부터의 즐거움을 사람이 느낄 수 있기에 가시광 무선 통신 기술은 새로운 엔터테인먼트의 잠재성도 지니고 있다. 가시광 LED를 이용한 양방향 무선통신 시스템 연구에서 제시한 시스템은 기존 연구와는 다르게 양방향통신을 시도하였다. 이 연구의 장점은 양방향 통신과 음성신호(아날로그)와 텍스트 데이터(디지털신호) 모두 전송할 수 있는 시스템을 구현한 것이다. 단점은 비록 양방향을 구현하기는 했지만 음성과 텍스트 데이터를 동시에 전송할 수 없다. 또, 오디오신호 경우, 단방향 통신만 지원하여 완벽한 양방향통신 시스템이라고 보기에는 무리가 있다. LED 조명을 이용한 직렬 데이터 전송 시스템에서 제시한 시스템은 serial 포트 끝단에 여러 종류의 LED와 PD를 설치하여 LED의 종류별로 데이터의 전송 속도를 측정하였다. 장점은 많은 LED를 다양한 속도로 실험하였다는 점이다.

하지만 다른 연구의 시스템과 달리 효율이 좋지 못하다는 것이 문제점이다. CAN 기반 LED 가시광 통신 시스템 구현에서는 이미 자동차와 선박에서 이용되고 있는 CAN Protocol을 LED통신에 접목시켜서 데이터 전송을 하였다. 기존에 존재하는 Protocol을 LED에서 접목시킨 것이 특징이다. 하지만 시스템역시 단방향 통신만이 가능하기 때문에 우리가 말하는 완벽한 통신이라고 할 수는 없다.

고휘도 LED를 이용한 단거리 가시광 통신 모듈레이터 설계 및 제작에서는 대부분의 연구는 데이터 전송시 송신측에서 신호를 바로 전송하였다. 하지만 연구에서는 신호를 변조화 과정을 거쳐서 전송하고 수신단 측에서 복호화 하는 과정을 거치게 된다. 이를 통해 기존의 통신 방법인 변조-복호화 과정을 거쳐 다른 무선통신과 유사성을 갖추게 되었다. 이 연구에서는 무선 가시광 통신에 OFDM이라는 통신기법을 적용하여 데이터를 전송한다.

이 연구에서는 통신기법에 OFDM이라는 무선통신기법을 이용함으로써 무선 가시광 통신의 전송 속도를 증가시키는 한 가지 방법을 연구하였다. 만약, OFDM을 이용하면서 양방향통신까지 구현하면 완벽한 VLC회로가 될 것이다. RGB LED전광판을 이용한 가시광 정보 방송 시스템에서는 실제 광고에 이용되는 RGB LED전광판을 응용하여 무선 가시광 통신을 실험 한 것이 특징이다.

RGB LED전광판을 이용하여 한 가지 LED만을 이용했을 경우, 비트오율 두 가지 색을 조합했을 경우, 비트오율, 단색이 아닌 특정이미지에 대한 실험으로 '삼성로고'를 이용한 경우로 나누어서 체계적인 실험이 이루어졌다. 실험결과 'RED+GREEN'의 조합 경우를 제외하고 색을 합한 경우가 단색으로 데이터를 전송하는 경우보다 비트오율이나 전송 거리적 측면에서 우수하였다. 실험에서 직접 의미 있는 데이터를 전송했는지 일반적인 시그널을 전송했는지 알 수 없다. 이처럼 아직까지 표준화 작업이 이루어지지 않고 있는 가시광 무선통신과 앞으로 저탄소 친환경적 조명으로 사용되는 발광다이오드를 이용한다면 지금보다 환경적이고 효율적으로 통신을 할 수 있을 것이라고 생각한다. 따라서 이 교재에서는 가시광 무선통신을 이용하여 PC-PC 통신을 위한 시스템을 제작하고 제작한 시스템의 성능을 평가한다.

학습 4

2. 시스템 구조 및 동작원리

1) 시스템구조

[그림 4-1]은 본 연구에서 제작 구현한 시스템의 구성도를 보여주고 있다.

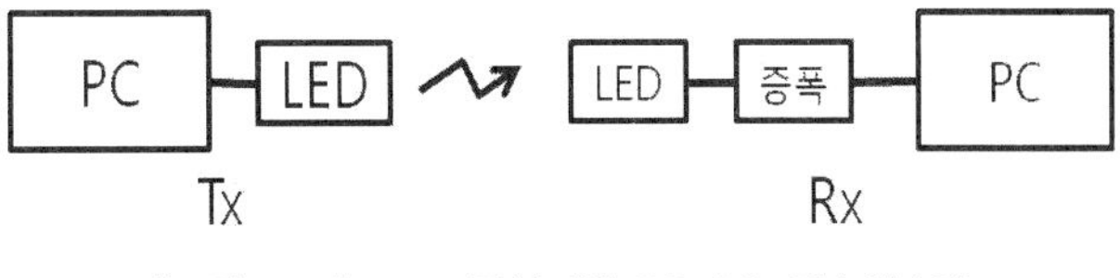

[그림 4-1] LED 통신기반 PC-PC 전송시스템

(1) 송신부

송신부의 경우 컴퓨터의 시리얼포트에서 데이터를 전송하는 부분인 3번 핀(TxD)에 LED의 (+)극을 연결하고 (−)극을 5번 핀(GND)에 연결하여 전송비트가 1인 경우 TxD에 5V가 전압이 걸리기 때문에 LED가 켜지고 전송비트가 0인 경우 0V가 걸리기 때문에 LED가 꺼진다. 송신부 LED에서 on/off의 반복으로 디지털 신호를 만들어 낸다. [그림 4-2]는 송신부 시스템의 회로 구성도를 보여주고 있다.

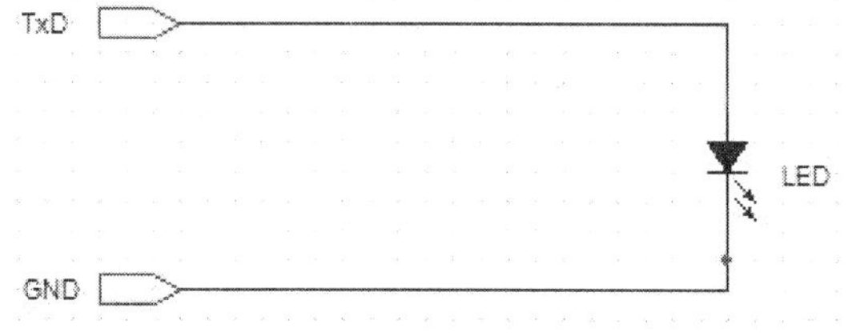

[그림 4-2] 송신부

(2) 수신부

송신부에서 LED의 깜박거림으로 빛을 수신부의 PD로 전송하게 된다. 이때 PD에서는 LED가 켜진 경우 반응을 하여 회로에 전류를 흐르게 하고 LED가 꺼진 경우 반응을 하지 않아 회로에 전압이 흐리지 않게 된다. 이때 흐르는 전압은 매우 낮다. 따라서 컴퓨터에서 인식할 수 있게끔 하기위해 OP-Amp를 이용하여 전압을 컴퓨터가 1과 0을 구분할 수 있는 수준인 5V에 가깝게 증폭을 시켜준다. OP-Amp를 통해 증폭된 신호는 수신부 컴퓨터의 시리얼 포트의 3번 핀(TxD)과 연결되어 컴퓨터로 전송을 하게 된다. 그리고 소자의 그라운드는 5번 핀(GND)에 연결한다. [그림 4-3]은 수신부 시스템의 회로 구성도를 보여주고 있다.

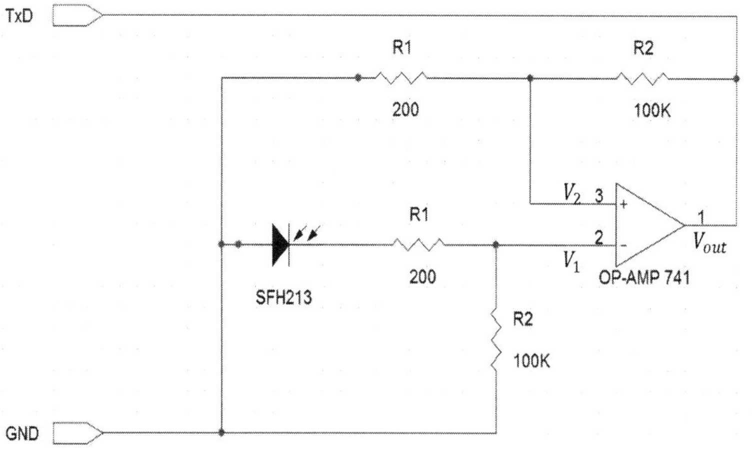

[그림 4-3] 수신부

2) 시스템 동작원리

기존의 PC-PC 시리얼 통신의 경우 송신측에서 전송할 데이터를 입력하면 시리얼 라인 중 TxD를 통해 데이터를 비트 형식으로 전송한다. 수신측 컴퓨터에서는 송신측 컴퓨터에서 받은 수신측 컴퓨터에서 신호를 인식하고 그 신호를 사용자가 알아볼 수 있게 변환하여 보여준다.

본 교재에서 제안하는 시스템은 시리얼 라인에서 송신측에서 데이터를 TxD 끝단에 LED를 부착해서 LED를 통해 비트 데이터를 전송한다. 수신측에서는 PD를 이용하여 LED가 비트 데이터를 인식한다. 이때 인식되는 전압 값이 너무 낮기 때문에 OP-Amp를 이용하여 송신측에서 전송하는 전압과 유사한 전압레벨까지 증폭하게 된다. 이때 OP-Amp의 증폭률(V_{out})은 다음과 같다.

$$V_{out} = (V_2 - V_1)R_2/R_1 \quad \cdots\cdots (4\text{-}1)$$

여기서 V_2가 PD에서 받아들이는 전압이 된다. 위 회로 [그림 4-3]의 증폭률을 계산하면 500배가 된다. 하지만 실제 계산결과 497배가 되었다. 오차가 발생한 원인은 저항의 오차범위로 인해 생기는 오류이다. 이렇게 증폭된 데이터비트는 시리얼 포트를 통해 컴퓨터로 전달되고 컴퓨터는 비트를 분석하여 텍스트로 변환시켜 결과를 출력한다.

학습 4

3. 성능 평가

1) 성능평가 환경

〈표 4-1〉은 성능평가를 위한 실험환경을 설명하고 있다.

〈표 4-1〉 성능평가 환경

	구분	제품
송신부	Program	RS232 Monitor
	OS	Microsoft WindowXP Sp3
	LED	• 1W 파워 LED White • 1W 파워 LED Blue • 1W 파워 LED Green • 1W 파워 LED Red
수신부	Program	RS232 Monitor
	OS	Microsoft WindowXP Sp3
	Photo Diode	Osram의 SFH213
	OP-AMP	LM741

송·수신부 양 끝단에 컴퓨터를 연결한 다음, 텍스트 전송프로그램인 RS232 Monitor를 이용하여 'UNC'라는 텍스트를 전송하였다. 이때 baud rate를 110bps~256000bps까지 변화를 주면서 실험을 진행하였다. [그림 4-4]는 본 성능평가에서 사용된 시스템 구성도를 보여주고 있다.

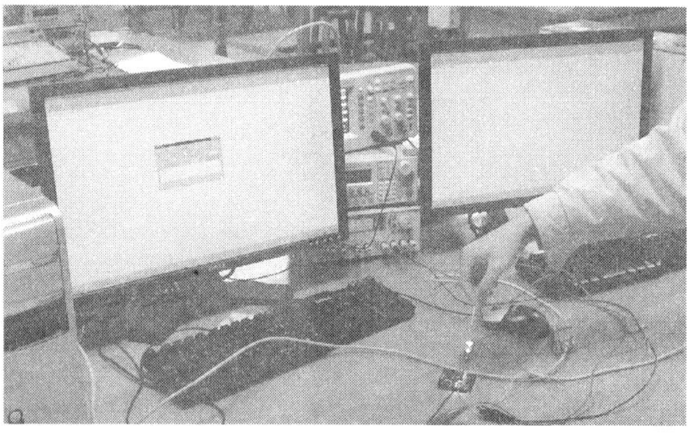

[그림 4-4] 실험장치 시스템

2) 성능평가 결과

[그림 4-5]는 설계된 시스템의 데모 시연 결과를 보여주고 있다. 데모 시연 시 LED를 10ΦLED를 이용하여 송신부 회로를 구성하고 수신부에 PD는 SFH-213, OP-Amp는 LM-741을 이용하여 회로를 구성하였다. [그림 4-5]에서 보여주고 있는 것처럼 텍스트 데이터를 연속적으로 성공적인 전송을 보여주고 있다.

〈표 4-2〉는 LED 색깔 변화에 따른 baud rate 한계측정 결과를 보여주고 있다. LED변화에 따른 전송속도의 수신감도 차이를 확인하기 위해 LED색깔과 baud rate를 변화 시켜주면서 실험을 하였다. 실험에 따른 비교 조건은 다음과 같다. 공통조건으로 parity는 NO, stop bit는 1bit, data bit는 8bit, 거리는 5cm로 설정하였다. LED는 1W 파워, LED로 White, Red, Blue, Green을 사용하였다. 각 LED마다 전송속도는 110bps~256000bps까지 변화를 주었다. 이때, 수신여부를 확인하기 위해 RS232 Monitor라는 프로그램을 이용하여 실험을 진행했다.

실험결과 White과 Blue의 경우 128000bps까지 전송 가능하였다. Red은 19200bps까지는 정확히 전달되었고, 38400~57600bps까지는 지정된 문자는 전송되었으나 대신에 '0'이나 '8'과 같은 숫자로 바뀌어서 전송되었다. 57600 bps 이후에는 전송이 되지 않는다. 또한 Green은 57600bps까지 전송이 가능하다. 따라서 수신감도 및 전송 특성에 있어서 White와 Blue가 다른 색깔보다 우수함을 알 수 있다.

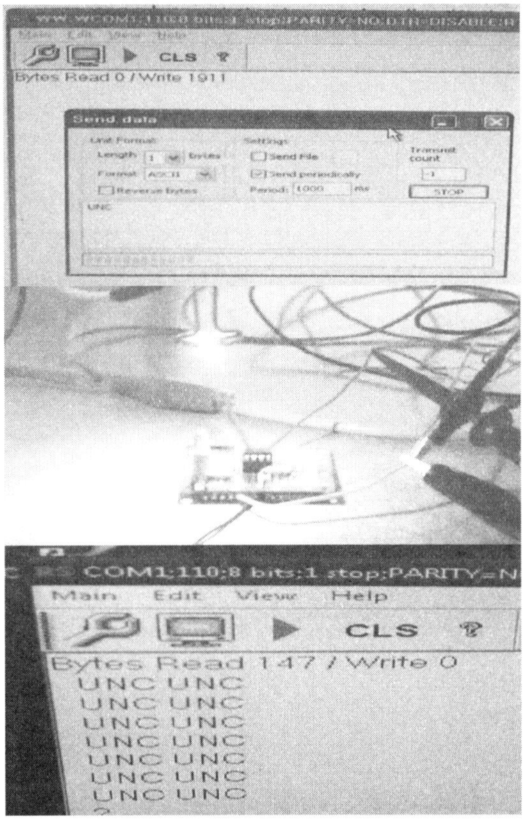

[그림 4-5] 데모 시연결과

〈표 4-2〉는 실험결과를 표로 나타내었다. [그림 4-6]은 4개의 LED 색깔(흰색, 적색, 청색, 녹색)에 대한 전송 시연 결과를 보여주고 있다. LED 색깔별 수신감도 실험결과 뛰어난 White LED와 Blue LED 중 White LED를 이용하고 나머지 조건은 parity는 NO, stop bit는 1bit, Data bit는 8bit, 속도는 9600bps 빛의 집광성을 높이기 위해 LED Lens 4°짜리를 이용하였다. 흰색(white)과 푸른색(blue)의 LED가 보다 높은 전송률(bps)을 지원할 수 있음을 알 수 있다.

〈표 4-2〉 LED 색깔 변화에 따른 baud rate 한계측정

LED 색깔	Baud Rate(bps)						
	19200	38400	56000	57600	115200	128000	256000
White	○	○	○	○	○	○	×
Red	○	△	△	△	×	×	×
Blue	○	○	○	○	○	○	×
Green	○	○	○	○	×	×	×

조건 : parity : NO, stop bit : 1bit, data bit : 8bit, 거리 : 5 cm

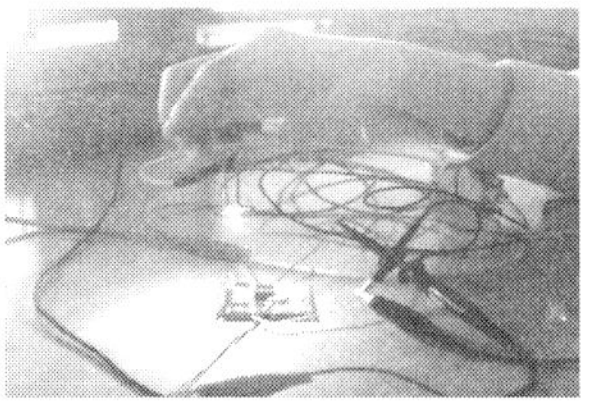

(a) 흰색전송

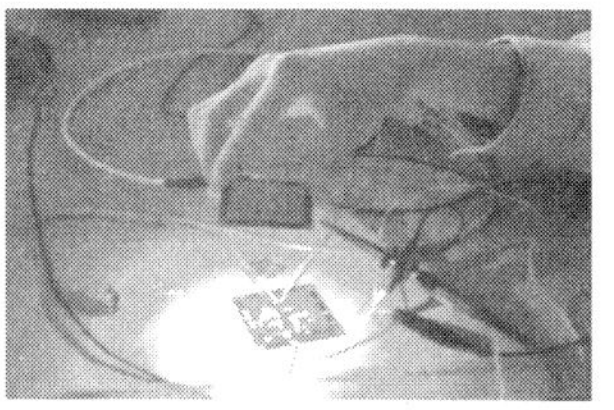

(b) 적색전송

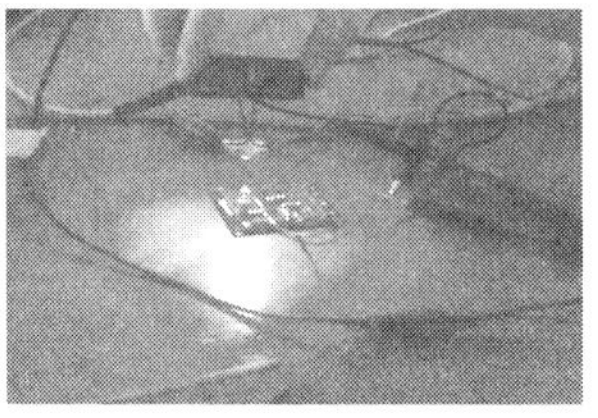

(c) 청색전송

(d) 녹색전송

[그림 4-6] LED 색깔 변화에 따른 전송결과

〈표 4-3〉은 흰색의 LED를 사용했을 때 전송거리에 따른 전송측정 결과를 보여주고 있으며, [그림 4-7]은 전송거리에 따른 전송실험결과를 보여준다. 실험 결과 13cm까지는 전송이 가능한 것을 확인하였다.

〈표 4-3〉 전송거리에 따른 전송 한계측정(흰색 LED)

LED 색깔	전송거리(cm)			
	5	10	13	15
White	○	○	○	×

(a) 5cms

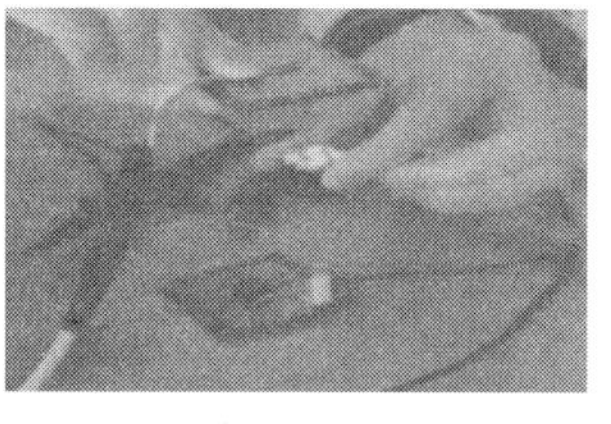

(b) 10cm

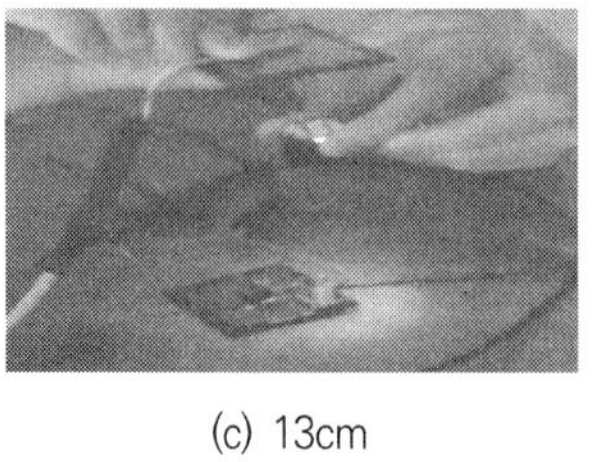

(c) 13cm

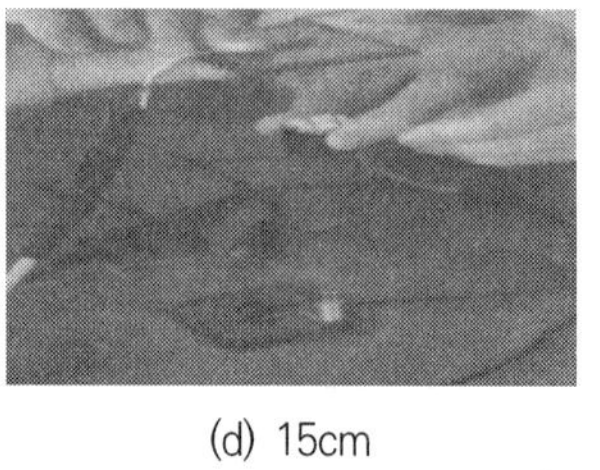

(d) 15cm

[그림 4-7] 전송거리에 따른 실험결과

4. LED 통신기반 PC-PC전송시스템의 구현

최근 산업이 발전함에 따라 환경에 대한 인식이 높아지고 있다. 그에 따라 저탄소·녹색 산업이 크게 주목받고 있다. 그 중에서도 조명의 경우 LED가 주목 받고 있다. LED는 기존의 조명과 달리 반도체를 이용하기 때문에 통신매체로서도 사용이 가능하다. 그에 따라 통신매체로서의 많은 연구가 이루어지고 있다.

이 책에서는 최근 추세에 따라 LED를 이용하여 간단한 송수신 시스템을 만들고 시스템을 이용하여 텍스트를 전송하는 실험을 진행해보았다. 실험결과 색깔마다 다른 것을 확인하였다. 그리고 그 특징은 밝은 색의 LED가 빠른 속도의 텍스트 전송에 효율적 이였다. 그리고 어두운 색인 RED의 경우 전송속도가 성능이 좋지 못했다. 이를 통해 LED의 수신감도는 전송하는 LED의 색깔이 밝을수록 감도가 뛰어나다는 것을 알 수 있었다. 거리에 따른 수신감도 측정에서는 거리가 멀어짐에 따라 수신감도가 떨어지는 것을 알 수 있었다.

따라서 거리가 가까울수록 수신감도가 좋다. 이를 통해 논문에서 설계한 시스템은 속도라는 변수에서는 성능이 좋았으나 거리라는 변수에서는 성능이 좋지 않은 것을 확인하였다. 앞으로 더욱 많은 LED와 PD 그리고 LED렌즈가 발전되어 나온다면 충분히 제안된 시스템의 성능 또한 증가할 것이라고 생각된다.

학습 4

4-2 LED 통신기반 멀티 홉 무선 전송네트워크시스템

LED는 빛을 내는 반도체이다. 최근 친환경적 산업이 발전함에 따라 LED조명의 연구가 활발하게 진행되어가고 있다. 특히 LED를 이용한 통신기법인 LED 통신에 대한 활발한 연구가 진행 중이다. 본 교재에서는 LED 통신 기반 멀티 홉 무선 전송네트워크시스템을 설계 구현하였다. 설계된 시스템은 LED를 이용한 송신부 회로, PD와 OP-Amp를 이용한 수신부 회로 및 멀티 홉 지원을 위해서 PD, OP-Amp 및 LED로 구성된 릴레이로 시스템이 구성된다. 설계된 시스템의 실험은 다음처럼 진행되었다. 송·수신부 양 끝단에 컴퓨터를 연결하고, 중간 노드로서 두 개의 릴레이를 송·수신 컴퓨터 사이에 연결한다. 그리고 텍스트 전송프로그램을 이용하여 텍스트를 연속적으로 전송하였다. 이때 보드 레이트, 전송거리 등 다양한 변화를 주면서 실험을 진행하였다.

1. LED 통신기반 멀티 홉 무선 전송 네트워크 시스템의 개요

최근에 LED(light emitting diode)는 미래의 에너지 절약 조명 소스로서 각광을 받고 있다. LED는 긴 수명, 작은 크기와 저 전력 소모 등과 같은 특징을 가지고 있다. 따라서 LED는 큰 사이즈의 칼라 디스플레이들, 교통조명 등에 많이 사용되고 있을 뿐만 아니라, 점진적으로 전통적인 조명 시스템들이 LED 조명으로 대체되고 있다.

또 하나의 중요한 응용은 LED를 조명과 신호전송을 위한 소자로서 통신에 함께 사용하기 위한 연구가 최근에 활발하게 진행되고 있다. LED 기반 통신 시스템은 기존에 RF(Radio Frequency) 기술에 의해서 사용되었던 짧은 거리, 실내 무선통신 서비스 등에 효과적으로 적용 가능하다. 유비쿼터스 기술에 대한 관심이 고조되고 있는 가운데 주파수 할당 규제가 있는 RF 무선통신에 비해 국제적 규제가 없는 LED 통신 기술은 보안성 또한 보장되어 미래 첨단 기술로 주목을 받고 있다. LED 통신(가시광 통신)은 380nm에서 780nm의 파장(Wavelength)을 갖는다. 이 파장을 주파수로 바꾸면 385THz에서 789THz에 해당한다. 가청 주파수 대역은 20Hz에서 20,000Hz, Zigbee와 Bluetooth는 2.4GHz, IEEE 802.15 -3C는 60GHz에 해당하므로 가시광 통신의 주파수는 기존의 무선 통신의 주파수와 상당한 차이가 있음을 알 수 있다. 특히, 조명과 동시에 통신을 할 수 있다는 점이 특징이며 장점이라 할 수 있다.

현재 무선 네트워크는 RF 기술에 의해서 거의 독점되고 있다. 그러나 LED 기반 네트워크 송수신 시스템들은 기존의 RF에 비해서 대역폭, 보안, 에너지 절약 등의 장점을 가지고 있기 때문에 조만간에 LED 기반 송수신 시스템이 기존의 RF시스템들을 대체할 것으로 내다보고 있다.

본 교재에서는 LED 통신기반 멀티 홉 무선 전송 네트워크시스템을 설계하고 시스템의 성능을 평가한다. 본 연구는 다음처럼 구성되어 있다. 2절에서는 연구에서 제안하는 시스템의 구조와 동작원리에 대해서 설명을 하고, 3절에서 제안하는 시스템의 성능평가를 실시한다. 그리고 4절에서는 결론을 내고 마무리한다.

2. 시스템 구조 및 동작원리

1) 시스템구조

[그림 4-8]은 본 교재에서 제안 구현한 시스템의 구성도를 보여주고 있다.

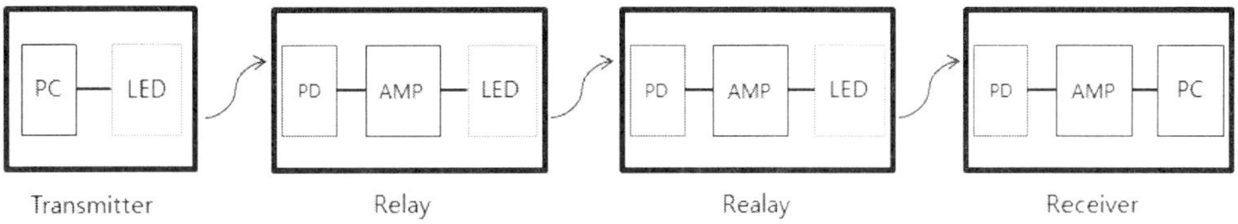

[그림 4-8] LED 통신기반 무선 전송네트워크 시스템

(1) 전송부

전송부의 경우 컴퓨터의 시리얼포트에서 데이터를 전송하는 부분인 3번 핀(TxD)에 LED의 (+)극을 연결하고 (−)극을 5번 핀(GND)에 연결하여 전송비트가 1인 경우 TxD에 5V가 전압이 걸리기 때문에 LED가 켜지고 전송비트가 0인 경우 0V가 걸리기 때문에 LED가 꺼진다.

송신부 LED에서 on/off의 반복으로 디지털 신호를 만들어낸다. [그림 4-9]는 송신부 시스템의 회로 구성도를 보여주고 있다.

[그림 4-9] 송신부

(2) 릴레이부분

릴레이(relay) 부분에서는 전송부에서 LED의 깜박거림으로 빛을 수신하여 PD로 보내져 릴레이의 LED을 깜박거리게 만들어 데이터를 목적지로 보낸다. 이때 PD에서는 LED가 켜진 경우에만 반응 하여 전압이 발생한다. 이때 흐르는 전압은 매우 낮다 그래서 릴레이의 LED를 켜기 위해 OP-Amp를 이용하여 릴레이의 역할을 수행한다.

[그림 4-10]은 릴레이의 시스템의 회로 구성도를 보여주고 있다.

학습 4

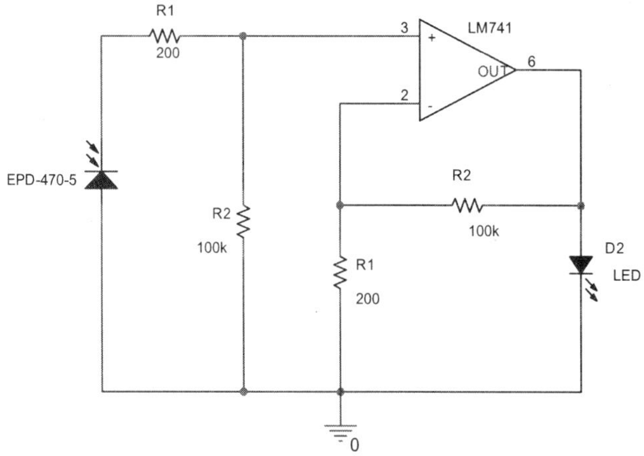

[그림 4-10] 릴레이

(3) 수신부

릴레이에서 LED의 깜박거림으로 빛을 수신부의 PD로 전송하게 된다. 이때 PD에서는 LED가 켜진 경우 반응을 하여 회로에 전류를 흐르게 하고 LED가 꺼진 경우 반응을 하지 않아 회로에 전압이 흐리지 않게 된다. 이때 흐르는 전압은 매우 낮다. 따라서 컴퓨터에서 인식할 수 있게끔 하기 위해 OP-Amp를 이용하여 전압을 컴퓨터가 1과 0을 구분할 수 있는 수준인 5V에 가깝게 증폭을 시켜준다. OP-Amp를 통해 증폭된 신호는 수신부 컴퓨터의 시리얼 포트의 2번 핀(RxD)과 연결되어 컴퓨터로 전송을 하게 된다. 그리고 소자의 그라운드는 5번 핀(GND)에 연결한다. [그림 4-11]은 수신부 시스템의 회로 구성도를 보여주고 있다.

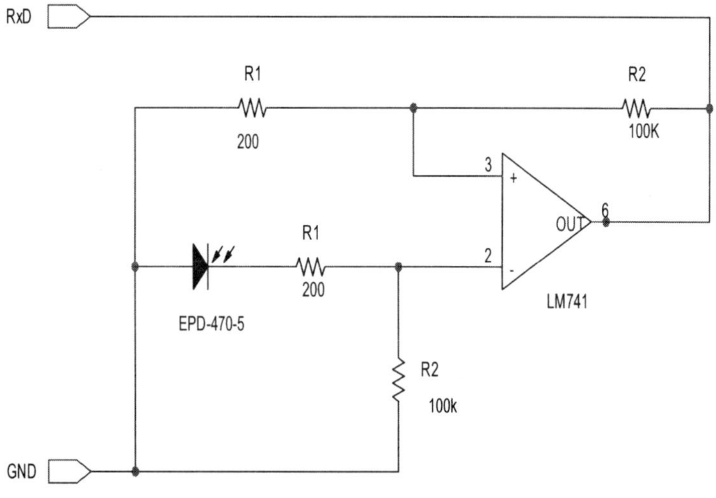

[그림 4-11] 수신부

2) 시스템 동작원리

LED 통신기반 무선 전송네트워크 시스템에서는 앞서 연구된 LED 통신 기반 PC-PC전송 시스템에 대한 내용을 기반으로 하여 네트워크를 구성하였다.

LED통신 기반 PC-PC전송 시스템은 시리얼 라인에서 송신측에서 데이터를 TxD 끝단에 LED를 부착해서 LED를 통해 비트 데이터를 전송한다.

수신측에서는 PD를 이용하여 LED가 비트 데이터를 인식한다. 이때 인식되는 전압 값이 너무 낮기 때문에 OP-Amp를 이용하여 송신측에서 전송하는 전압과 유사한 전압 레벨까지 증폭하게 된다. 이렇게 증폭된 데이터 비트는 시리얼 포트를 통해 컴퓨터로 전달되고 컴퓨터는 비트를 분석하여 텍스트로 변환시켜 결과를 출력한다. 이런 원리를 응용하여 릴레이 역할을 하는 회로를 추가해 시스템을 구성하였다.

본 연구에서 제안하는 릴레이는 전송부의 LED에서 나오는 신호를 PD로 받는다. PD에서 나오는 전압 값이 매우 낮기 때문에 신호를 보내기 위해 설치된 LED를 켤 수가 없어 OP-Amp를 사용하여 이 문제를 해결한다. 본 연구에서 제안하는 OP-Amp의 증폭률(V_{out})은 다음과 같다.

$$V_{out} = (V_2 - V_1)R_2/R_1 \quad \cdots\cdots (4\text{-}2)$$

여기서 V_2가 PD에서 받아들이는 전압이 된다.

3. 성능평가

1) 성능평가 환경

〈표 4-4〉는 제안된 시스템의 성능평가를 위한 실험환경을 설명하고 있다.

송·수신부 양 끝단에 컴퓨터를 연결하고 중간 연결 노드로서 두 개의 릴레이를 송·수신 컴퓨터 사이에 연결한다. 그리고 텍스트 전송프로그램인 RS232 Monitor를 이용하여 'UNCL'라는 텍스트를 연속적으로 전송하였다. 이때 baud rate를 110bps~2400bps까지 변화를 주면서 실험을 진행하였다. [그림 4-12]는 본 성능평가에서 사용된 시스템 구성도를 보여주고 있다.

<표 4-4> 성능평가 환경

구 분		제 품
송신부	Program	RS232 Monitor
	OS	Microsoft WindowXP Sp3
	LED	10ØLED
릴레이	Photo Diode	EPD-470-5
	LED	10ØLED
	OP-Amp	UA741CN
수신부	Program	RS232 Monitor
	OS	Microsoft WindowXP Sp3
	Photo Diode	Osram의 SFH213
	OP-AMP	UA741CN

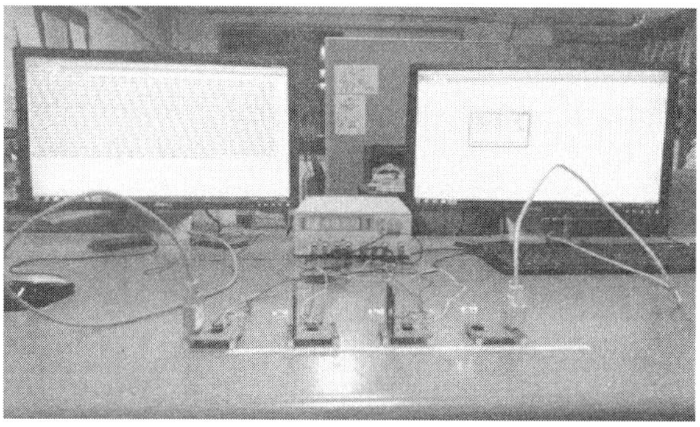

[그림 4-12] 성능평가를 위한 실험장치 시스템

2) 성능평가 결과

[그림 4-13]은 설계된 시스템의 데모 시연 결과를 보여주고 있다. 데모 시연 시 LED를 10ØLED를 이용하여 송신부 회로를 구성하고 수신부에 PD는 EPD-470-5, OP-Amp는 LM-741을 이용하여 회로를 구성하였다. [그림 4-13]에서 보여주고 있는 것처럼 텍스트 데이터들이 연속적으로 성공적인 전송이 되고 있음을 보여주고 있다.

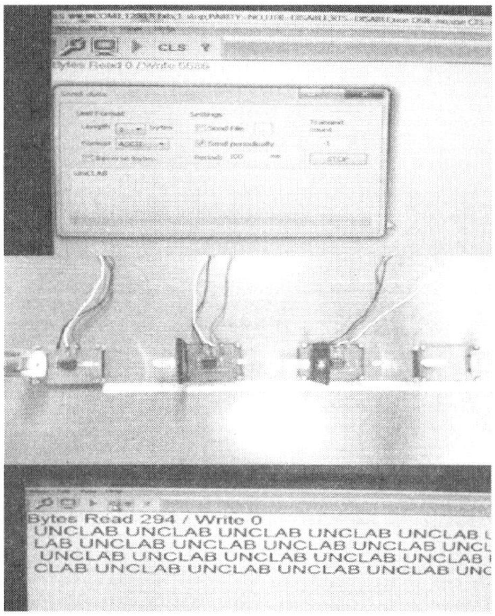

[그림 4-13] 데모 시연결과

〈표 4-5〉는 보드 레이트 한계측정 결과를 보여주고 있다. 전송속도의 수신감도 차이를 확인하기위해 보드 레이트를 변화시켜주면서 실험을 하였다. 실험에 따른 비교조건은 다음과 같다. 공통조건으로 페리티(parity)는 NO, 멈춤 비트(stop bit)는 1bit, 데이터 비트(data bit)는 8bit, 거리는 10 cm로 설정하였다. LED는 10ΦLED, 사용하였다. 각 LED마다 전송속도는 110bps~2400bps까지 변화를 주었다. 이때, 수신여부를 확인하기 위해 RS232 Monitor라는 텍스트 전송프로그램을 이용하여 실험을 진행했다. 〈표 4-5〉에서 설명하고 있는 것처럼 보드 레이트가 2400bps 이상에서는 텍스트 데이터 전송이 이루어지고 있지 않음을 알 수 있다.

〈표 4-5〉 LED 보드 레이트 한계측정

Baud Rate(bps)				
110	300	600	1200	2400
○	○	○	○	×

[그림 4-14]는 전송거리에 따른 전송 한계 측정 구성도를 보여주고 있다. 〈표 4-6〉은 전송거리에 따른 전송 한계측정 결과를 설명하고 있다. 〈표 4-6〉에서 설명하고 있는 것처럼 각 노드 사이의 거리가 25cm 이상 일 때는 텍스트 데이터 전송이 성공적으로 이루어지고 있지 않음을 알 수 있다. [그림 4-15]은 전송거리에 따른 전송실험 결과를 시각적으로 보여주고 있다. [그림 4-15]에서처럼 각 노드사이의 거리가 멀어질

수록 수신측 LED(PD)의 밝기가 약해짐을 알 수 있다. 즉 각 노드 사이의 거리가 멀어짐에 따라서 텍스트 데이터의 성공적인 전송이 줄어 듬을 일 수 있다.

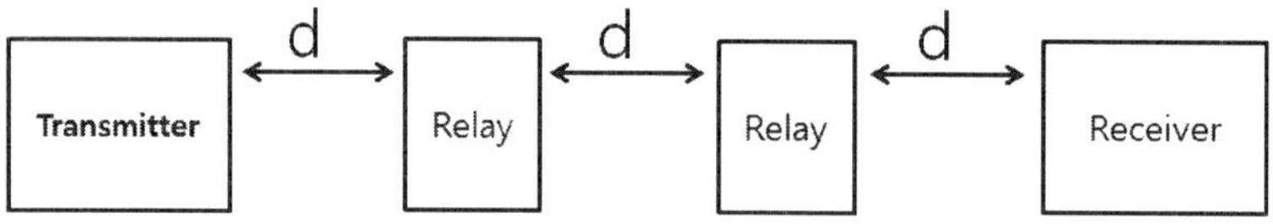

[그림 4-14] 전송거리에 따른 전송 한계 측정 구성도

〈표 4-6〉 전송거리에 따른 전송 한계측정

d(cm)				
5	10	15	20	25
○	○	○	○	×

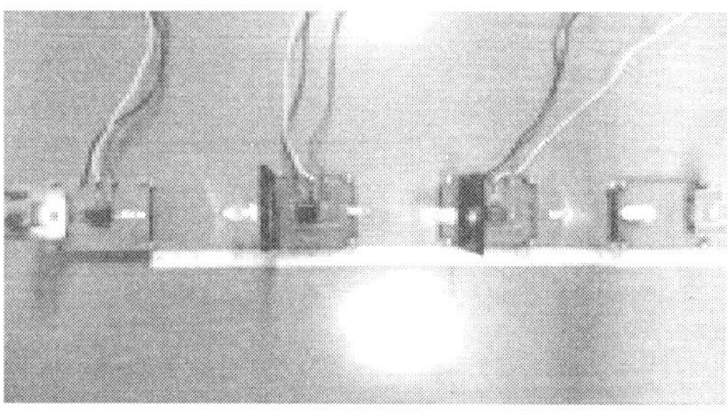

5cm

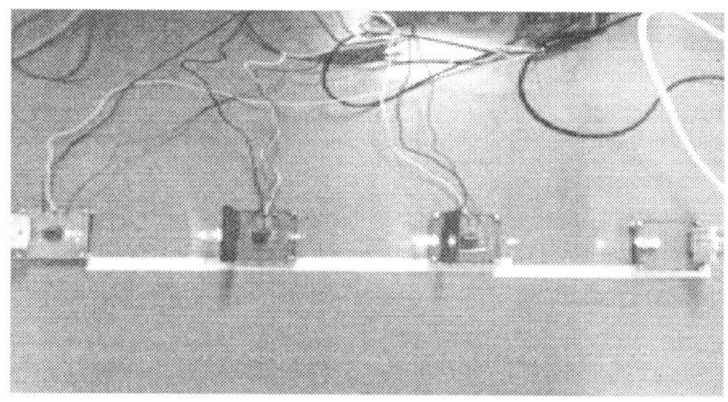

10cm

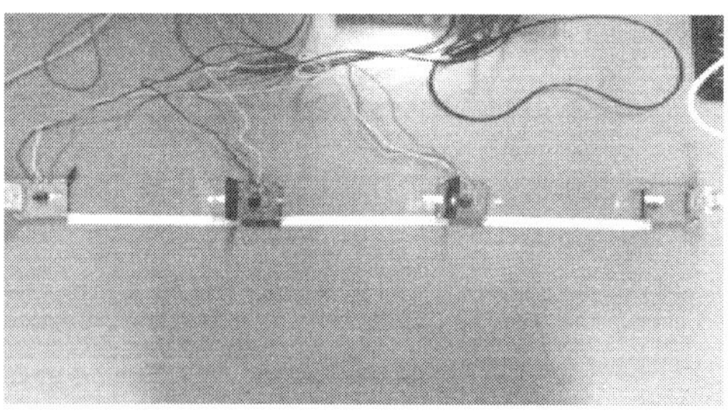

15cm

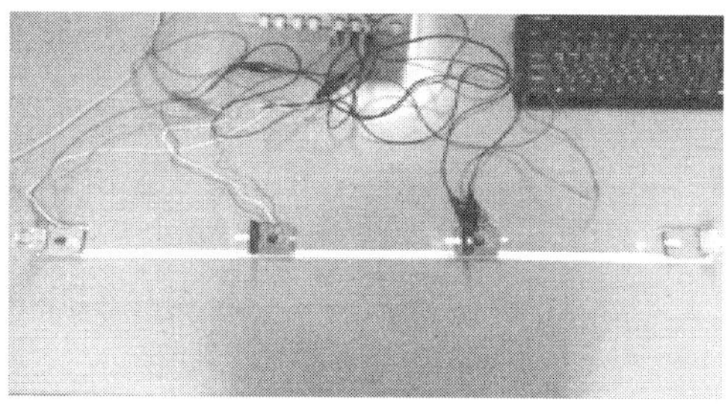

20cm

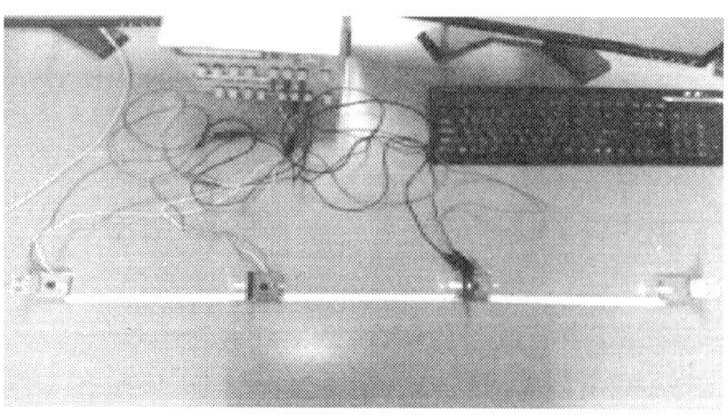

25cm

[그림 4-15] 전송거리에 따른 실험결과

4. 결 론

이 교재에서는 LED 통신 기반 멀티 홉 무선 전송네트워크 시스템을 제안 설계한다. 설계된 시스템은 송신부, 릴레이, 수신부로 구성되어 있다. 제안 설계된 시스템의 성능평가는 다음처럼 이루어진다. 첫째, 전송 보드 레이트를 변화시키면서 전송을 테스트 하였다. 둘째, 각 홉 사이의 전송 거리를 변화시키면서 전송을 테스트하였다. 전송 텍스트 파일은 RS 232 Monitor 텍스트 전송 프로그램을 사용하였다. [그림 4-13]과 〈표 4-5〉에서 보는 것처럼 보드 레이트가 2400bps 이상이면 전송이 되지 않고 있음을 알 수 있다. [그림 4-15]와 〈표 4-6〉에서 설명하고 있는 것처럼 각 홉사이의 거리가 25cm 이상이면 전송이 되지 않고 있음을 알 수 있다. 현재 전송 속도의 향상과 거리 증가에 따른 고속전송 및 멀티미디어 전송에 대한 연구를 지속적으로 진행하고 있다.

학습 4

학습활동.4 교수 · 학습 방법

교수 방법

- 가시광 통신 시스템의 개발(1)에 대한 관련 용어, 구성, 방식 이해 정도를 파악한 후 수업을 진행한다.
- 교수자의 주도로 가시광 통신 시스템의 개발(1) 등의 내용을 PPT 자료로 제시한 후 설명한다.
- 가능하면 사전에 개인별 학습 자료를 준비하여 모든 학생이 참여할 수 있는 문제 해결식 수업, 협력 수업이 가능하도록 한다.
- 가시광 통신 시스템의 개발(1) 전 과정을 작업의 순서에 따라 단계적으로 실습이 이루어질 수 있도록 지도한다.
- 교재를 통해 수업을 준비하는데 있어서 필요한 모든 정보나 팁, 힌트 등 도움이 될 만한 내용들을 확인할 수 있다.
- 학생들이 만들게 될 각 모델들은 수업시간에 중점적으로 다뤄질 부분과 어휘, 질문, 답을 포함하고 있으며 또한 탐구할만한 추가적인 아이디어들도 포함하고 있다.

학습 방법

- 가시광 통신 시스템 개발(1)에 대한 관련 용어를 숙지하고, 가시광 통신 시스템의 개발(1)에 대해 이해한다.
- 가시광 통신 시스템 개발(1)의 각 단계별 중점 사항을 체계적으로 학습한다.
- 가시광 통신 시스템 개발(1)의 수행순서의 전 과정을 실습한다.
- 가시광 통신 시스템 개발(1)의 내용을 이해한다.
- 가시광 통신 시스템 개발(1)을 이해하고 숙달이 될 때까지 학습한다.

학습활동.4 평가 및 피드백

평가 준거

- 평가자는 피평가자가 수행 준거 및 평가 내용에 제시되어 있는 내용을 성공적으로 수행할 수 있는 지를 평가해야 한다.

학습내용	평가항목	성취수준		
		상	중	하
가시광 통신 시스템의 개발(1)	가시광 통신 시스템의 개발(1)을 이해할 수 있다.			

평가 방법

• 작업 포트폴리오

학습내용	평가항목	성취수준		
		상	중	하
가시광 통신 시스템의 개발(1)	가시광 통신 시스템의 개발(1)을 이해할 수 있다.			

• 필기시험

학습내용	평가항목	성취수준		
		상	중	하
가시광 통신 시스템의 개발(1)	가시광 통신 시스템의 개발(1)을 이해할 수 있다.			

• 체크리스트를 통한 관찰

학습내용	평가항목	성취수준		
		상	중	하
가시광 통신 시스템의 개발(1)	가시광 통신 시스템의 개발(1)을 이해할 수 있다.			

피드백

1. 작업 포트폴리오
   - 제출한 보고서를 평가한 후 주요 사항에 대하여 표시하여 돌려준다.
2. 필기시험
   - 평가 결과 성적이 저조한 학생은 보고서 제출 기회를 부여한다.
3. 체크리스트를 통한 관찰
   - 실습 과정에서 평가한 후 개선해야 할 사항 등을 정리하여 돌려둔다.

참 | 고 | 자 | 료

1. Toshihiko Komine and Masao Nakagawa, "A study of shadowing on indoor visible-light wireless communication utilizing plural white LED lightings," Proc. of ISWCS 2004, pp. 36~40, 2004.
2. Deng Chunjian, Liu Wei, Zou Kun, Yang Liang, "A Solution of LED Large Screen Display Based on Wireless Communication," Proc. of APWCS 2010, pp. 66~69, 2010.
3. Toshihiko Komine and Masao Nakagawa, "Performance evaluation of visible-light wireless communication system using white LED lightings," Proc. of ISCC 2004, pp. 258~263, 2004.
4. Komiyama, T.; Kobayashi, K.; Watanabe, K.; Ohkubo, T.; Kurihara, Y. "Study of visible light communication system using RGB LED lights," Proc. of SICE 2011, pp. 1926~1928, 2011.
5. 강태규, "가시광 무선통신 표준 기술 동향," TTA Journal, no.113, pp. 85~90, 2007년 11월.
6. 손경락, "가시광 LED를 이용한 양방향 무선통신 시스템연구," 한국마린엔지니어링학회지 제 34권 제 6호, pp. 852~857.
7. 조준범, "LED 조명을 이용한 직렬 데이터 전송 시스템," 12월 전자통신기술연구논문지 제12권 1호, pp. 18~23, 2009년 12월.
8. 손경락, "CAN 기반 LED 가시광 통신 시스템 구현," 한국마인엔지니어링학회지 제 25권 1호, pp. 102~107. 2011년 1월.
9. 손경락, "고휘도 LED를 이용한 단거리 가시광 통신 모듈레이터 설계 및 제작," 2010년도 대한 전기학회 하계학술대회 논문집, pp. 2215~2216, 2010년 7월.
10. Mostafa Z. Afgani, Harald Haas, Hany Elgala, and Dietmar Knipp, "Visible Light Communication Using OFDM," Proc. of TRIDENTCOM 2006, 2006.
11. 박성범, "RGB LED전광판을 이용한 가시광 정보 방송시스템," 정보와 통신(Journal of The Korean Institute of Communication Sciences), vol.26, no.5, pp. 10~14, 2009.
12. Wang Rui, Duan Jing-yuan, Shi An-cun, Wang Yong-jie, Liu Yu-liang, "Indoor Optical Wireless Communication System Utilizing White LED Lights," Proc. of APCC 2009, October 2009.
13. Deng Chunjian, Liu Wei, Zou Kun, Yang Liang, "A solution of LED Large Screen Display Based on Wireless Communication." Proc. of 2010 Asia- Pacific Conference on Wearable Computing Systems, April 2010.
14. T.D.C. Little, Senior Member, IEEE, P. Dib, K. Shah, N. Barraford, and B. Gallagher, "Using LED Lighting for Ubiquitous Indoor Wireless Networking," Proc. of IEEE International Conference on Wireless & Mobile Computing, Networking & Communication

2008, October 2008.

15. Toshihiko Komine and Masao Nakagawa, "A study of shadowing on indoor visible-light wireless communication utilizing plural white LED lightings," Proc. of ISWCS 2004, pp. 36 ~40, 2004.
16. Toshihiko Komine, Masao Nakagawa, "Fundamental Analysis for Visible-Light Communication System using LED Lights," IEEE Transactions on Consumer Electronics, Vol. 50, No. 1, February 2004, pp. 100~107.
17. Toshihiko Komine and Masao Nakagawa, "Performance evaluation of visible-light wireless communication system using white LED lightings," Proc. of ISCC 2004, pp. 258~263, 2004.
18. Komiyama, T.; Kobayashi, K.; Watanabe, K.; Ohkubo, T.; Kurihara, Y. "Study of visible light communication system using RGB LED lights," Proc. of SICE 2011, pp. 1926~1928, 2011.
19. Kyusung Shim, Le The Dung, Beongku An, "LED Communication-based PC-PC Transmission System," Journal of IWIT, vol.12, no. 1, pp. 181~187, February 2012.

학습 목표	5-1 가시광 통신시스템의 개발(2)를 이해할 수 있다.

5-1 LED 통신 기반 멀티 홉 오디오 데이터 전송 네트워크시스템

이 교재에서는 LED 통신 기반 멀티 홉 오디오 데이터 전송네트워크 시스템을 제안 개발 한다. 제안된 시스템의 주요한 기여도 및 특징은 다음과 같다. 첫째, 이 책의 기여도는 LED 통신 기반으로 멀티 홉을 경유하여 오디오 데이터를 장거리 전송이 가능한 전송네트워크시스템을 개발하는 것이다. 둘째, 개발된 시스템의 특징은 전송부에서 오디오 데이터는 S/PDIF 포맷으로 인코딩 되어 보통의 LED로 통해 전송된다. 릴레이에서는 디지털 오디오 신호를 포토다이오드로 데이터를 수신 받아 에러체크 및 증폭을 하여 수신부로 전송한다. 수신부에서는 포토다이오드로부터 받은 인코딩된 오디오 데이터를 디코딩 및 증폭을 하여 아날로그 오디오 신호로 컨버팅을 한다. 제안된 시스템의 성능평가는 형광등이 켜져 있는 실험실에서 진행되었다. 성능평가 결과 제안된 시스템이 홉 간 거리가 긴 멀티 홉 네트워크 환경에서 고음질의 오디오 신호를 효과적으로 전송할 수 있었다. 반면에 사용된 다양한 LED들의 색깔에 따라서 오디오 데이터의 전송 음질에 차이가 있음을 확인하였다.

I. LED 통신 기반 멀티 홉 오디오 데이터 전송네트워크 시스템의 개요

최근에 LED(light emitting diode)는 미래의 에너지 절약 조명 소스로서 각광을 받고 있다. LED는 긴 수명, 작은 크기와 저 전력 소모 등과 같은 특징을 가지고 있다. 따라서 LED는 큰 사이즈의 칼라 디스플레이들, 교통조명 등에 많이 사용되고 있을 뿐만 아니라, 점진적으로 전통적인 조명 시스템들이 LED 조명으로 대체되고 있다. LED의 또 하나의 중요한 응용은 LED를 조명과 신호전송을 위한 소자로서 통신에 함께 사용하기 위한 연구가 최근에 활발하게 진행되고 있다. LED 통신, 즉 가시광 통신(Visible Light Communication : VLC) 기반 시스템은 기존에 RF(Radio Frequency) 기술에 의해서 사용되었던 짧은 거리, 실내 무선통신 서비스 등에 효과적으로 적용 가능하다. 유비쿼터스 기술에 대한 관심이 고조되고 있는 가운데 주파수 할당 규제가 있는 RF 무선통신에 비해 국제적 규제가 없는 가시광 통신 기술은 보안성 또한 보장되어 미래 첨단 기술로 주목을 받고 있다. 가시광 통신은 380nm에서 780nm의 파장(wavelength)을 갖는다. 이 파장을 주파수로 바꾸면 385THz에서 789THz에 해당한다. 가청 주파수 대역은 20Hz에서 20,000Hz, Zigbee와 Bluetooth는 2.4GHz, IEEE 802.15-3C는 60GHz에 해당하므로 가시광 통신의주파수는 기존의 무선 통신의 주파수와 상당한 차이가 있음을 알 수 있다. 특히, 조명과 동시에 통신을 할 수 있다는 점이 특징이며 장점이라 할 수 있다.

현재 무선 네트워크는 RF 기술에 의해서 거의 독점되고 있다. 그러나 가시광 통신 기반 네트워크 송수신 시스템들은 기존의 RF에 비해서 대역폭, 보안, 에너지 절약 등의 장점을 가지고 있기 때문에 조만간에 가시광 통신 기반 송수신 시스템이 기존의 RF시스템들을 대체할 것으로 내다보고 있다. 이 책에서는 LED를 이용한 가시광 통신기반 멀티 홉 오디오 전송 네트워크시스템을 설계하고 시스템의 성능을 평가한다.

본 연구는 다음처럼 구성되어 있다. 2절에서는 본 연구진들이 그동안 진행해 온 LED 통신에 대한 선행 연구들에 대해 설명한다. 3절에서는 본 교재에서 제안된 시스템의 기본개념, 신호포멧, 시스템의 구조 및 동작원리에 대해서 설명하고, 4절에서 제안하는 시스템의 성능평가를 실시한다. 그리고 5절에서는 결론을 내고 마무리한다.

2. 선행 연구

본 연구진들은 LED 기반 통신에 대하여 지속적인 연구를 진행해 왔다. 그동안 진행된 선행연구들은 요약정리하면 다음과 같다.

첫 번째 선행연구에서는 LED 통신기반 PC-PC 전송시스템을 개발하였다. LED를 이용한 송신부 회로구성 및 PD(photodiode)와 OP-Amp를 이용한 수신부 회로를 구성하였다. 송·수신부 양 끝단에 컴퓨터를 연결한 다음 텍스트 전송프로그램을 이용하여 텍스트를 전송하였다. 이때 보드 레이트(baud rate), LED 색깔, 전송거리 등 다양한 변화를 주면서 실험을 진행하였다. 실험결과 색깔마다 다른 것을 확인하였다. 그리고 그 특징은 밝은 색의 LED가 빠른 속도의 텍스트 전송에 효율적이었다. 그리고 어두운 색인 RED의 경우 전송속도가 성능이 좋지 못했다. 이를 통해 LED의 수신감도는 전송하는 LED의 색깔이 밝을수록 감도가 뛰어나다는 것을 알 수 있었다. 거리에 따른 수신감도 측정에서는 거리가 멀어짐에 따라 수신감도가 떨어지는 것을 알 수 있었다. 따라서 거리가 가까울수록 수신감도가 좋다.

이를 통해 이 책에서 설계한 시스템은 속도라는 변수에서는 성능이 좋았으나 거리라는 변수에서는 성능이 좋지 않은 것을 확인하였다. 즉, 첫 번째 선행연구는 본 연구에서 구현한 첫 번째 LED 통신기반의 한 홉(one hop) 통신 시스템이라는데 그 의미가 있다. 하지만 송수신 거리가 멀어질수록 효율적인 전송이 이루어지지 않았다.

두 번째 선행연구에서는 LED 통신기반 멀티 홉 무선 전송네트워크시스템을 설계 구현하였다. 설계된 시스템은 LED를 이용한 송신부 회로, PD와 OP-Amp를 이용한 수신부 회로 및 멀티 홉 지원을 위해서 PD, OP-Amp 및 LED로 구성된 릴레이로 시스템이 구성된다. 송·수신부 양 끝단에 컴퓨터를 연결하고, 중간 노드로서 두 개의 릴레이를 송·수신 컴퓨터 사이에 연결한다. 그리고 텍스트 전송프로그램을 이용하여 텍스트를 연속적으로 전송하였다. 이때 보드 레이트, 전송거리 등 다양한 변화를 주면서 실험을 진행하였다.

두 번째 선행연구는 LED 통신 기반 멀티 홉 텍스트 전송시스템을 구현 했다는데 그 의미가 있다. 하지만 일정속도 이상의 보드 레이트와 각 홉사이가 일정거리 이상에서는 전송이 효과적으로 이루어지지 않았다.

3. 제안된 시스템

1) 제안된 시스템의 기본개념

본 제안의 목적은 지금까지 진행된 선행연구들을 바탕으로 하여 멀티 홉으로 오디오 신호를 장거리 전송할 수 있는 LED 통신 기반의 전송네트워크 시스템을 개발하는 것이다. 개발된 시스템의 가장 큰 특징은 LED 빛을 이용하고 멀티 홉을 경유하여 오디오 신호를 장거리 전송 할 수 있다는 것이다. [그림 5-1]은 제안 개발된 시스템의 기본개념 및 특징을 설명하고 있다. [그림 5-1]에서 보여주고 있는 것처럼 제안 개발된 시스템의 기본 구성도 및 개념은 먼저 입력 오디오 신호를 디지털로 변환시켜주는 PC, S/PDIF 인코더와 신호 시프트 및 증폭 기능을 가진 전송부(transmitter), 신호의 퀄리티를 개선하고 전송신호의 증폭을 하는 릴레이(relay), 디지털 신호를 아날로그 신호로 바꾸어주는 수신부(receiver)와 마지막단의 스피커(Speaker)로 구성되어 있다.

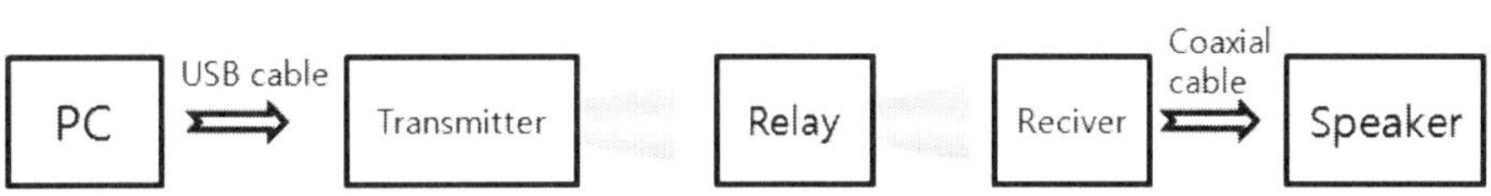

[그림 5-1] 제안된 시스템의 기본 개념

2) 신호 포멧

본 전송 시스템에서 사용된 디지털 오디오 신호의 포맷은 S/PDIF이다. S/PDIF는 Sony/Philips Digital Interconnect Format을 의미한다. S/PDIF는 광학 또는 전기 케이블을 통해 장치 및 구성 요소 사이의 디지털 오디오 신호를 전송하기 위한 물리 계층 사양의 집합을 포함하는 데이터 링크 계층 프로토콜이다. S/PDIF는 IEC (International Electrotechnical Commission)에 의한 IEC 60958 내에 있는 표준안이다. S/PDIF는 기존 가전제품에서 쓰고 있는 프로토콜 AES/EBU의 조금 변형한 형태이다.

S/PDIF에 있는 디지털 데이터 스트림은 DME(Differential Manchester Encoding)을 사용하여 인코딩 한다. 이 인코딩은 위상 변조의 일종인데, BMC(Bi-phase Mark Code)로도 불리고 있다. BMC 인코딩에서는 하나의 데이터 전송 주기 동안 두 개의 제로 크로싱 신호를 논리적 1을 의미하고, 한 개의 제로 크로싱 신호를 논리적 0을 의미한다.

[그림 5-2]는 BMC 인코딩 방법의 기본 개념을 설명하고 있다. 클록 주파수는 원본

학습 5

데이터 주파수의 두 배이다. 원본 데이터의 모든 비트는 두 개의 논리 상태로 표현된다. 입력의 모든 논리적 "1"이 이전 값에 따라 출력에 두 개의 서로 다른 비트(10 01)로 표시된다. 마찬가지로, 논리적 "0"을 입력하면 출력에 두 개의 동일한 비트(00 또는 11)로 표시된다. 많은 "1" 또는 "0"비트가 연속 발생했을 때 비동기 문제가 발생할 수 있다. BMC는 2비트 데이터 내부에 적어도 하나 이상의 제로 크로싱을 제공하므로 직렬 통신의 비동기 문제를 피할 수 있다.

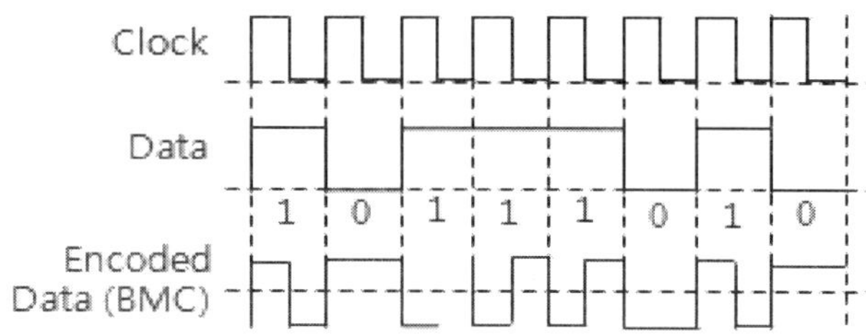

[그림 5-2] BMC in S/PDIF

3) 시스템구조 및 동작원리

[그림 5-3]은 이 책에서 제안 구현한 시스템의 구성도를 보여주고 있다.

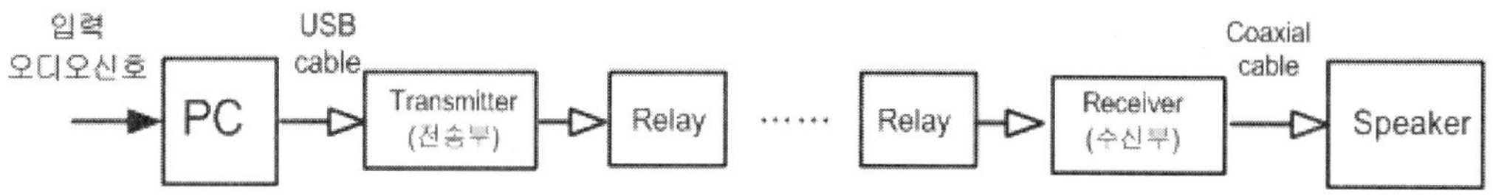

[그림 5-3] LED 통신기반 멀티홉 오디오 데이터 전송 네트워크 시스템 구성도

(1) 시스템의 전체적인 동작원리

시스템의 전체적인 동작원리는 다음과 같다. 제안된 시스템에서 전송부에 전달되는 오디오 데이터는 PC에서 USB cable을 통해 디지털 신호로 나온다. 전달된 오디오 데이터는 S/PDIF 포맷으로 인코딩되고 시프팅, 증폭을 거쳐 LED을 통해 릴레이(relay)로 전달된다. 릴레이는 PD(Photodiode)로 데이터를 받아 에러체크 및 증폭을 하여 LED를 통하여 수신부(receiver)로 전달한다. 수신부에서는 PD를 통해 릴레이에서 보낸 데이터를 받아 DC 시프팅된 데이터를 제거, 증폭, 디코딩을 거쳐 원래의 디지털 오디오 데이터로 된다. 마지막으로 디지털 오디오 데이터를 아날로그 오디오 데이터로 변환해주어 스피커로 데이터를 보낸다. 아래에서 시스템의 세부 블록별 동작원리를 각 자세히 설명한다.

(2) 시스템의 세부 블록별 동작원리

[그림 5-4]는 전송부의 시스템 구성도를 보여주고 있다. 전송부의 주요기능은 입력 받은 디지털 오디오 신호를 릴레이로 전달하는 것이다. PC에서 나오는 디지털 오디오 데이터는 S/PDIF 디지털 신호로 변조 되고 DC 컨포팅에 의해 적절하게 시프팅 업이 된다. 이는 LED 소자가 바이폴라 칩이기 때문이다. 모든 과정을 거친 오디오 데이터는 마지막으로 증폭되어 LED로 전달되어 데이터를 릴레이로 전송한다.

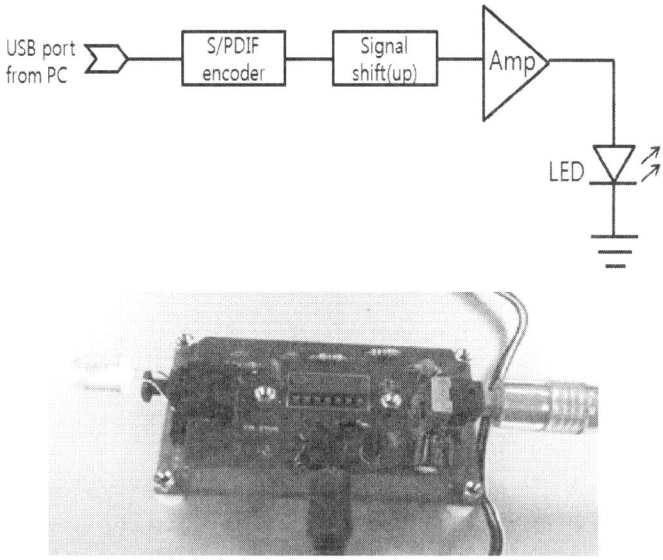

[그림 5-4] 전송부 시스템 구성도

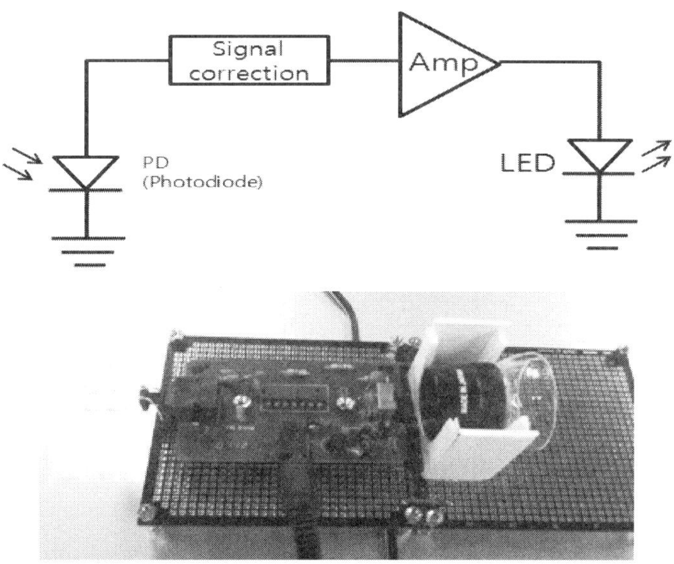

[그림 5-5] 릴레이 시스템 구성도

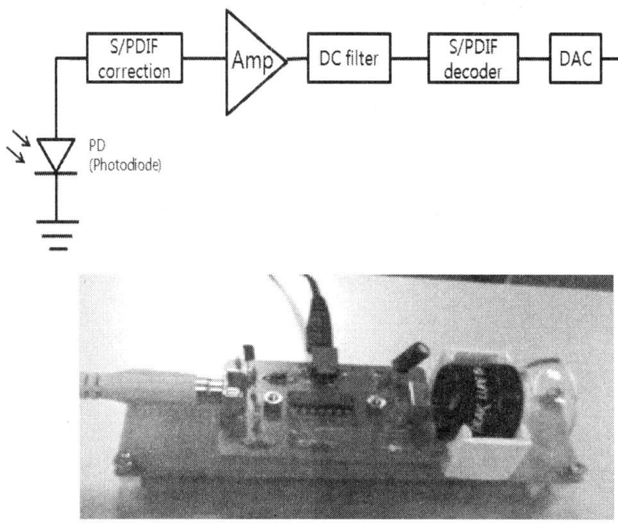

[그림 5-6] 수신부 시스템 구성도

[그림 5-5]는 릴레이의 시스템 구성도를 보여주고 있다. 릴레이의 주요 기능은 디지털 오디오 신호의 퀄리티(quality)를 개선하고 가시광선을 이용하여 먼 거리를 전송시에 부족한 파워를 보충하는 것이다. 신호교정(signal correction) 블록에서는 S/PDIF 디지털 신호를 PD로부터 받아 신호의 퀄리티를 증진시킨다. 그리고 S/PDIF 신호를 증폭시켜 LED로 보내 LED에서 수신부로 전송한다.

[그림 5-6]은 수신부의 시스템 구성도를 보여주고 있다. 수신부의 주요기능은 전송받은 디지털신호를 아날로그 신호로 컨버팅시키는 것이다. S/PDIF 교정 및 엠프(amp) 부분은 릴레이에 있는 기능과 같다. 전송된 신호는 바이폴라소자인 LED에 의해 마이너스 부분의 신호가 잘리는 것을 방지하기 위해 DC 컨포팅에 의해 시프팅업이 되어 있다. 수신부에서는 DC 필터에서 원래의 S/PDIF신호로 만든다. 그리고 S/PDIF 신호를 디코딩을 하여 아날로그 오디오 신호 컨버팅시키기 위해 DAC로 보내진다.

(3) 성능평가

본 연구에서 제안한 LED 통신 기반 멀티 홉 오디오 데이터 전송네트워크 시스템은 보통의 형광등이 비추는 실험실에서 성능평가를 수행 하였다.

[그림 5-7]은 본 연구에서 제한한 시스템의 성능평가 환경을 보여주고 있다. 각각의 모듈들 사이의 거리는 약 2미터(two meter)로 하고 릴레이를 증가시키면서 실험을 진행하였다. [그림 5-8](a), (b), (c)는 오실로스코프로 측정한 S/PDIF 디지털 오디오 신호를 전송부(transmitter), 릴레이(relay), 수신부(receiver)에서 보여주고 있다.

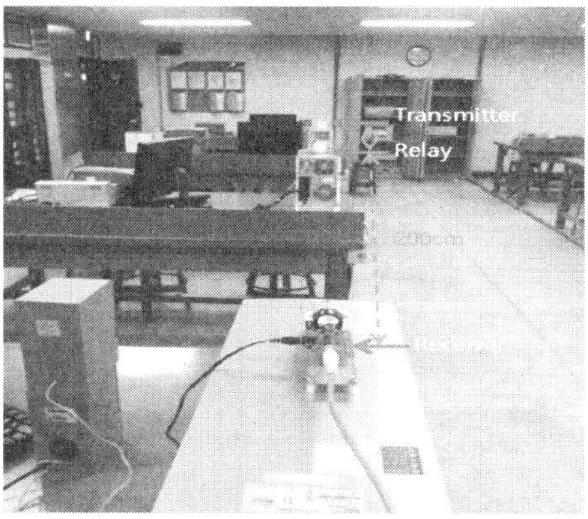

[그림 5-7] 성능평가 환경

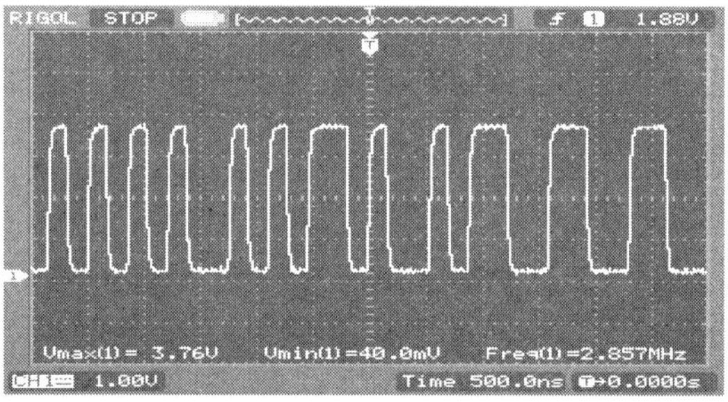

(a) Transmitter

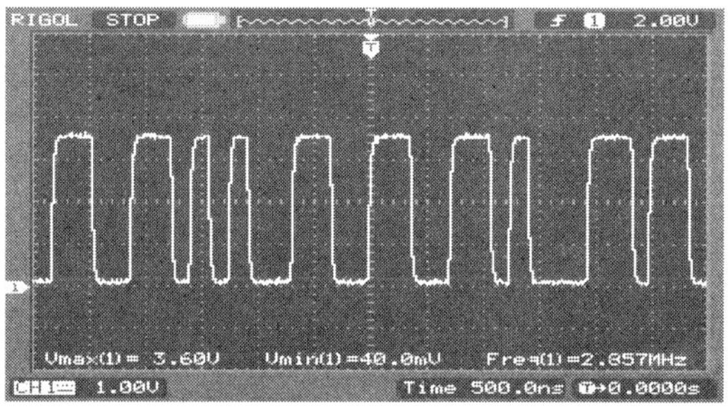

(b) Relay

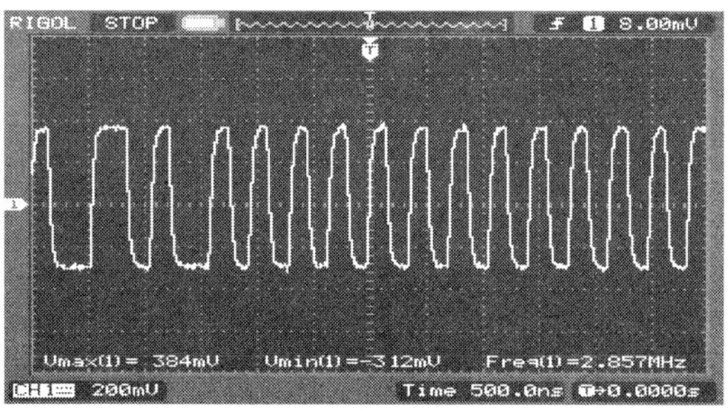

(c) Receiver

[그림 5-8] 오실로스코프로 측정한 S/PDIF 디지털 오디오 신호

[그림 5-8](a), (b), (c)에서 보여주고 있는 것처럼, 모든 디지털 오디오 신호들은 같은 형태들은 유지하고 있으며, 그들의 주파수는 일정하게 유지되고 있음을 알 수 있다.

이러한 이유는 각 모듈에서 수신된 신호들은 전송하기 전에 각 모듈(특히, 릴레이)에서 향상되어지기 때문이다. 또한 이들 그림에서 보여주고 있는 것처럼, S/PDIF 디지털 오디오 신호들은 LED에 의한 클립핑(clipping) 문제를 해결하기 위해서 DC 값을 첨가함에 의해서 위상 변화(shift)가 있음을 알 수 있다. 수신부에서 디지털 오디오 신호의 DC 값들은 아날로그 오디오 신호로 바뀌기 전에 제거(filter out)되어 진다.

[그림 5-9]는 LED 색깔 변화에 따른 신호의 왜곡정도를 측정하기 위한 시스템 구성도에서 전송부와 릴레이를 여주고 있다. 이를 위해 본 연구에서는 샘플 소리를 사용하였다.

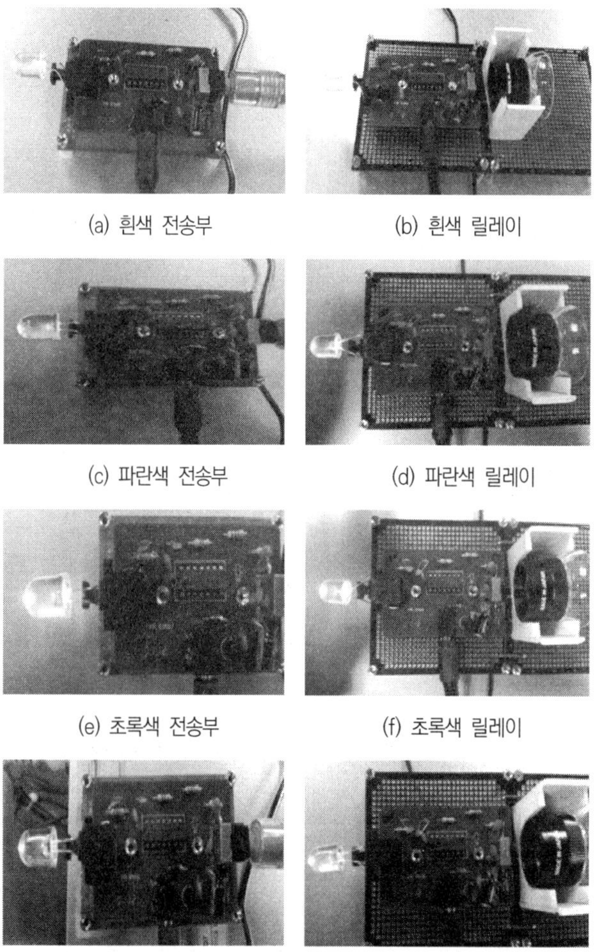

(a) 흰색 전송부 (b) 흰색 릴레이

(c) 파란색 전송부 (d) 파란색 릴레이

(e) 초록색 전송부 (f) 초록색 릴레이

(g) 오렌지색 전송부 (h) 오렌지색 릴레이

[그림 5-9] LED색깔별 전송부, 릴레이

샘플 소리는 사인파형을 가지는 8KHz, 12.5KHz, 16KHz를 사용하였다. 실험은 고정된 거리에서 LED 색(흰색, 오렌지색, 파란색, 초록색)을 변화해가며 전송부와 수신부에서 아날로그 오디오 신호를 측정하여 비교하였다.

[그림 5-10], [그림 5-11], [그림 5-12]는 전송부 및 릴레이에서 사용한 LED의 색깔과 전송된 디지털 오디오 신호의 주파수의 변화에 따른 전송 결과를 보여주고 있다. [그림 5-10], [그림 5-11], [그림 5-12]에서 보여주고 있는 것처럼 전송부 및 릴레이에서 사용한 LED의 색깔 중에서 오렌지색을 제외한 나머지 색은 사용된 모든 주파수에서 음질 저하 없이 깨끗하게 전송되고 있음을 알 수 있다. 오렌지색은 다른 색에 비해서 빛의 밝기가 현저히 떨어졌다. 이는 디지털 오디오 신호의 전압이 오렌지색 LED의 정격 전압에 미치지 못하기 때문이다.

학습 5

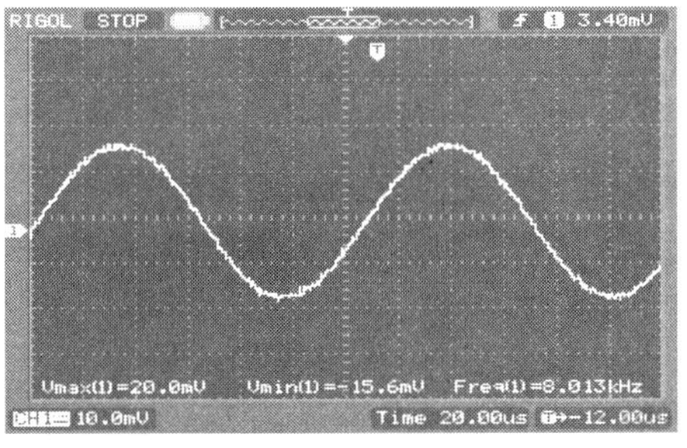

(a) 전송부(전송부에서 전송한 오디오 신호(샘플 신호))

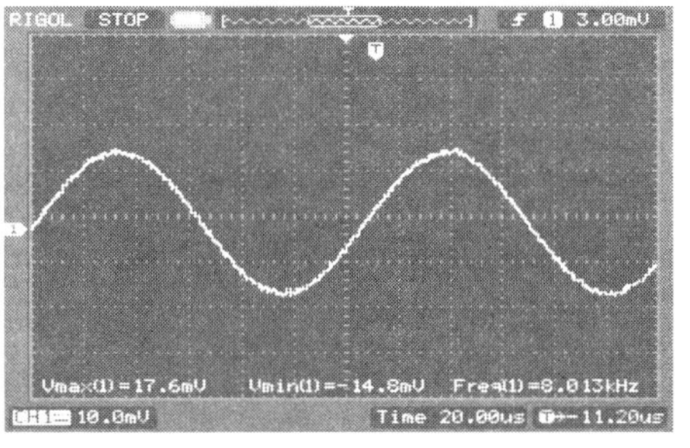

(b) 수신부(수신부에서 수신한 오디오 신호 : 흰색 LED)

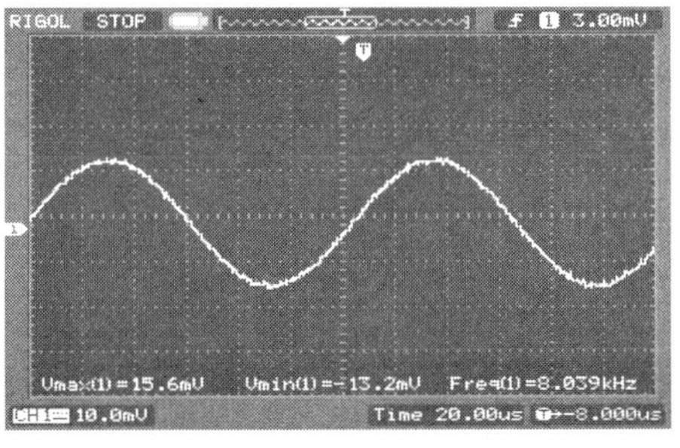

(c) 수신부(수신부에서 수신한 오디오신호 : 파란색 LED)

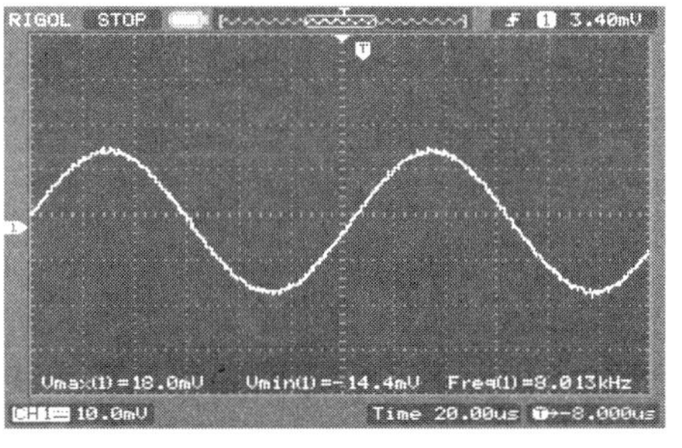

(d) 수신부(수신부에서 수신한 오디오 신호 : 초록색 LED)

[그림 5-10] 8KHz 디지털 오디오 신호

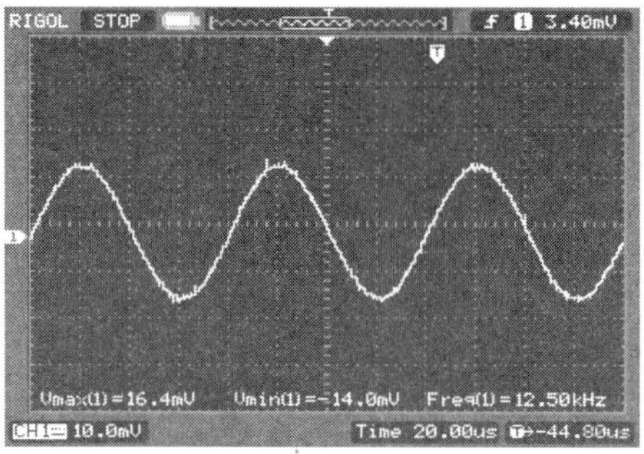

(a) 전송부(전송부에서 전송한 오디오 신호(샘플 신호))

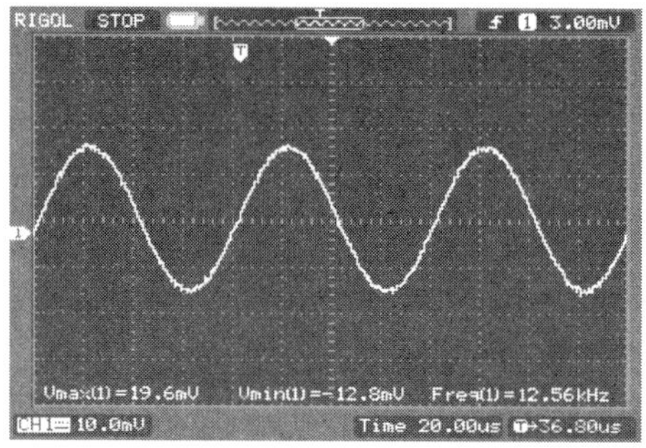

(b) 수신부(수신부에서 수신한 오디오 신호 : 흰색 LED)

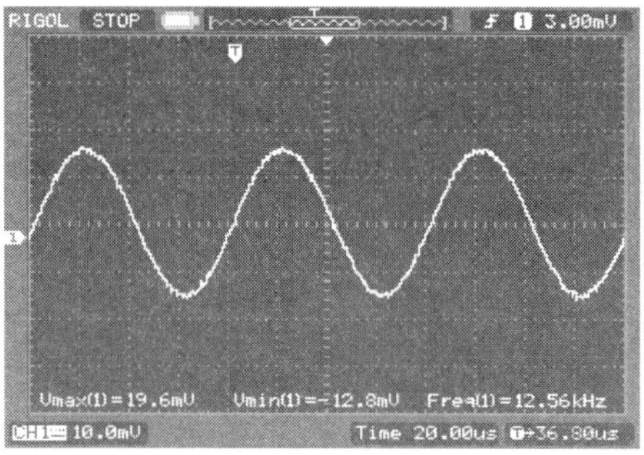

(c) 수신(부수신부에서 수신한 오디오신호 : 파란색 LED)

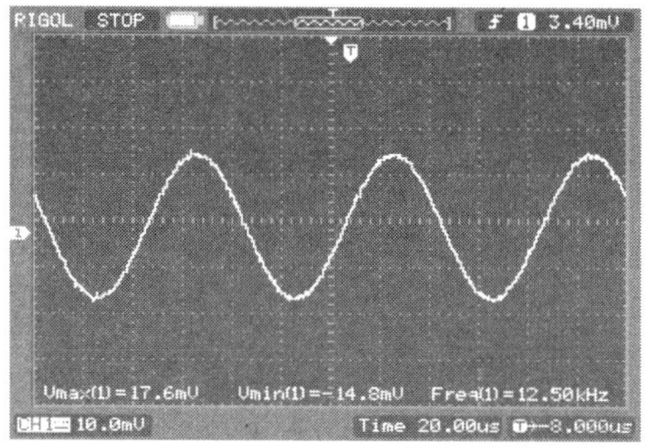

(d) 수신부(수신부에서 수신한 오디오 신호 : 초록색LED)

[그림 5-11] 12.5KHz 디지털 오디오 신호

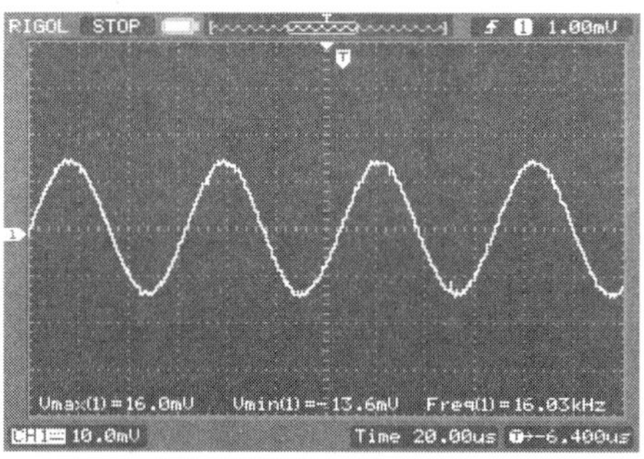

(a) 전송부(전송부에서 전송한 오디오 신호(샘플 신호))

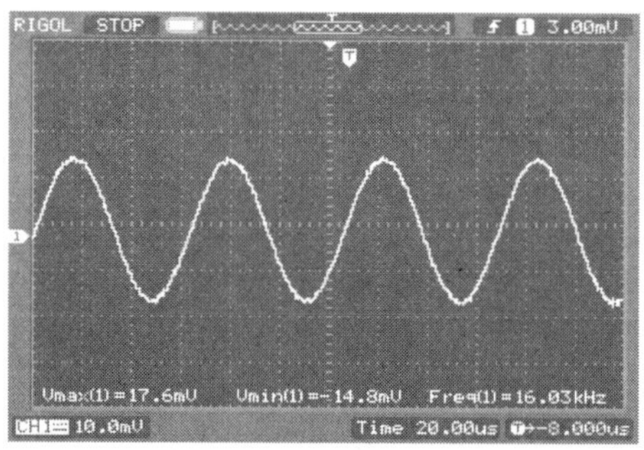

(b) 수신부(수신부에서 수신한 오디오 신호 : 흰색 LED)

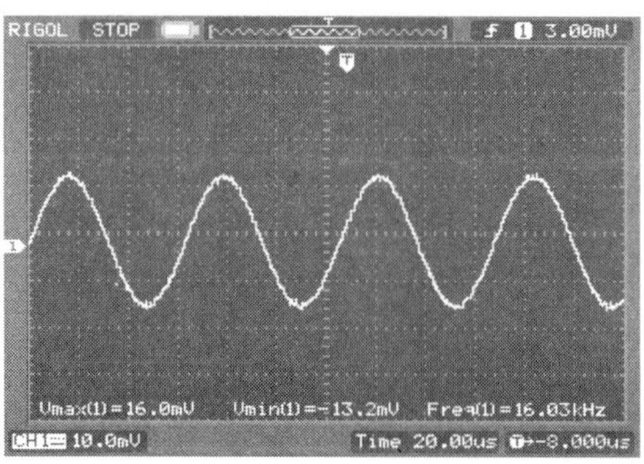

(c) 전송부(수신부에서 수신한 오디오신호 : 파란색 LED)

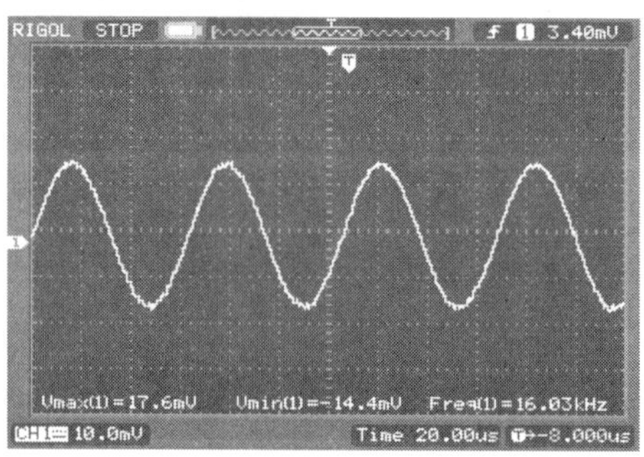

(d) 수신부(수신부에서 수신한 오디오 신호 : 초록색 LED)

[그림 5-12] 16KHz 디지털 오디오 신호

4. 결　론

이 교재에서는 LED 통신 기반 멀티 홉 오디오 데이터 전송 네트워크시스템을 제안 설계한다. 전송부와 수신부 사이에 멀티 홉 릴레이들을 두어 장거리 전송이 가능하다는 것을 보였다. 성능평가 결과에서 보면, 충분한 LED 빛의 밝기만 보장 된다면 각각의 전송 모듈들에 전송되는 신호의 왜곡이 없이 깨끗하게 장거리 전송이 이루어짐을 알 수 있다. 따라서 본 연구에서 제안한 LED 통신 기반 멀티 홉 오디오 데이터 전송 네트워크시스템은 각각의 전송 모듈 별로 높은 음질의 전송이 보장되고 충분한 밝기의 LED를 사용하면 LED 색의 변화를 민감하지 않고, 먼 거리도 멀티 홉을 경유하여 전송이 가능하므로, 이를 이용한 에너지 절약이 가능한 무공해 친환경 통신네트워크 구성에 효과적으로 응용 적용될 것으로 기대된다.

학습 5

5-2 VLC 기반 멀티 홉 멀티미디어 데이터 전송 네트워크 시스템

이 교재에서는 VLC를 이용한 멀티 홉 멀티미디어 데이터 전송 시스템을 제안개발한다. 제안된 시스템의 주요한 기여도 및 특징은 다음과 같다. 첫째, 본 연구의 기여도는 LED 통신 기반으로 멀티 홉 기술을 사용하여 멀티미디어 데이터를 장거리 전송이 가능한 전송네트워크시스템을 개발하는 것이다. 둘째, 개발된 시스템은 다음과 같은 주요한 특징이 있다. 전송부에서 오디오 데이터와 비디오 데이터를 두 개의 채널을 통하여 멀티 홉을 경유하여 전송된다. 오디오 채널의 릴레이에서는 전송된 신호를 포토다이오드로 데이터를 수신받아 에러체크 및 증폭을 하여 수신부로 전송한다. 수신부에서는 포토다이오드로부터 받은 인코딩된 오디오 데이터를 디코딩 및 증폭을 하여 아날로그 오디오 신호로 컨버팅을 하여 스피커를 통해 오디오 데이터를 출력한다. 비디오 채널의 릴레이에서는 전송된 신호를 포토다이오드로 데이터를 수신 받아 OP-AMP로 신호를 증폭하여 LED를 통하여 수신부로 신호를 전송한다. 수신부에서는 포토다이오드로부터 받은 비디오 데이터 신호를 OP-AMP로 증폭을 하여 모니터를 통해서 비디오 데이터를 출력한다. 제안된 시스템의 성능평가는 형광등이 켜져 있는 실험실에서 진행되었다. 성능평가 결과 제안된 시스템은 멀티미디어 데이터를 멀티 홉 네트워크를 경유하여 효과적으로 전송할 수 있음을 보여 주었다. 반면에 사용된 색깔에 따라서 전송된 멀티미디어 성능에 약간의 차이가 있음을 알 수 있었다.

1. VLC기반 멀티홉 멀티미디어 데이터 전송 네트워크 시스템의 개요

오늘날 LED(Light Emitting Diode)는 차세대 친 환경에너지 절약 조명과 무선 통신으로 세계에서 주목받고 있다. LED 조명은 기존 조명인 형광등과 백열등에 비해 광원효율이 좋다. 응답시간이 빠르고 5만 시간이상의 긴 수명을 가지고 있다. 따라서 LED는 큰 사이즈의 컬러 디스플레이들, 교통조명 등에 많이 사용되고 있을 뿐만 아니라, 점진적으로 전통적인 조명 시스템들이 LED 조명으로 대체되고 있다. LED의 또 하나의 중요한 응용은 LED를 조명과 신호전송을 위한 소자로서 통신에 함께 사용하기 위한 연구가 최근에 활발하게 진행되고 있다. LED 통신, 즉 가시광 통신(Visible Light Communication : VLC) 기반 시스템은 기존에 RF(Radio Frequency) 기술에 의해서 사용되었던 짧은 거리, 실내 무선통신 서비스 등에 효과적으로 적용 가능하다. 유비쿼터스 기술에 대한 관심이 고조되고 있는 가운데 주파수 할당 규제가 있는 RF 무선통신에 비해 국제적 규제가 없는 가시광 통신 기술은 보안성 또한 보장되어 미래 첨단 기술로 주목을 받고 있다. 가시광 통신은 380nm에서 780nm의 파장(wavelength)을 갖는다. 이 파장을 주파수로 바꾸면 385THz에서 789THz에 해당한다. 가청 주파수 대역은 20Hz에서 20,000Hz, Zigbee와 Bluetooth는 2.4GHz, IEEE 802.15-3C는 60GHz에 해당하므로 가시광 통신의주파수는 기존의 무선 통신의 주파수와 상당한 차이가 있음을 알 수 있다. 특히, 조명과 동시에 통신을 할 수 있다는 점이 특징이며 장점이라 할 수 있다.

현재 무선 네트워크는 RF 기술에 의해서 거의 독점되고 있다. 그러나 가시광 통신 기반 네트워크 송수신 시스템들은 기존의 RF에 비해서 대역폭, 보안, 에너지 절약 등의 장점을 가지고 있기 때문에 조만간에 가시광 통신 기반 송수신 시스템이 기존의 RF시스템들을 대체할 것으로 내다보고 있다. 본 연구에서는 LED를 이용한 가시광 통신기반 멀티 홉 오디오 전송 네트워크시스템을 설계하고 시스템의 성능을 평가한다.

본 연구는 다음처럼 구성되어 있다. 2절에서는 본 연구진들이 그동안 진행해 온 LED 통신에 대한 선행 연구들에 대해 설명한다. 3절에서는 본 연구에서 제안된 시스템의 기본개념, 신호포멧, 시스템의 구조 및 동작원리에 대해서 설명하고, 4절에서 제안하는 시스템의 성능평가를 실시한다. 그리고 5절에서는 결론을 내고 마무리한다.

2. 선행 연구

본 연구는 LED 기반 통신에 대하여 지속적인 연구를 진행해 왔다. 그동안 진행된 선행연구들은 요약정리하면 다음과 같다.

첫 번째 선행연구에서는 LED 통신기반 PC-PC 전송시스템을 개발하였다. LED를 이용한 송신부 회로구성 및 PD(Photodiode)와 OP-Amp를 이용한 수신부 회로를 구성하였다. 송 · 수신부 양 끝단에 컴퓨터를 연결한 다음 텍스트 전송프로그램을 이용하여 텍스트를 전송하였다. 이때 보드 레이트(baud rate), LED 색깔, 전송거리 등 다양한 변화를 주면서 실험을 진행하였다. 실험결과 색깔마다 다른 결과가 도출된다는 것을 확인하였다. 그리고 그 특징은 밝은 색의 LED가 빠른 속도의 텍스트 전송에 효율적 이였다. 그리고 어두운 색인 RED의 경우 전송속도가 성능이 좋지 못했다. 이를 통해 LED의 수신감도는 전송하는 LED의 색깔이 밝을수록 감도가 뛰어나다는 것을 알 수 있었다. 거리에 따른 수신감도 측정에서는 거리가 멀어짐에 따라 수신감도가 떨어지는 것을 알 수 있었다. 따라서 거리가 가까울수록 수신감도가 좋다. 이를 통해 논문에서 설계한 시스템은 속도라는 변수에서는 성능이 좋았으나 거리라는 변수에서는 성능이 좋지 않은 것을 확인하였다. 즉, 첫 번째 선행연구는 본 연구진이 구현한 첫 번째 LED 통신기반의 한 홉(single hop) 통신 시스템이라는데 그 의미가 있다. 하지만 송수신 거리가 멀어질수록 효율적인 전송이 이루어지지 않았다.

두 번째 선행연구에서는 LED 통신기반 멀티 홉 무선 전송네트워크시스템을 설계 구현하였다. 설계된 시스템은 LED를 이용한 송신부 회로, PD와 OP-Amp를 이용한 수신부 회로 및 멀티 홉 지원을 위해서 PD, OP-Amp 및 LED로 구성된 릴레이로 시스템이 구성된다. 송 · 수신부 양 끝단에 컴퓨터를 연결하고, 중간 노드로서 두 개의 릴레이를 송 · 수신 컴퓨터 사이에 연결한다. 그리고 텍스트 전송프로그램을 이용하여 텍스트를 연속적으로 전송하였다. 이때 보드 레이트, 전송거리 등 다양한 변화를 주면서 실험을 진행하였다. 두 번째 선행연구는 LED 통신 기반 멀티 홉 텍스트 전송시스템을 구현 했다는데 그 의미가 있다. 하지만 일정속도 이상의 보드 레이트와 각 홉사이가 일정거리 이상에서는 전송이 효과적으로 이루어지지 않았다.

세 번째 선행연구에서는 LED 통신기반 멀티 홉 오디오 데이터 전송네트워크시스템을 설계 구현하였다. 제안 개발된 시스템의 기본 구성도 및 개념은, 먼저 입력 오디오 신호를 디지털로 변환시켜주는 PC, S/PDIF 인코더와 신호 시프트 및 증폭 기능을 가진 전송부(transmitter), 신호의 퀄리티를 개선하고 전송신호의 증폭을 하는 릴레이(relay), 디지털 신호를 아날로그 신호로 바꾸어주는 수신부(receiver)와 마지막단의

학습 5

스피커(speaker)로 구성되어 있다. 이 때 LED 색깔 변화에 따른 신호의 왜곡정도를 측정 하였다. LED 색깔의 종류로 흰색, 파란색, 초록색, 오렌지색을 사용 하였으며 그 결과는 오렌지색을 제외한 나머지 색은 사용된 모든 주파수에서 음질 저하 없이 깨끗하게 전송 되고 있음을 알 수 있다. 오렌지색은 다른 색에 비해서 빛의 밝기가 현저히 떨어졌다. 이는 디지털 오디오 신호의 전압이 오렌지색 LED의 정격 전압에 미치지 못하기 때문이다.

3. 제안된 시스템

1) VLC 기반 멀티홉 멀티미디어 데이터 전송 네트워크 시스템

(1) 제안된 시스템의 기본개념

본 연구의 목적은 지금까지 진행된 선행연구들을 바탕으로 하여 멀티미디어 데이터를 장거리 전송할 수 있는 VLC(LED 통신) 기반의 전송네트워크 시스템을 개발하는 것이다. 개발된 시스템의 가장 큰 특징은 LED 빛을 이용하고 멀티 홉을 경유하여 오디오 신호의 채널과 비디오 신호의 채널로 나누어 각각 멀티 홉을 경유하여 멀티미디어 데이터를 장거리 전송할 수 있다는 것이다. [그림 5-13]은 본 교재에서 제안 구현한 시스템의 구성도를 보여주고 있다.

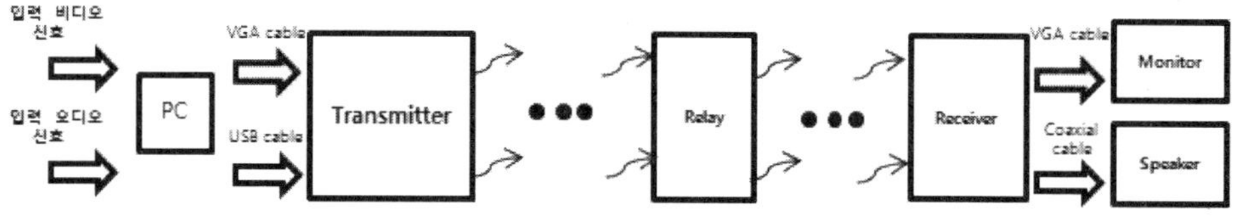

[그림 5-13] VLC 기반 멀티홉 멀티미디어 데이터 전송 네트워크 시스템 구성도

[그림 5-13]에서 보여주고 있는 것처럼 제안 개발된 시스템의 기본 구성도 및 개념은 한 대의 PC에서 나오는 비디오, 오디오 신호를 두 개의 채널을 사용해 비디오 신호는 모니터, 오디오 신호는 스피커를 사용해 출력한다. 오디오 채널은 입력 오디오 신호를 디지털로 변환시켜주는 PC, S/PDIF 인코더와 신호 시프트 및 증폭 기능을 가진 전송부(transmitter), 신호의 퀄리티를 개선하고 전송신호를 증폭 하는 릴레이(relay), 디지털 신호를 아날로그 신호로 바꾸어주는 수신부(receiver)와 마지막단의 스피커(speaker)로 구성되어 있다.

비디오 채널은 VGA를 통하여 나온 비디오 신호를 BNC coaxial으로 변환해 구성한 회로에 신호를 입력하며 비디오 신호를 증폭하는 기능을 가진 전송부, 비디오 전송 신호를 증폭하여 수신부에 신호를 전송하는 릴레이, 전송된 비디오 신호를 증폭하고 비디오 신호를 VGA로 변환해주는 수신부, 마지막단의 모니터(monitor)로 구성되어 있다.

(2) 시스템구조 및 동작원리

제안 구현한 시스템의 전체적인 동작원리는 다음과 같다. 한 대의 PC에서 오디오, 비디오신호를 각각의 VLC 채널을 통해 멀티미디어 데이터를 전송하며 오디오 채널의 경우 전송부에 전달되는 아날로그 오디오 신호를 PC의 USB Cable을 통하여 디지털 신호로 나온다. 변환된 오디오 디지털 신호는 S/PDIF 포맷으로 인코딩되고 시프팅과 증폭을 거쳐서 LED를 통해 릴레이로 전달된다. 릴레이는 PD(photodiode)를 통해 오디오 데이터를 받고 에러체크와 신호 증폭을 하여 LED를 통해 수신부로 오디오데이터를 전달한다. 수신부에서는 PD를 통해 데이터를 받아 DC 시프팅된 데이터를 제거 및 증폭 한 후 디코딩을 통해 원래의 디지털 오디오신호로 변환되고 디지털 오디오 데이터를 아날로그 오디오 데이터로 변환해 스피커로 데이터를 출력한다.

비디오 채널의 경우 전송부에 전달되는 아날로그 비디오 신호가 구성한 회로를 통해 증폭이 되고 LED를 통하여 릴레이로 비디오 데이터가 전달된다. 릴레이는 PD를 통해 비디오 데이터를 받고 증폭하여 LED를 통하여 수신부에 비디오 데이터를 전송한다. 수신부는 PD를 통하여 받은 비디오 데이터를 증폭하여 데이터를 모니터로 출력을 한다.

(3) 시스템의 세부 블록별 동작원리

[그림 5-14]는 멀티미디어 데이터 중 오디오 채널 전송부를, [그림 5-15]는 비디오 채널 전송부의 시스템 구성도를 각각 보여주고 있다. 오디오 전송부의 주요기능은 입력받은 디지털 오디오 신호를 릴레이로 전달하는 것이다(그림 5-14).

PC에서 나오는 디지털 오디오 데이터는 S/PDIF 디지털 신호로 변조 되고 DC 컨포팅에 의해 적절하게 시프팅 업이 된다. 이는 LED 소자가 바이폴라 칩이기 때문이다. 모든 과정을 거친 오디오 데이터는 마지막으로 증폭되어 LED로 전달되어 데이터를 릴레이로 전송한다.

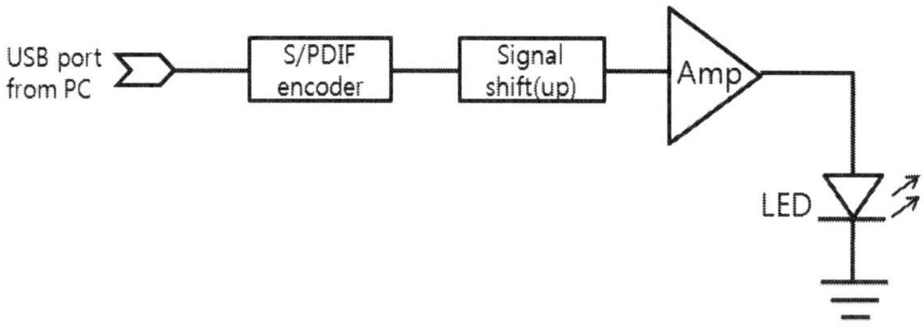

[그림 5-14] 오디오 채널 전송부 시스템 구성도

비디오 전송부의 주요기능은 입력받은 아날로그 비디오 신호를 릴레이로 전달하는 것이다(그림 5-15). PC에서 나오는 VGA 아날로그 신호를 BNC 아날로그 신호로 변환을 하고 구성된 비디오 전송 회로에 신호를 입력하면 신호가 OP-AMP를 통해 증폭되어 LED로 전달되며 데이터를 릴레이로 전송한다.

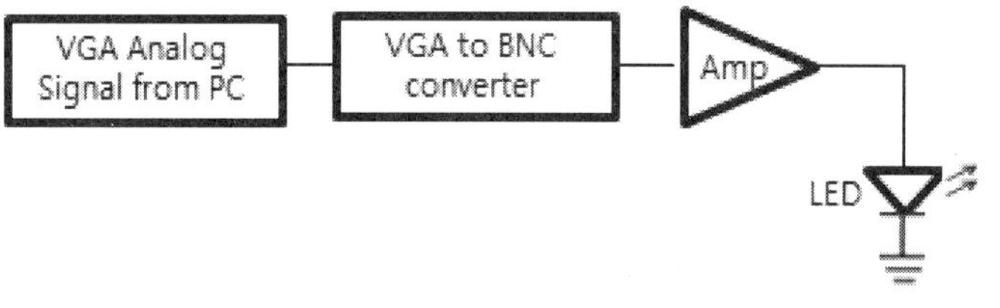

[그림 5-15] 비디오 채널 전송부 시스템 구성도

[그림 5-16]은 오디오 채널 릴레이를, [그림 5-17]은 비디오 채널 릴레이의 시스템 구성도를 각각 보여주고 있다. 오디오 채널 릴레이의 주요 기능은 디지털 오디오 신호

의 퀄리티(quality)를 개선하고 가시광선을 이용하여 먼 거리를 전송시에 부족한 파워를 보충하는 것이다(그림 5-16). 신호교정(signal correction) 블록에서는 S/PDIF 디지털 신호를 PD로부터 받아 신호의 퀄리티를 증진시킨다. 그리고 S/PDIF 신호를 증폭 시켜 LED로 보내 LED에서 오디오 채널 수신부로 전송한다.

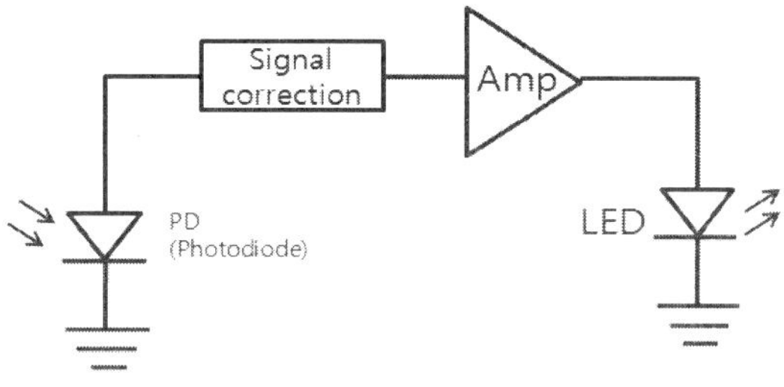

[그림 5-16] 오디오 채널 릴레이 시스템 구성도

비디오 채널 릴레이의 주요 기능은 전송부가 LED를 통해 전송한 아날로그 비디오 신호를 PD를 통해 입력받고 신호를 증폭시켜 LED로 보내 LED에서 비디오 채널 수신부로 전송한다(그림 5-17).

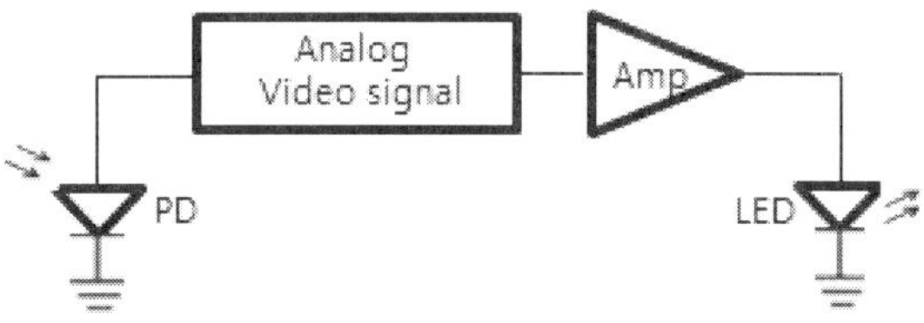

[그림 5-17] 비디오 채널 릴레이 시스템 구성도

학습 5

[그림 5-18]은 오디오 채널 수신부를, [그림 5-19]는 비디오 채널 수신부의 시스템 구성도 각각 보여주고 있다. 오디오 채널 수신부의 주요기능은 전송받은 디지털신호를 아날로그 신호로 컨버팅시키는 것이다(그림 5-18). S/PDIF 교정 및 엠프(amp) 부분은 릴레이에 있는 기능과 같다. 전송된 신호는 바이폴라소자인 LED에 의해 마이너스 부분의 신호가 잘리는 것을 방지하기 위해 DC 컨포팅에 의해 시프팅업이 되어 있다. 수신부에서는 DC 필터에서 원래의 S/PDIF신호로 만든다. 그리고 S/PDIF 신호를 디코딩을 하여 아날로그 오디오 신호 컨버팅시키기 위해 DAC로 보내진다.

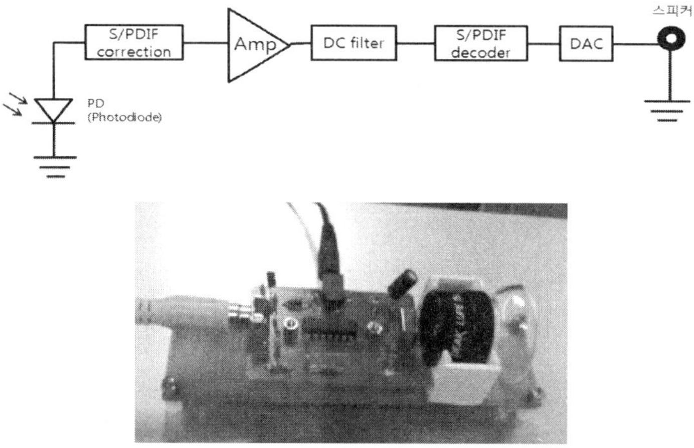

[그림 5-18] 오디오 채널 수신부 시스템 구성도

비디오 채널 수신부의 주요기능은 전송받은 아날로그 비디오 신호를 증폭하며 Monitor로 출력하기 위해 BNC 신호에서 VGA로 신호로 변환하여 Monitor로 아날로그 비디오 데이터를 전송한다(그림 5-19).

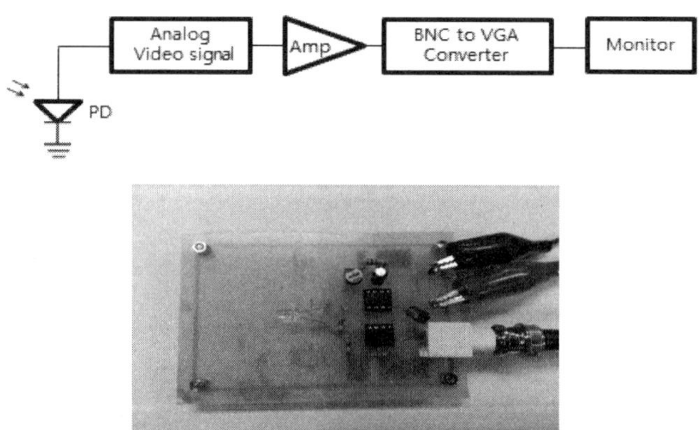

[그림 5-19] 비디오 채널 수신부 시스템 구성도

2) 양방향 멀티 홉 멀티미디어 전송 네트워크 시스템

[그림 5-20]은 VLC 기반 양방향 멀티 홉 멀티미디어 데이터 전송 네트워크 시스템 구성도를 보여주고 있다.

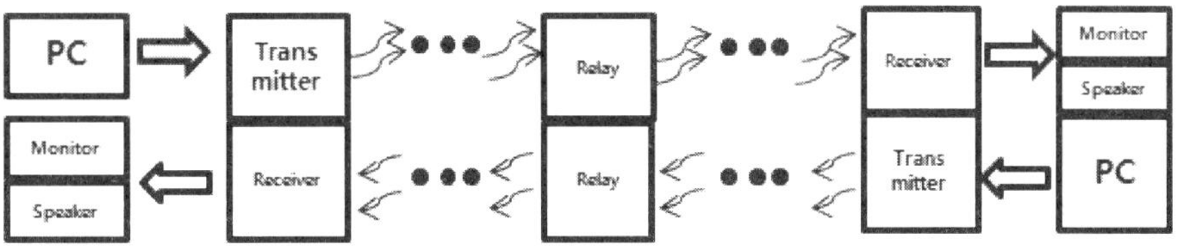

[그림 5-20] VLC 기반 양방향 멀티 홉 멀티미디어 데이터 전송 네트워크 시스템 구성도

학습 5

(1) 시스템의 전체적인 동작원리

시스템의 전체적인 동작원리는 다음과 같다. PC에서 전송부에 멀티미디어 데이터를 전송하면 전송부는 각 채널에 오디오 데이터(S/PDIF), 비디오 데이터(analog video signal)를 보내게 되고 릴레이는 PD를 통해 신호를 받아 멀티미디어 데이터를 받고 신호를 증폭해 수신부로 전송을 한다. 수신부는 멀티미디어 데이터를 받고 각 출력장치로 오디오, 비디오 신호를 보내어 출력하게 되며, 위와 같은 동작은 동시에 또 다른 PC에서도 동작하게 된다. 이와 같은 동작은 동시에 이루어지며 PC가 멀티미디어 데이터를 전송할 때 동시에 멀티미디어 데이터를 받게 되어 양방향 통신이 이루어지게 된다.

(2) 시스템의 세부 블록별 동작원리

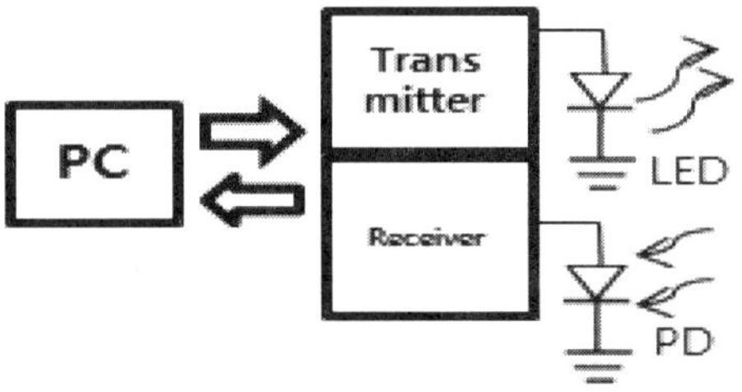

[그림 5-21] 양방향 전송 양끝 단 시스템 구성도

[그림 5-21]은 양방향 전송의 양쪽 끝단의 시스템 구성도를 보여주고 있다. 양방향 전송의 끝단에는 멀티미디어 데이터의 전송부와 수신부가 있어 멀티미디어 데이터를 전송하는 것과 수신하는 것을 동시에 하여 양방향 통신이 가능하게 한다. [그림 5-22]은 양방향 전송의 릴레이의 시스템 구성도를 보여주고 있다. 양방향 전송시 멀티미디어 릴레이를 놓아 전송거리 확장을 한다.

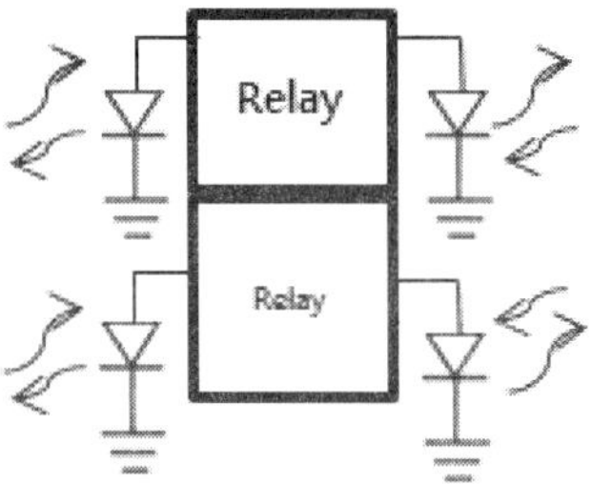

[그림 5-22] 양방향 전송 릴레이 시스템 구성도

4. 성능평가

1) VLC (LED 통신) 기반 멀티 홉 멀티미디어 데이터 전송네트워크 시스템

본 연구에서 제안한 VLC(LED 통신) 기반 멀티 홉 멀티미디어 데이터 전송네트워크 시스템은 보통의 형광등이 비추는 실험실에서 성능평가를 수행 하였다. [그림 5-23]은 본 연구에서 제안한 시스템의 성능평가 환경을 보여주고 있다.

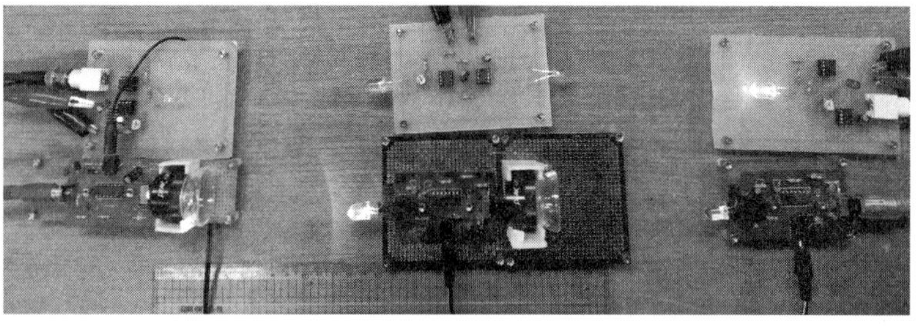

[그림 5-23] 성능평가 환경

[그림 5-23]은 단 방향 성능평가 환경이며 각각의 모듈들 사이의 거리는 약 15cm로 하고 릴레이를 추가해 실험을 진행 하였다.

[그림 5-24]는 단방향 멀티홉 멀티미디어 데이터 전송 중 오디오 채널의 전송부

(transmitter), 릴레이(relay), 수신부(receiver)의 S/PDIF 디지털 오디오 신호이다. 실험해본 결과 모든 디지털 오디오 신호는 같은 형태 인 사각파(square wave)의 형태를 보이고 있으며, [그림 5-24]에서 보이는 것처럼 오디오 채널의 모듈들은 주파수가 일정하게 유지되고 있는 것을 확인 할 수 있었다. 그 이유는 오디오 채널의 각 모듈은 수신된 신호를 전송하기 전에 각 모듈에서 향상을 한 후에 전송하기 때문인 것을 알 수 있었다.

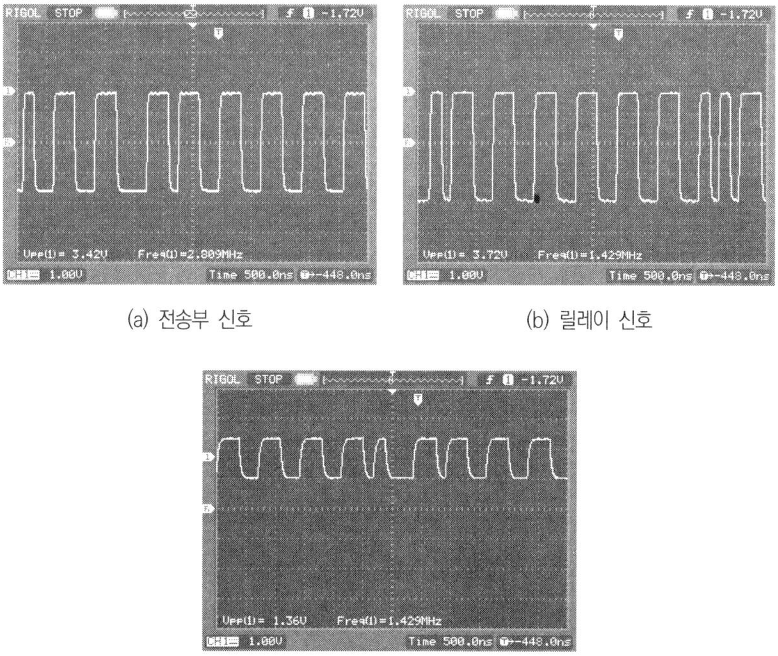

(a) 전송부 신호 (b) 릴레이 신호

(c) 수신부 신호

[그림 5-24] 오디오 신호

[그림 5-25]은 단방향 멀티홉 멀티미디어 데이터 전송 중 비디오 채널의 전송부, 릴레이, 수신부의 아날로그 비디오 신호이다. 실험해본 결과 비디오 채널의 각 모듈을 지날수록 신호들이 왜곡되는 것을 볼 수 있었는데, 그 이유로는 아날로그 신호가 각 모듈에서 증폭이 될 때 아날로그 신호의 잡음까지 함께 증폭됨에 따라 나타나는 현상이었다.

[그림 5-26]은 단방향 멀티 홉 멀티미디어 데이터 전송 중 비디오 출력 부분을 보여주고 있다.

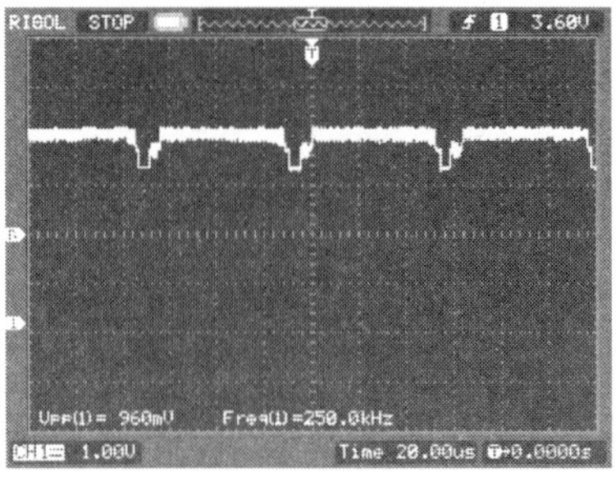

(a) 전송부 신호

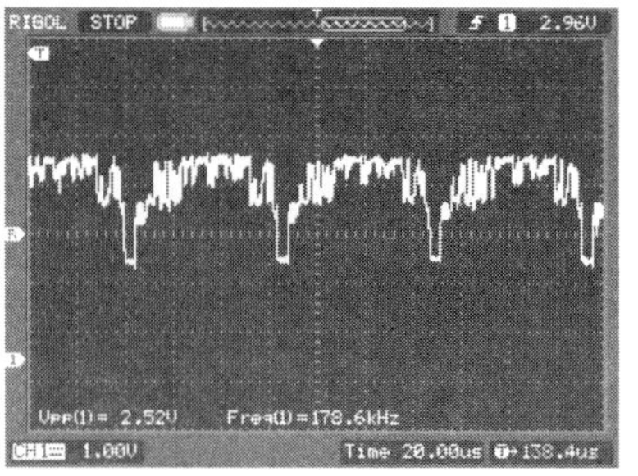

(b) 릴레이 신호

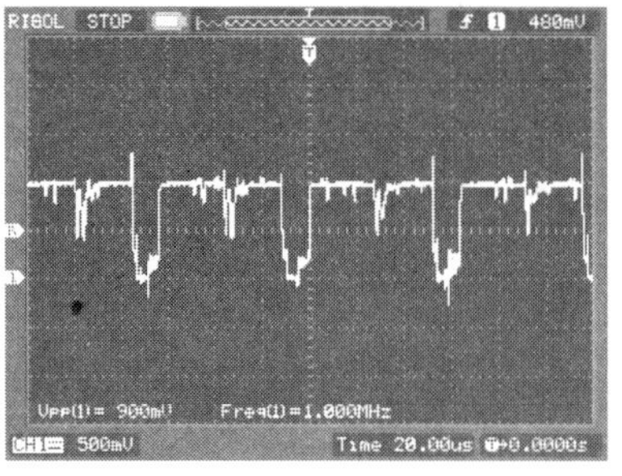

(c) 수신부 신호

[그림 5-25] 비디오 신호

[그림 5-26] 멀티 홉 멀티미디어 데이터 중 비디오 출력 결과

2) VLC(LED 통신) 기반 양방향 멀티 홉 멀티미디어 데이터 전송네트워크 시스템

[그림 5-27]는 양방향 멀티 홉 멀티미디어 데이터 전송시스템의 성능평가환경을 보여준다. [그림 5-27]는 양방향 성능평가 환경이며 각각의 모듈들 사이의 거리는 약 15센티미터로 하고 릴레이를 추가해 실험을 진행하였다. [그림 5-28], [그림 5-29],

[그림 5-30], [그림 5-31]은 양방향 멀티홉 멀티미디어 데이터 전송부, 릴레이, 수신부의 신호(오디오 신호 및 비디오 신호)를 오실로스코프를 이용해 측정한 것으로 양방향 통신이기 때문에 정보를 주는 것과 동시에 받는 것이 가능하다.

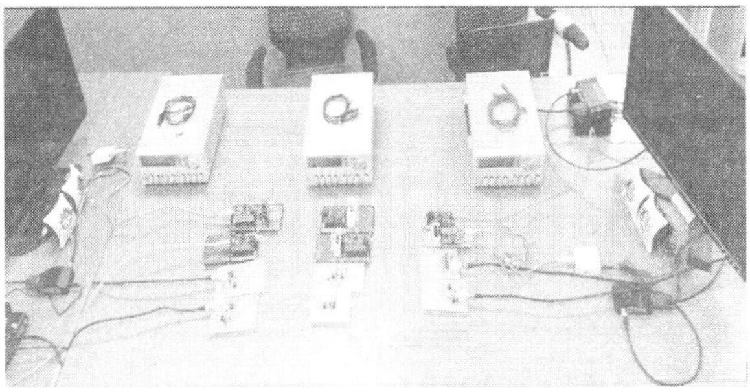

[그림 5-27] 양방향 멀티 홉 멀티미디어 데이터 전송 시스템 성능평가 환경

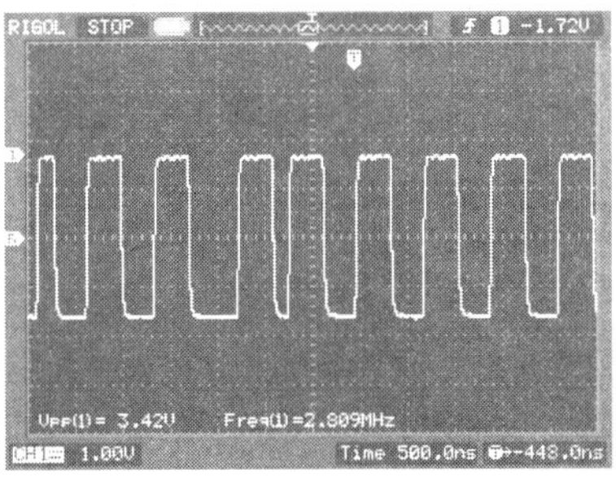

(a) 전송부 신호

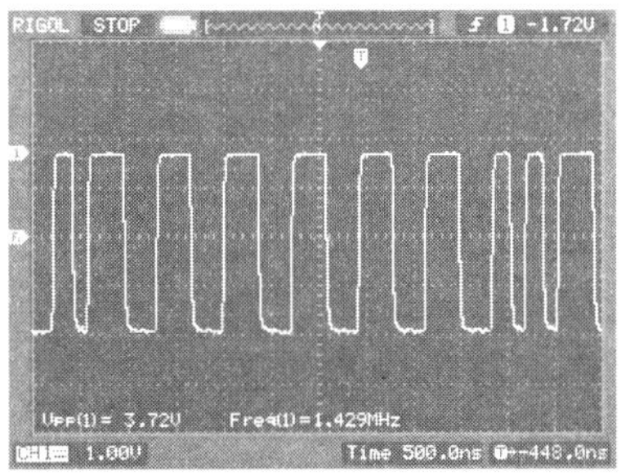

(b) 릴레이 신호

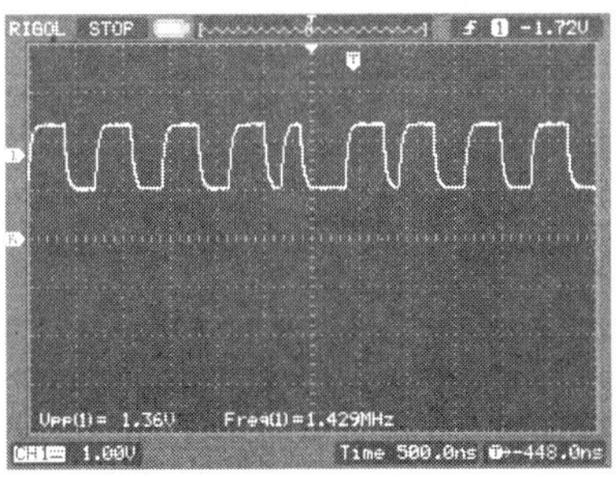

(c) 수신부 신호

[그림 5-28] 오디오 신호(우측방향으로 전송)

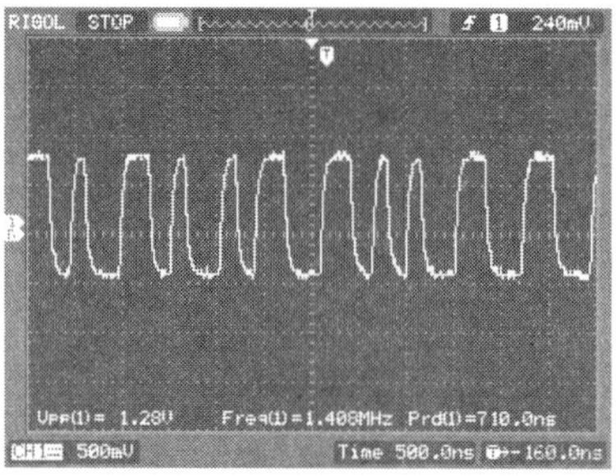

(a) 전송부신호

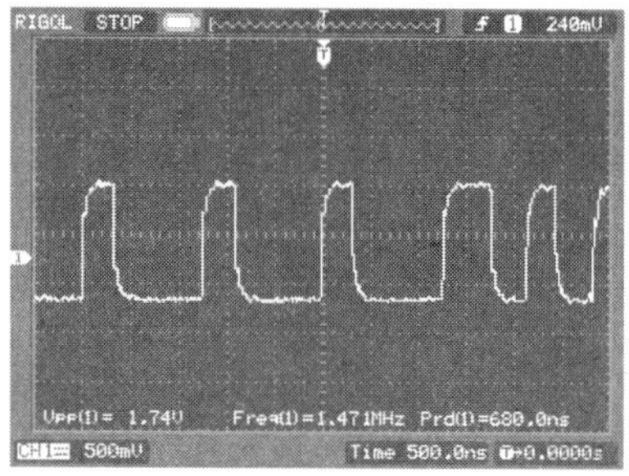

(b) 릴레이 신호

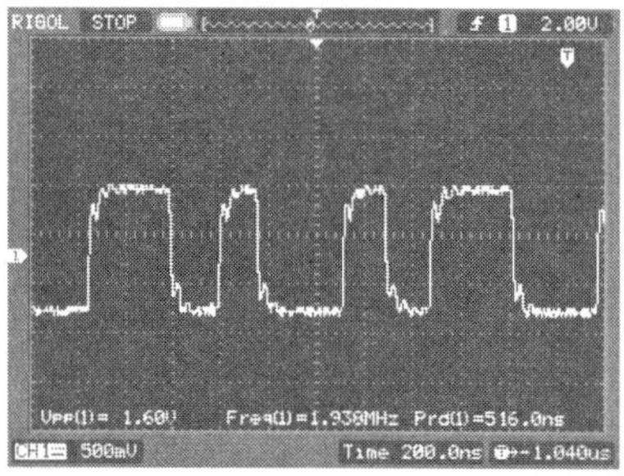

(c) 수신부 신호

[그림 5-29] 오디오 신호(좌측방향으로 전송)

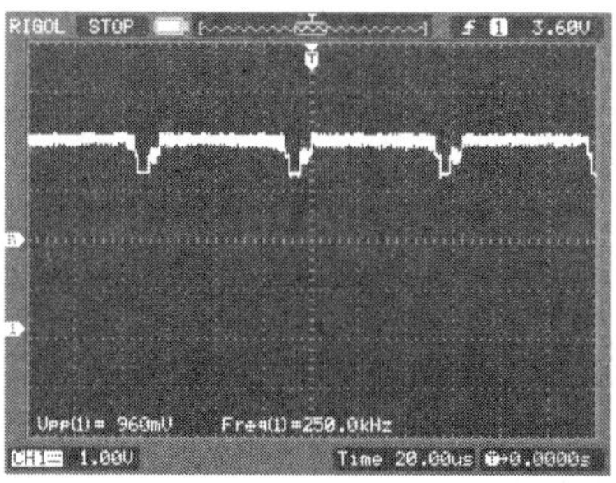

(a) 전송부 신호

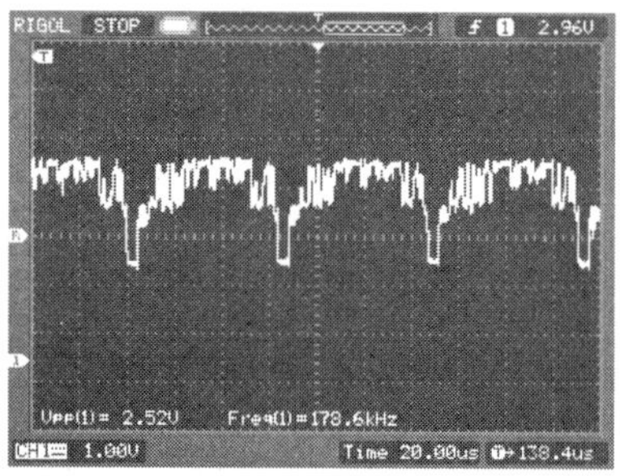

(b) 릴레이 신호

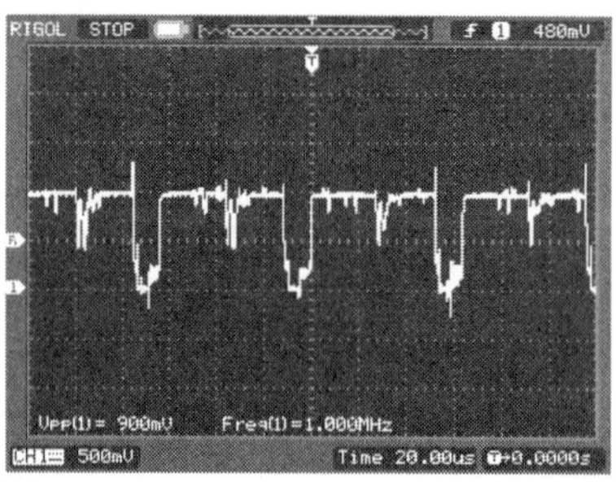

(c) 수신부 신호

[그림 5-30] 비디오 신호(우측방향으로 전송)

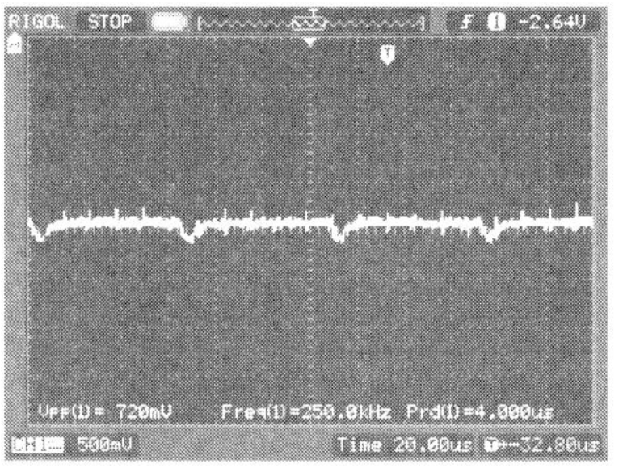

(a) 전송부 신호

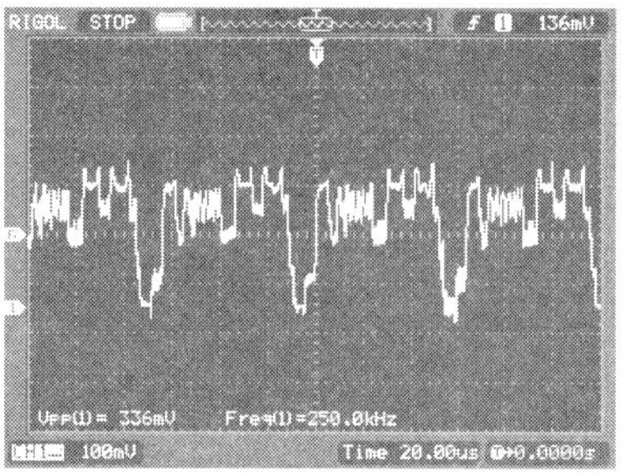

(b) 릴레이 신호

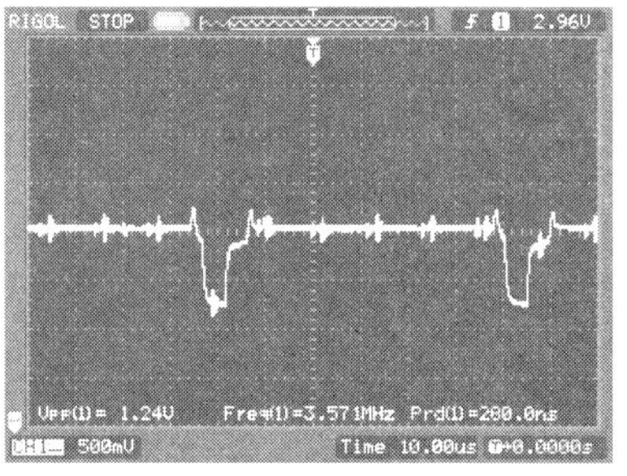

(c) 수신부 신호

[그림 5-31] 비디오 신호(좌측방향으로 전송)

5. 결론 및 논의

이 교재에서는 VLC(LED 통신) 기반 멀티 홉 멀티미디어 데이터 전송 네트워크 시스템을 제안 설계하였으며, 이를 양방향 멀티미디어 데이터 전송 네트워크시스템으로 응용확장이었다. 멀티미디어 데이터 전송부와 수신부 사이에 멀티 홉을 위한 릴레이들을 두어 장거리 전송이 가능하다는 것을 보였다. 성능평가 결과를 보면, 오디오 채널의 경우 충분한 LED 빛의 밝기만 보장이 되면 신호의 왜곡 없이 깨끗하게 장거리 전송이 이루어짐을 볼 수 있었으며, 비디오 채널의 경우 아날로그 신호를 사용함에 따라 각 모듈을 지날수록 신호가 조금씩 왜곡이 되었다. 따라서 비디오 채널의 경우 아날로그 신호를 디지털 신호로 변환하여 각 모듈을 통과하여도 신호의 왜곡이 발생하지 않게 해야 하며 이에 대한 연구가 계속 진행 중에 있다. 본 연구에서 제안한 LED 통신 기반 멀티 홉 멀티미디어 데이터 전송 네트워크시스템은 충분한 밝기의 LED를 사용하면 LED 색의 변화가 민감하지 않고, 멀티 홉을 이용하여 비교적 먼 거리도 전송이 가능하므로, LED를 이용한 친환경 통신네트워크 구성에 효과적으로 응용 적용될 것으로 기대된다.

학습활동.5 교수 · 학습 방법

교수 방법

- 가시광 통신 시스템의 개발(2)에 대한 관련 용어, 구성, 방식 이해 정도를 파악한 후 수업을 진행한다.
- 교수자의 주도로 가시광 통신 시스템의 개발(2) 등의 내용을 PPT 자료로 제시한 후 설명한다.
- 가능하면 사전에 개인별 학습 자료를 준비하여 모든 학생이 참여할 수 있는 문제 해결식 수업, 협력 수업이 가능하도록 한다.
- 가시광 통신 시스템의 개발(2) 전 과정을 작업의 순서에 따라 단계적으로 실습이 이루어질 수 있도록 지도한다.
- 교재를 통해 수업을 준비하는데 있어서 필요한 모든 정보나 팁, 힌트 등 도움이 될 만한 내용들을 확인할 수 있다.
- 학생들이 만들게 될 각 모델들은 수업시간에 중점적으로 다뤄질 부분과 어휘, 질문, 답을 포함하고 있으며 또한 탐구할만한 추가적인 아이디어들도 포함하고 있다.

학습 방법

- 가시광 통신 시스템 개발(2)에 대한 관련 용어를 숙지하고, 가시광 통신 시스템의 개발(2)에 대해 이해한다.
- 가시광 통신 시스템 개발(2)의 각 단계별 중점 사항을 체계적으로 학습한다.
- 가시광 통신 시스템 개발(2)의 수행순서 전 과정을 실습한다.
- 가시광 통신 시스템 개발(2)의 내용을 이해한다.
- 가시광 통신 시스템 개발(2)을 이해하고 숙달이 될 때까지 학습한다

학습활동.5 평가 및 피드백

평가 준거

- 평가자는 피평가자가 수행 준거 및 평가 내용에 제시되어 있는 내용을 성공적으로 수행할 수 있는 지를 평가해야 한다.

학습내용	평가항목	성취수준		
		상	중	하
가시광 통신 시스템의 개발(2)	가시광 통신시스템의 개발(2)를 이해할 수 있다.			

평가 방법

• 작업 포트폴리오

학습내용	평가항목	성취수준		
		상	중	하
가시광 통신 시스템의 개발(2)	가시광 통신시스템의 개발(2)를 이해할 수 있다.			

• 필기시험

학습내용	평가항목	성취수준		
		상	중	하
가시광 통신 시스템의 개발(2)	가시광 통신시스템의 개발(2)를 이해할 수 있다.			

• 체크리스트를 통한 관찰

학습내용	평가항목	성취수준		
		상	중	하
가시광 통신 시스템의 개발(2)	가시광 통신시스템의 개발(2)를 이해할 수 있다.			

피드백

1. 작업 포트폴리오
   - 제출한 보고서를 평가한 후 주요 사항에 대하여 표시하여 돌려준다.
2. 필기시험
   - 평가 결과 성적이 저조한 학생은 보고서 제출 기회를 부여한다.
3. 체크리스트를 통한 관찰
   - 실습 과정에서 평가한 후 개선해야 할 사항 등을 정리하여 돌려둔다.

참 | 고 | 자 | 료

1. Wang Rui, Duan Jing-yuan, Shi An-cun, Wang Yong-jie, Liu Yu-liang, "Indoor Optical Wireless Communication System Utilizing White LED Lights," Proc. of APCC 2009, October 2009.
2. Deng Chunjian, Liu Wei, Zou Kun, Yang Liang, "A solution of LED Large Screen Display Based on Wireless Communicatio," Proc. of 2010 Asia- Pacific Conference on Wearable Computing Systems, April 2010.
3. T.D.C. Little, Senior Member, IEEE, P. Dib, K. Shah, N. Barraford, and B. Gallagher, "Using LED Lighting for Ubiquitous Indoor Wireless Networking," Proc. of IEEE International Conference on Wireless & Mobile Computing, Networking & Communication 2008, October 2008.
4. Toshihiko Komine and Masao Nakagawa, "A study of shadowing on indoor visible-light wireless communication utilizing plural white LED lightings," Proc. of ISWCS 2004, pp. 36-40, 2004.
5. Toshihiko Komine, Masao Nakagawa, "Fundamental Analysis for Visible-Light Communication System using LED Lights," IEEE Transactions on Consumer Electronics, Vol. 50, No. 1, February 2004, pp. 100-107.
6. Toshihiko Komine and Masao Nakagawa, "Performance evaluation of visible-light wireless communication system using white LED lightings," Proc. of ISCC 2004, pp. 258~263, 2004.
7. Komiyama, T.; Kobayashi, K.; Watanabe, K.; Ohkubo, T.; Kurihara, Y. "Study of visible light communication system using RGB LED lights," Proc. of SICE 2011, pp. 1926-1928, 2011.
8. 심규성, 리데덩, 안병구, 박인정, "LED 통신기반 PC-PC 전송시스템," 한국인터넷방송통신학회 논문지, 제12권, 1호, pp. 181-187, 2012년 2월.
9. 조승완, 리데덩, 안병구, "LED 통신기반 멀티 홉 무선 전송네트워크시스템," 한국인터넷방송통신학회 논문지, 제12권, 4호, pp. 37~42, 2012년 8월.
10. Wang Rui, Duan Jing-yuan, Shi An-cun, Wang Yong-jie, Liu Yu-liang, "Indoor Optical Wireless Communication System Utilizing White LED Lights," Proc. of APCC 2009, October 2009.
11. Deng Chunjian, Liu Wei, Zou Kun, Yang Liang, "A solution of LED Large Screen Display Based on Wireless Communicatio," Proc. of 2010 Asia- Pacific Conference on Wearable Computing Systems, April 2010.
12. T.D.C. Little, Senior Member, IEEE, P. Dib, K. Shah, N. Barraford, and B. Gallagher, "Using LED Lighting for Ubiquitous Indoor Wireless Networking," Proc. of IEEE

International Conference on Wireless & Mobile Computing, Networking & Communication 2008, October 2008.

13. Toshihiko Komine and Masao Nakagawa, "A study of shadowing on indoor visible-light wireless communication utilizing plural white LED lightings," Proc. of ISWCS 2004, pp. 36-40, 2004.
14. Toshihiko Komine, Masao Nakagawa, "Fundamental Analysis for Visible-Light Communication System using LED Lights," IEEE Transactions on Consumer Electronics, Vol. 50, No. 1, February 2004, pp. 100-107.
15. Toshihiko Komine and Masao Nakagawa, "Performance evaluation of visible-light wireless communication system using white LED lightings," Proc. of ISCC 2004, pp.258-263, 2004.
16. Komiyama, T.; Kobayashi, K.; Watanabe, K.; Ohkubo, T.; Kurihara, Y. "Study of visible light communication system using RGB LED lights," Proc. of SICE 2011, pp.1926-1928, 2011.
17. 심규성, 리데덩, 안병구, 박인정, "LED 통신기반 PC-PC 전송시스템," 한국인터넷방송통신학회 논문지, 제12권, 1호, pp. 181-187, 2012년 2월.
18. 조승완, 리데덩, 안병구, "LED 통신기반 멀티 홉 무선 전송네트워크시스템," 한국인터넷방송통신학회 논문지, 제12권, 4호, pp. 37-42, 2012년 8월.
19. 조승완, 리데덩, 안병구, "LED 통신 기반 멀티 홉 오디오 데이터 전송네트워크시스템," 전자공학회 논문지 제 50권, 6호, pp. 179-187, 2013년 6월.
20. Le The Dung, Seungwan Jo, BeongKu An, "VLC Based Multi-hop Audio Data Transmission System," Proc. of GPC 2013, LNCS 7861, pp. 880-885, May 2013.

학습 1	가시광선 무선통신의 개요
학습 2	가시광과 LED의 원리 및 응용
학습 3	가시광 통신 시스템의 구성
학습 4	가시광 통신 시스템의 개발(1)
학습 5	가시광 통신 시스템의 개발(2)
학습 6	**가시광 통신 시스템의 개발(3)**
학습 7	차세대 가시광 통신 융합기술, 라이파이 기술
학습 8	가시광 통신 국내외 표준화 동향
학습 9	가시광 통신 산업 시장 동향
학습 10	가시광 통신 특허 동향
학습 11	가시광 통신 응용과 활용

학습 목표

6-1 가시광 통신 시스템의 개발(3)을 이해할 수 있다.

6-1 LED-to-LED 양방향 가시광 통신 시스템

최근 그린 무선통신 서비스가 주목 받으면서 가시광 통신에 대한 연구가 활발하게 이루어지고 있다. 현재 가시광 통신은 주로 송신에 LED를 이용하고, 수신에 PD(Photo Diode)를 사용하여 통신을 한다. 그러나 이러한 시스템 방식은 응용에 한계가 있다. 본 연구에서 제안 개발된 시스템의 주요한 특징과 기여도는 다음과 같다. 첫째, LED만을 이용하여 송수신을 하는 LED-to-LED 가시광 통신 시스템이며, 아날로그 스위치로 송수신회로를 교체하는 방식을 사용한다. 둘째, 단방향 통신과 양방향 통신을 함께 지원한다. 단 방향 통신은 멀티 홉을 지원한다. 성능평가 환경은 보통의 형광등이 비추는 곳에서 실험을 하였다. 단 방향 통신은 거리와 보드레이트를 변화 시키며 전송 성공여부를 측정 하였고, 양방향 통신은 거리에 따라 양방향 통신 성공여부를 확인하였다. 본 교재에서 제안 설계한 LED-to-LED 가시광 통신 시스템을 이용하여 더 많은 분야에 응용할 수 있을 것으로 기대 된다.

1. LED-to-LED 양방향 가시광 통신 시스템의 개요

가시광 통신은 기존에 RF(Radio Frequency) 기술에 의해서 사용되었던 단거리, 실내 무선통신 서비스 등에 효과적으로 적용이 가능하다. LED(Light Emitting Diode)는 긴 수명, 작은 크기와 저 전력 소모 등과 같은 특징을 가지고 있다. LED는 교통 조명 등에 많이 사용되고 있을 뿐만 아니라, 점진적으로 전통적인 조명 시스템들이 LED 조명으로 대체되고 있다. 또한 LED는 밝기를 주기적으로 조절이 가능해 데이터를 전송할 수 있으며, 발광뿐만 아니라 포토다이오드(Photo Diode)처럼 들어오는 빛을 수신해 수신기로 사용이 가능하다. LED-to-LED 양방향통신 시스템은 별도의 수신기가 필요가 없어 네트워크 구성을 단순하게 하고, 센서네트워크, 홈 네트워크, 스마트 조명 등에 응용이 가능하다. LED-to-LED 양방향 통신은 기존의 적외선통신과 RF통신에서 사용하는 통신방식을 가시광 통신에 응용할 수 있는 확장성을 가진다.

이 교재에서는 LED-to-LED 단방향 가시광 통신 시스템 및 LED-to-LED 양방향 가시광 통신 시스템을 제안 개발하고 시스템의 성능을 평가한다. 본 연구는 다음과 같이 구성 되어 있다. 2절에서 교재에서 제안하는 시스템의 구조와 동작원리에 대해서 설명하고, 3절에서 제안하는 시스템의 성능평가를 실시한다. 그리고 4절에서는 결론을 내고 마무리한다.

학습 6

2. 제안된 시스템

1) 제안된 시스템의 기본 개념

(1) LED-to-LED 단 방향 가시광 통신 시스템

[그림 6-1]은 LED-to-LED 단 방향 가시광 통신 시스템의 개념도를 나타낸 것이다. 단 방향 LED-to-LED 시스템은 송신 모듈과 수신 모듈로 각각 구성되어 있다. 송신 모듈은 MCU에 LED를 연결하여 데이터를 전송하는 역할을 한다. 수신 모듈은 LED에서 받은 데이터를 OP-AMP를 거쳐 MCU로 수신하여 데이터를 출력하는 역할을 한다.

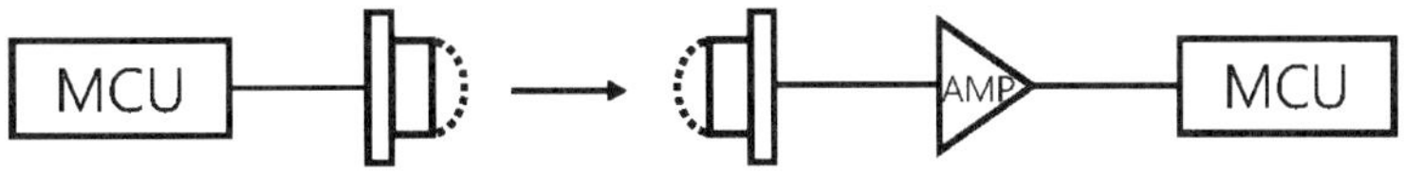

[그림 6-1] LED-to-LED 단 방향 가시광 통신 시스템

(2) LED-to-LED **단방향 멀티 홉 가시광 통신 시스템**

[그림 6-2]는 LED-to-LED 단 방향 멀티 홉 가시광 통신 시스템의 개념도를 나타낸 것이다. 기존의 단방향 가시광 통신 시스템에 릴레이 모듈을 추가하여 만든 것이다. 릴레이 모듈은 LED로 송신 데이터를 수신하여 OP-AMP를 거쳐 반대편 LED로 송신한다. 단순히 신호를 증폭하여 전달만 한다.

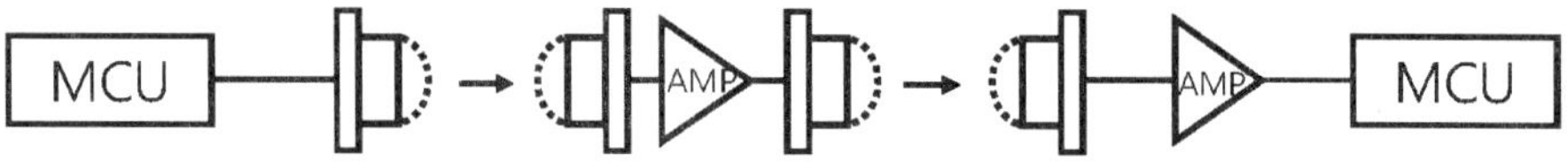

[그림 6-2] LED-to-LED 단 방향 멀티 홉 가시광 통신 시스템

(3) LED-to-LED **양방향 가시광 통신 시스템**

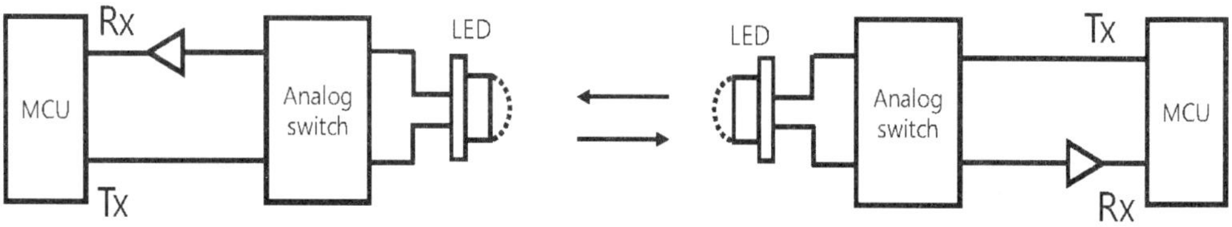

[그림 6-3] LED-to-LED 양방향 가시광 통신 시스템

[그림 6-3]은 LED-to-LED 양방향 가시광 통신 시스템의 구성도를 보여주고 있다. LED-to-LED 양방향 가시광 통신 시스템은 텍스트 데이터를 RS-232방식을 이용하여 전송하는 방법을 취한다. LED는 송신과 수신을 동시에 하지 못 한다. 본 연구에서는 송신과 수신을 동시에 하지 못하는 LED의 단점을 해결하고자 송신 상태와 수신 상태 2가지 상태의 회로를 구성하고, 이를 아날로그 스위치로 제어하여 데이터를 주고받는다. 평상시는 수신 상태로 되어 있다가 데이터를 송신하고자 할 때, 송신상태로 변경되어 데이터를 송신한다. 데이터 송신이 끝나면 다시 수신 상태로 변경된다.

송신상태는 MCU가 아날로그 스위치 제어 신호와 PC로부터 받은 텍스트 신호를 보낸다. 제어 신호를 받은 아날로그 스위치는 송신모드로 회로를 변경하고 텍스트 신호를 LED로 보낸다.

수신 상태는 MCU의 기본 상태이다. LED로부터 나온 신호는 OP-AMP를 거쳐 증폭되어 MCU로 보내져 텍스트 데이터를 읽어 PC 화면에 출력해준다.

2) 시스템 세부 동작원리

(1) 단방향 시스템 세부 동작원리

[그림 6-4]는 단방향 시스템의 전송부를 보여주고 있다. 단 방향 전송 시스템에서 전송부는 MCU에서 생성된 데이터를 단순 포워딩기능만 한다.

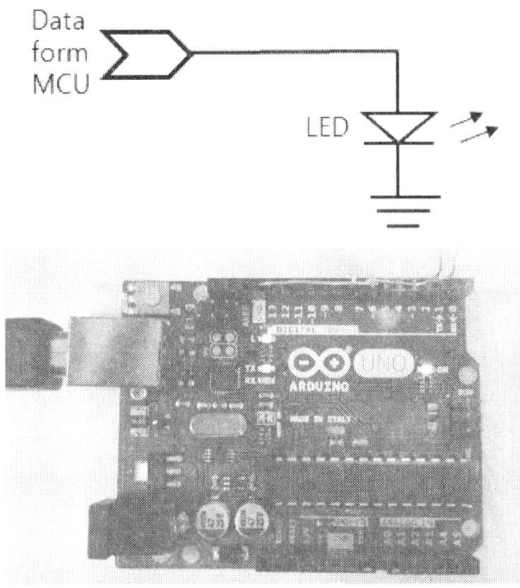

[그림 6-4] 전송부 시스템블록

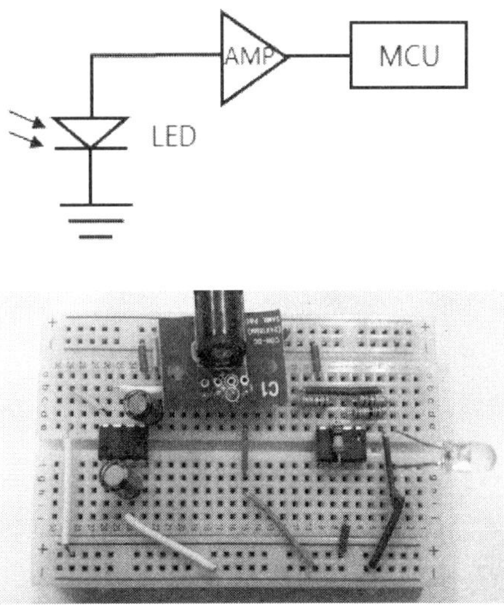

[그림 6-5] 수신부 시스템블록

[그림 6-5]는 단방향 시스템의 수신부를 보여주고 있다. 수신부는 LED로부터 수신받은 데이터를 OP-AMP를 이용하여 증폭시켜 MCU에게 전달한다.

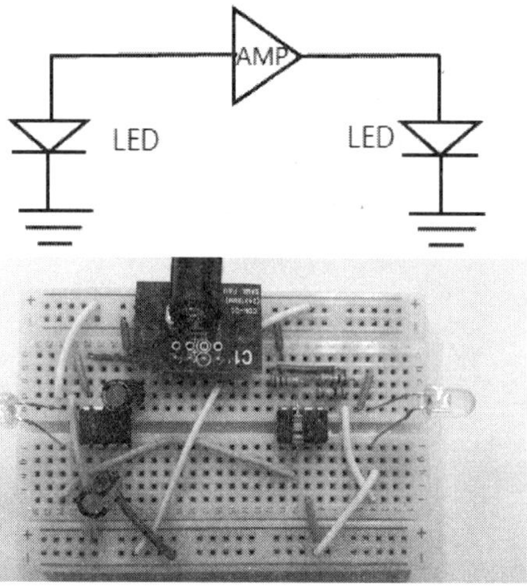

[그림 6-6] 릴레이 시스템블록

[그림 6-6]은 단방향 시스템의 릴레이부를 보여주고 있다. 릴레이부는 LED로부터 수신 받은 데이터를 OP-AMP를 이용하여 증폭시켜 LED에게 전달한다.

(2) 양방향 시스템 세부 동작원리

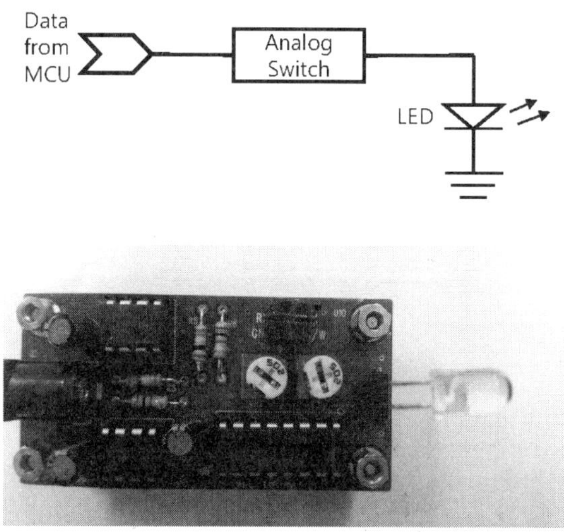

[그림 6-7] 송신 상태의 시스템블록

[그림 6-7]은 송신상태의 시스템블록 및 모듈을 보여주고 있다. PC에서 텍스트 데이터를 입력을 하면 MCU에서는 아날로그 스위치를 제어하는 논리적 0과 텍스트 데이터를 시리얼 통신 형태로 LED로 보낸다. 송신 회로는 시리얼 통신의 TX 포트와 LED가 직접적으로 연결 된다. 평상시 모드는 수신모드 이다. 따라서 송신이 시작할

때 송신모드를 실행을 하고, 송신이 완료 되어 송신이 끝이 나면 다시 수신 모드로 변경을 해줘야 한다. 이를 MCU에서 제어를 한다.

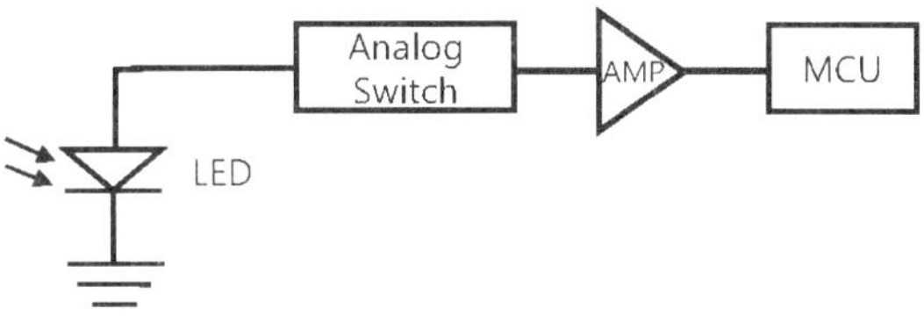

[그림 6-8] 수신 상태의 시스템블록

[그림 6-8]은 수신 상태의 시스템블록 및 모듈을 보여주고 있다. 먼저, 주변의 빛과 수신하고자하는 빛을 구별해야 한다. LED에서 일정세기 이상의 빛만 수신한다. 수신된 데이터는 OP-AMP를 거쳐 MCU로 간다. 평상시모드는 수신모드 이므로 MCU에서 아날로그 스위치를 제어하는 신호를 보내지 않아도 된다.

3. 성능평가

본 연구에서 제안한 시스템은 보통의 형광등이 비추는 실험실에서 성능평가를 수행하였다.

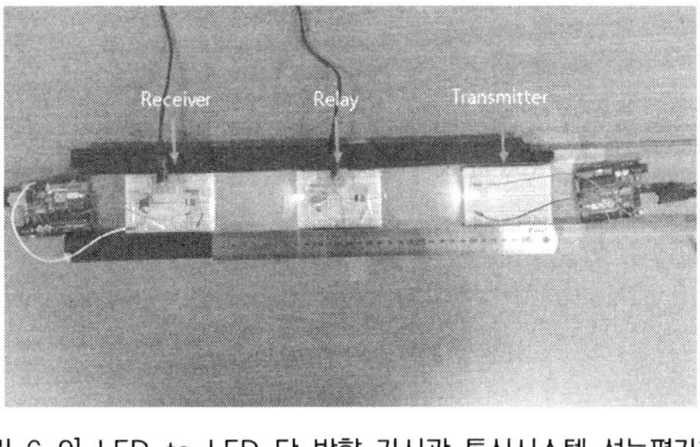

[그림 6-9] LED-to-LED 단 방향 가시광 통신시스템 성능평가환경

[그림 6-9]는 LED-to-LED 단방향 가시광 통신 시스템 성능평가환경을 보여주고 있다. 단방향 가시광 통신 시스템의 성능평가는 각 모듈(송신 모듈과 릴레이, 수신모듈과 릴레이)사이 거리를 변화시키면서, 'U'라는 문자 전송 성공률을 알아보았다.

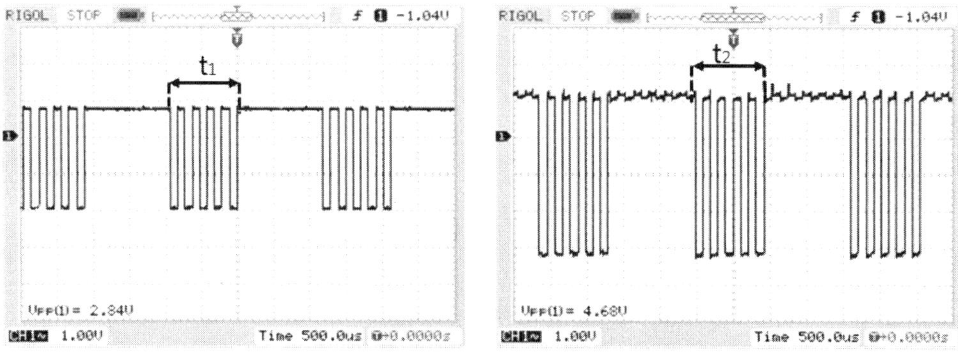

(a) 송신 신호 (a) 수신 신호

[그림 6-10] 오실로스코프로 측정한 LED-to-LED 단방향 가시광 통신시스템 송신부, 수신부 신호

[그림 6-10]은 LED-to-LED 단방향 가시광 통신 시스템 송신부, 수신부 신호를 보여주고 있다. t1, t2 주기로 같은 신호 포맷이 반복되는 것을 확인할 수 있고, 일정한 형태를 유지하고 있음을 알 수 있다. 이러한 이유는 전송이 원활히 이루어지기 때문이다.

(a) 문자 전송 (b) 문자 수신

[그림 6-11] LED-to-LED 단방향 가시광 통신 시스템 시리얼 모니터 실험 화면

[그림 6-11]은 실제 시리얼 모니터에 출력된 값을 캡쳐한 것이다. 'U'를 100000개를 전송하여 수신이 성공할 때 Count를 증가 시키는 방식으로 [그림 6-11](b)를 보면 숫자가 Count를 의미한다. 수신부는 'U'라는 문자가 수신될 경우만, Count를 증

가시키므로 실제 실험을 진행할 때, 수신부 프로그램을 먼저 실행한 뒤 송신부를 실행을 하여 실험오차를 줄이고자 하였다.

〈표 6-1〉 거리변화에 따른 전송성공 여부

거리(cm)	8	9	10	10.8	12	12.5
1-hop	O	O	O	O	O	O
2-hop	O	O	O	O	O	O
3-hop	O	O	O	X	X	X
13	13.4	13.6	13.8	14	14.2	14.4
O	O	O	O	△	△	X
O	O	O	O	△	X	X
X	X	X	X	X	X	X

〈표 6-1〉는 거리변화에 따라 전송 성공률을 보여주는 그래프이다. 모듈간의 거리가 멀어질수록 전송성공률이 감소하는 것을 확인할 수 있고, 홉이 많아질수록 전송 성공률이 떨어지는 것을 확인할 수 있다.

〈표 6-2〉 보드레이트 변화에 따른 전송 성공여부

(bps)	1200	2400	4800	9600
1-hop	O	O	O	O
2-hop	O	O	O	O
3-hop	O	O	O	O
19200	38400	115200	230400	
O	O	O	X	
O	O	O	X	
O	O	X	X	

〈표 6-2〉는 각 모듈간의 거리를 8cm로 고정하고, 보드레이트를 변화 시켜, 전송성공여부를 보았다. 〈표 6-2〉에서 보는 바와 같이 115200bps부터 3홉에서 전송이 안 되는 것을 확인할 수 있고, 230400bps에서는 모두 전송이 안 되는 것을 확인 할 수 있다. 따라서 개발된 시스템은 현재 115200bps 이상의 전송속도에서는 멀티 홉 환경에서 효과적인 성능 지원이 되지 않고 있음을 알 수 있다. 이에 대한 연구가 현재 지속적으로 진행되고 있다.

[그림 6-12] LED-to-LED 양방향 가시광 통신 시스템 성능평가환경

[그림 6-12]는 LED-to-LED 양방향 가시광 통신 시스템 성능평가 환경을 나타낸 것이다. 양방향 통신의 성능평가는 각 모듈의 거리를 변화시키며 송수신 성공률을 알아보았다.

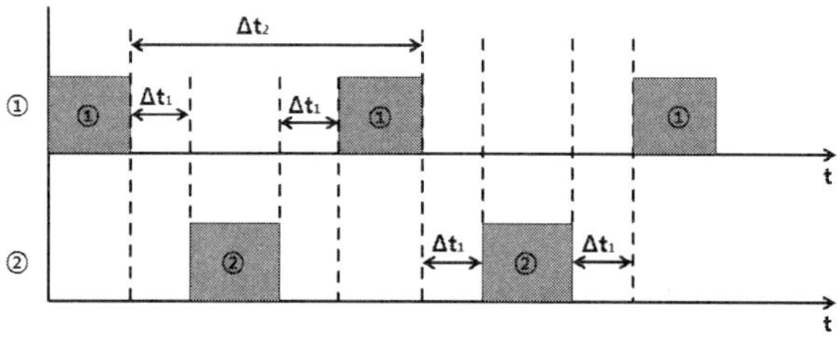

[그림 6-13] 양방향전송 성능평가 개념도

[그림 6-13]은 양방향전송 성능평가 개념도를 나타낸 것이다. 1번 모듈에서 'A'문자를 2번 모듈에게 전송을 하고 수신모드로 변경되어 대기 한다. 'J'문자를 수신한 2번 모듈은 t1시간을 대기한 뒤 'B'문자를 1번 모듈에 전송을 하고 수신모드로 대기한다. 1번 모듈도 2번 모듈과 마찬가지로, t1시간을 대기한 뒤 'J'문자를 전송을 한다. 만일 각 모듈에서 'J'나 'B'의 신호의 왜곡이 생겨 제대로 된 문자를 수신을 못 했을 경우 각 모듈을 t2시간을 대기한 뒤 위와 같은 과정을 반복 시행한다. 1번에서 문자를 전송하고 2번에서 문자를 전송한 것을 한 사이클로 이를 10만 번을 시행하였다. 이때 각 모듈에서 수신 성공을 Count를 하여 성공률을 계산한다. 신호의 왜곡이 생겨 t2시간을 대기하고 재전송이 될 경우 수신 성공 Count를 각각 1개씩 감소시켰다.

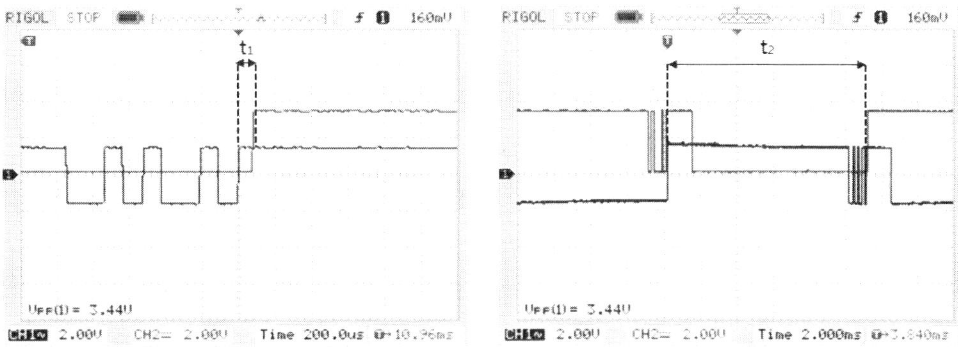

(a) 대기시간 (b) 왜곡발생 시 대기시간

[그림 6-14] 양방향 전송신호

[그림 6-14]는 양방향전송을 구현해 신호를 나타낸 것이다. [그림 6-14]에서 보는 바와 같이 t1만큼의 대기시간을 가지고, 전송을 시작함을 알 수 있다. 그리고 신호의 왜곡이 발생하였을 때, 대기하는 시간을 t2를 보면 알 수있다. 빨간 선은 'B'를 전송한 신호를 나타내고, 파란 선은 'J'를 전송한 신호를 나타낸다. 대략적으로 t1은 80μs을 가짐을 알 수 있고, t2는 5.8ms을 가지는 것을 알 수 있다.

〈표 6-3〉 거리변화에 따른 양방향 전송 성공률

거리(cm)	2	3	4	5	6	6.2
J문자	0.99	0.99	0.99	0.99	0.99	0.05
B문자	0.99	0.99	0.99	0.99	0.99	0.05
6.4	6.6	6.8	7	7.2	7.4	7.6
0.03	0.03	0.009	0.002	0.0007	0.0004	0
0.03	0.03	0.009	0.002	0.0007	0.0004	0

〈표 6-3〉은 모듈간의 거리변화에 따른 양방향 전송 성공 그래프를 나타낸 것이다. 'J'문자, 'B'문자의 수신 성공률을 각각 그래프로 그렸다. 〈표 6-3〉에서 보는 바와 같이 그래프가 거의 일치하는 것을 알 수 있다. 송수신시에 충돌이 거의 발생하지 않는다는 것을 유추할 수 있다. 하지만 표 3에서 보여주고 있는 것처럼 송수신 측에 있는 LED들 사이의 거리가 6cm보다 먼 거리에서는 제안된 현재 LED-to-LED 양방향 통신시스템이 효과적으로 성능지원이 되지 않고 있음을 알 수 있다.

4. 결 론

이 교재에서는 PD를 사용하지 않고 LED만을 사용하여 가시광 통신 시스템을 제안하였다. 먼저 단방향 가시광 통신 시스템 모델을 제안 설계하고, 멀티 홉으로 구성하여 거리 변화에 따른 전송 성공여부를 실험 하였다. 성능 평가 결과에서 보면 홉이 작을수록, 거리는 가까울수록 전송 성공률이 높음을 알 수 있다. 또 양방향 가시광 통신 시스템 모델을 제안 설계하여, 거리 변화에 따른 전송 성공률을 실험하였다. 성능 평가 결과에서 보면 대략적으로 6cm까지 전송이 원활이 이루어지는 것을 알 수 있다. 단방향 전송 때와 전송거리가 약 2배정도 차이가 나는 것을 확인할 수 있다. 따라서 본 연구에서 제안하는 LED-to-LED 단방향 가시광 통신 시스템과 LED-to-LED 양방향 가시광 통신 시스템은 전송거리가 짧을수록, 홉이 적을수록 전송이 원활히 이루어진다.

LED의 특성상 수신하는 데, 거리 및 보드레이트 측면에서 한계가 있음을 알 수 있다. 본 연구로 LED-to-LED 가시광 통신의 가능성을 확인하였고, 가시광 통신을 좀 더 다양한 분야에서 확장 사용할 수 있을 것으로 판단된다. 앞으로 본 연구진들은 LED-to-LED 양방향 가시광 통신 시스템에 다양한 통신 프로토콜을 적용하여 양방향 가시광 통신을 개선할 계획이다.

6-2 스마트폰을 이용한 가시광 통신 기반 실내 IoT 모니터링 시스템

이 교재에서는 최근 무선통신분야에서 주목 받고 있는 가시광 통신과 IoT(Internet of Things) 시스템을 융합한 실내 IoT 모니터링 시스템을 제안한다. 제안 개발된 시스템의 주요한 특징과 기여도는 다음과 같다. 첫째, 실내에서 발생하는 실제 데이터를 가시광 통신만을 사용하여 오직 서버를 통하여 가공 처리할 수 있다. 둘째, 가시광 통신을 이용하여 스마트폰으로 수집된 데이터를 모니터링 한다. 성능평가는 보통의 형광등이 비추는 곳에서 실험을 하였다. 먼저 데이터 수집 시스템의 송신 및 수신 모듈간의 전송성공여부를 확인한다. 모니터링 시스템은 LED의 집광 정도와 거리를 변화시켜 전송여부를 실험하고 제안된 스마트폰 어플리케이션의 디코딩 성공률을 실험 하였다. 본 교재에서 제안한 시스템은 실내뿐만 아니라 실외 IoT 분야에도 응용적용될 것으로 기대한다.

1. 스마트폰을 이용한 가시광 통신 기반 실내 IoT모니터링 시스템의 개요

최근 IT 분야에서 인터넷이 발달함에 따라 각종 서비스 영역에서 다양한 변화가 일어나고 있다. 이로 인해, 실외공간을 대상으로 제공되어 오던 서비스들이 점차 실내공간을 대상으로 확장되어 가고 있다. 그 중 IoT/ M2M 시스템을 접목시킨 스마트홈, 스마트시티 등 사람의 주거공간에서의 변화가 빠르게 일어나고 있다. 불과 몇 년 전 일반 냉장고와 TV가 현재에는 스마트 냉장고와 스마트 TV등 전자제품에 OS를 장착하여 스마트폰으로 제어를 할 수 있게 되었다. 하지만 가정 자동화(HA : Home Automation)에서 IoT 플랫폼기반의 스마트 홈으로 발전하고 있는 현재 보안 문제도 이슈가 되고 있다. 실내의 각종 가전제품이 인터넷에 연결되어 있어 외부에서의 침입으로 인해 보안 역시 중요한 문제로 같이 떠오르고 있다.

가시광 통신은 이러한 외부 침입에 의한 보안문제를 해결할 수 있는 대안 기술로 판단되고 있다. 가시광 통신은 RF무선통신과는 달리 장애물을 통과 할 수 가 없다. 따라서 외부 침입을 막을 수 있다. 또한 가시광 통신은 이외에도 여러 가지 장점이 있다. 가시광 통신 기반 무선통신의 경우 RF 무선통신과 같은 사용 주파수 대역에 대해서 전 세계적으로나 각 국가별로 법 규제가 없어 자유롭게 사용이 가능하고 전파가 제한된 곳에서의 활용성이 높다. 가시광을 주파수 대역에서 보면 수백 THz 이상의 고주파 대역에 위치하므로, 이에 비해 상대적으로 낮은 저주파 대역에 민감한 전자 전기 정밀기기들에 대한 전자기파의 영향이 없으며, 기존 RF통신기술 기반의 단거리 및 실내 무선 통신 서비스 등에 효과적으로 적용이 가능하다. 또한 가시광 통신에 사용되는 LED 조명은 기존에 사용하던 형광등과 백열등에 비해 광원 효율이 뛰어나며, 응답시간이 빠르고 5만 시간이상의 긴 수명을 가지고 있다. 에너지 전환 효율이 뛰어나 열 손실이 거의 없어 90%의 전기 효율을 향상시킨다.

첫 번째 관련 연구의 시스템 모델은 센서노드, 서버, 안드로이드기반 스마트폰 어플리케이션으로 구성되어 있다. 제안된 시스템 모델은 센서노드를 통하여 얻은 온도, 습도, 밝기, 공기 질 등의 실내에서 발생하는 데이터 값 들을 Zigbee 프로토콜을 사용하여 수집하며 어플리케이션과 서버의 데이터베이스 연동을 통하여 실시간 모니터링 시스템을 연구하였다. 두 번째 연구의 시스템 모델은 라즈베리파이와 센서노드로 구성되어 있다. 제안된 시스템은 센서노드를 라즈베리파이에 부착하여 시리얼로 즉시 데이터 값을 수집하며 라즈베리파이는 수집과 동시에 서버역할도 하여 모바일기기나 PC에서 웹을 통해 데이터를 실시간 모니터링 하는 연구를 하였다.

현재 앞서 설명한 연구들에서 확인할 수 있듯이 실내 IoT 모니터링 시스템에 다양한 방법으로 연구가 되고 있다. 하지만 위의 연구들에서의 데이터 수집과 모니터링 방법으로 RF통신 기술을 사용하고 있다. 따라서 본 연구에서는 RF통신을 하지 않고 가시광 통신기반 IoT 모니터링 시스템을 제안 한다.

이 교재에서는 선행기술로 구현한 LED-to-LED 가시광 통신에 라즈베리파이를 이용하여 데이터수집 시스템과 LED-to-Smart Phone 모니터링 시스템을 각각 개발하고 두 가지 시스템을 합쳐 실제 센서 값들을 모니터링 하는 가시광 통신 기반 실내 IoT 시스템을 구현한다. 본 연구의 연구내용에 대한 주요한 특징 및 기여도를 설명하면 다음과 같다.

- 기존 연구들에서 실험한 텍스트 데이터가 아닌 실제 실내에서 얻을 수 있는 센서 값들을 가시광 통신으로 서버에 전송 및 처리한다.
- RF통신을 이용한 데이터 모니터링이 아닌 가시광 통신만을 사용하여 주기적으로 실내 데이터를 스마트폰으로 모니터링 한다.

본 연구는 다음과 같이 구성 되어 있다. 2절에서는 연구에서 제안한 시스템 구조와 동작원리를 설명하고, 3절에서는 시스템의 성능을 평가한다. 그리고 4절에서 결론을 내고 마무리한다.

2. 제안된 시스템

1) 제안된 시스템 기본 개념

(1) 전체적인 시스템 구조

[그림 6-15]는 전체적인 시스템 구조를 설명한다. 제안된 시스템은 실내 네트워크에서 작동이 되며 외부로부터의 접근은 오로지 서버를 통하여 접근가능하다. [그림 6-15]의 구조는 크게 두 부분으로 나눌 수 있다. 빨간색 점선으로 표시한 A부분은 LED-to-LED 데이터 수집 시스템이라 정의한다. A에서는 데이터 수집부로서 실내에서 발생하는 온도, 습도 및 기타 리얼데이터(Real data)를 LED-to-LED통신을 사용하여 전송한다. 파란색 점선으로 표시한 B부분은 LED-to-SmartPhone 모니터링 시스템이라 정의한다. B에서는 서버로부터 전송 받은 데이터를 스마트폰에 전달하기 위해 패킷화시키고 스마트폰의 어플리케이션은 영상처리과정을 거쳐 데이터를 디코딩 및 수신한다.

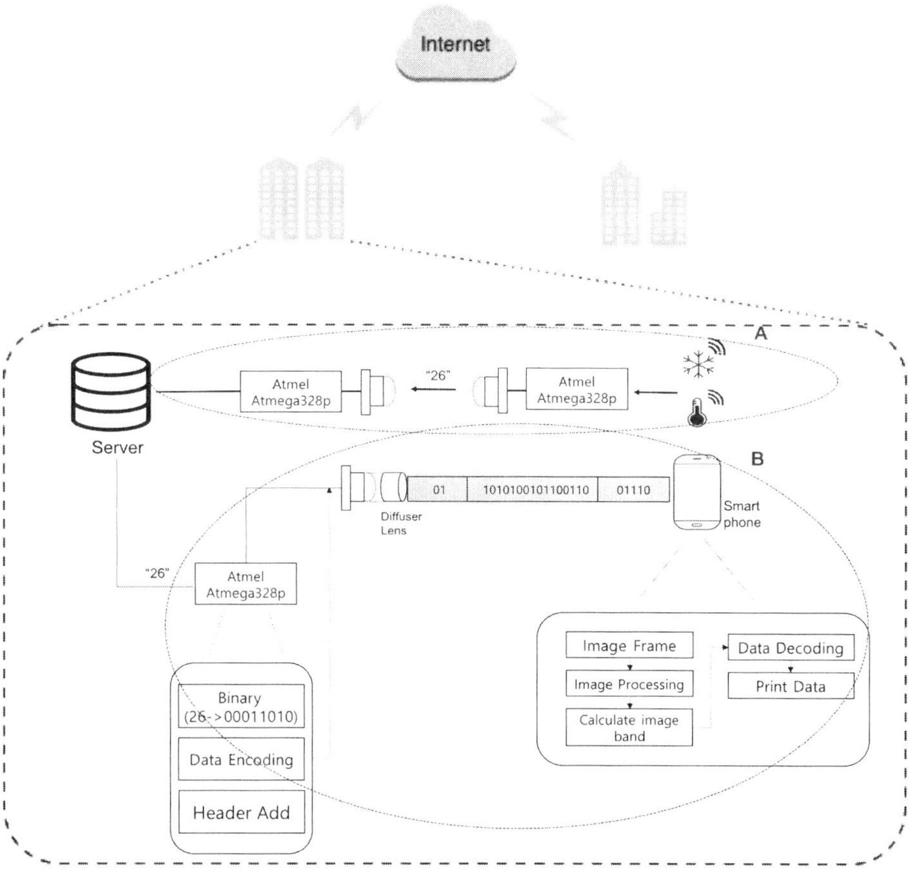

[그림 6-15] 전체적인 시스템 구조

(2) LED-to-LED 데이터 수집 시스템

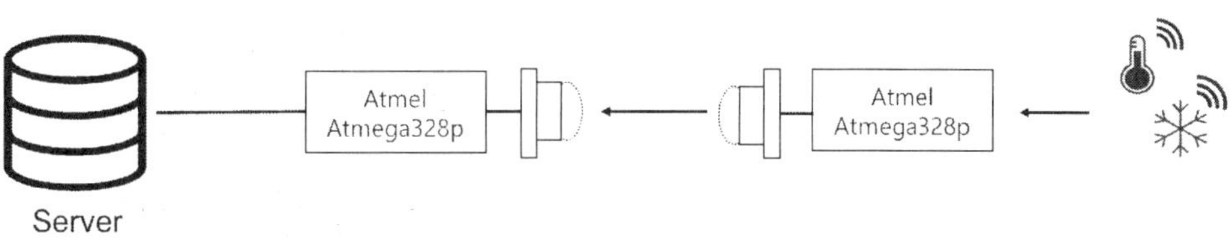

[그림 6-16] LED-to-LED 데이터 수집 시스템

[그림 6-16]은 LED-to-LED 데이터 수집 시스템 개념도로 [그림 6-15]의 A부분을 나타낸다. 시스템은 송신 모듈과 수신 모듈로 각각 구성되어 있다. 송신 모듈은 MCU에 LED를 연결하여 센서를 통하여 얻은 데이터를 전송하는 역할을 한다. 수신 모듈은 LED를 통해 전달 받은 데이터를 OP-AMP를 거치게 하여 시리얼로 연결된 서버로 전송한다. 서버는 시리얼로 연결된 스마트폰용 LED에 동일한 데이터를 보낸다.

(3) LED-to-SmartPhone 모니터링 시스템

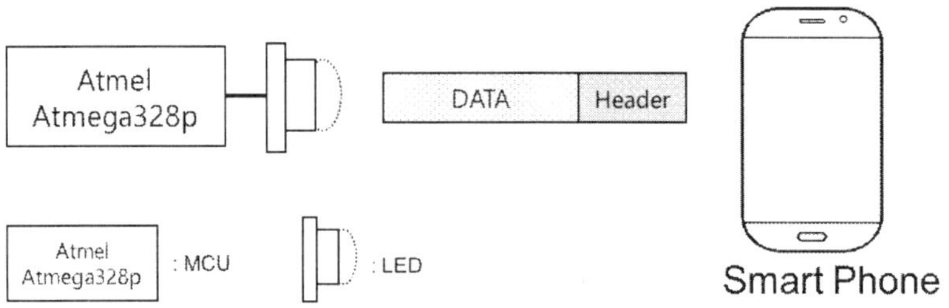

[그림 6-17] LED-to-SmartPhone 모니터링 시스템

[그림 6-17]은 LED-to-Smart Phone 모니터링 시스템 개념도로 [그림 6-51]의 B부분을 나타낸다. 본 연구에서 제안한 모니터링 시스템은 실시간 모니터링 시스템이 아닌 비실시간 모니터링 시스템이다. 이유는 안드로이드의 하드웨어의 성능이 제한적이며 이미지 프레임의 범위가 규칙적이지 않아 그에 따른 동기화 문제와 데이터의 유실 및 오류 문제가 있으므로, 비실시간 모니터링 전환이 더 효과적이기 때문이다. 따라서 본 연구진은 동일한 데이터를 10초간 보내고 스마트폰에서 디코딩이 된 값들 중 최빈값을 찾아 데이터의 정확성을 높이고 10초 후 값을 갱신하는 방법을 사용하였다.

송신부는 라즈베리파이 서버로부터 시리얼로 연결되어 있으며 실시간 데이터를 전달 받지만 10초 간격으로 데이터를 갱신하기 때문에 10초간 동일한 데이터를 반복적으로 송신한다. 수신부 스마트폰은 송신부 LED를 촬영하여 생성된 이미지 프레임 디코딩하여 데이터를 출력한다.

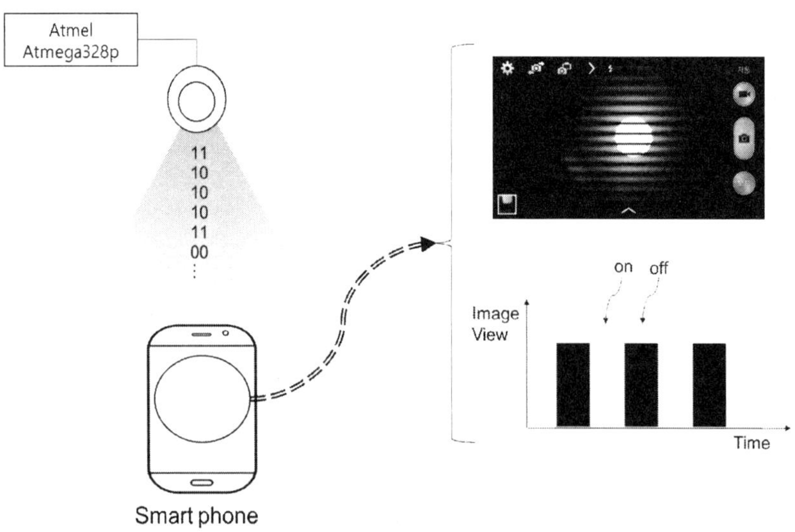

[그림 6-18] Rolling Shutter 메커니즘

[그림 6-18]은 LED-to-SmartPhone 모니터링 시스템의 스마트폰에서 Rolling Shutter 메커니즘을 이용한 데이터패킷 수신 원리를 보여준다. Rolling Sutter 메카니즘은 스마트폰에 장착된 CMOS 이미지 센서에 적용되는 동작 원리이다. Rolling Sutter는 스마트폰의 촬영 속도보다 현저히 빠르게 변하는 물체를 촬영 할 적에 해당 이미지의 행(가로)(Row)값을 순차적으로 읽어 들이는 것을 말한다. [그림 6-18]에서 보여지는 바와 같이 이러한 원리로 인해 촬영된 이미지가 흰색과 검은색의 밴드로 이뤄지는 것을 확인할 수 있다.

2) 시스템 세부 동작 원리

(1) LED-to-LED 데이터 수집 시스템 세부 동작원리

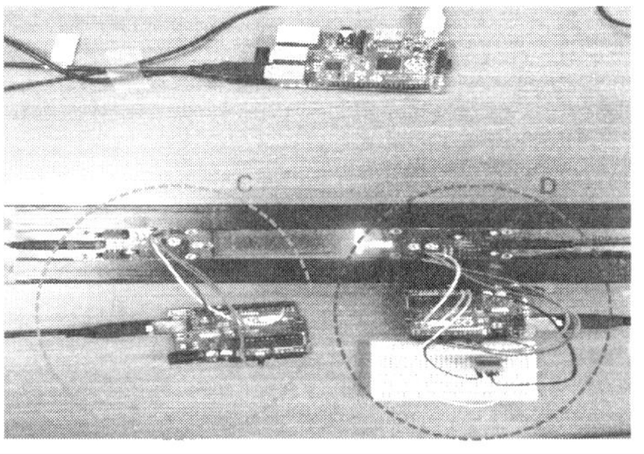

[그림 6-19] LED-to-LED 데이터 수집 시스템

[그림 6-19]는 LED-to-LED 데이터 수집 시스템의 구성을 보여준다. 시스템은 수신부와 송신부로 구성 되어 있다. 빨간색 점선으로 표시한 부분은 수신부 모듈을 나타내며 C라 정의한다. 파란색 점선으로 표시한 부분은 송신부 모듈을 나타내며 D라 정의한다.

[그림 6-20] LED-to-LED 데이터 수집 시스템 수신모듈

[그림 6-20]은 LED-to-LED 데이터 수집 시스템 수신부 모듈로서 [그림 5]의 C부분을 나타낸다. LED로부터 수신 받은 데이터는 OP-AMP를 이용하여 증폭시킨 후 라즈베리파이에 데이터를 전달한다. 라즈베리파이는 전달 받은 데이터를 시리얼로 연결된 모니터링 LED에 계속 전달한다.

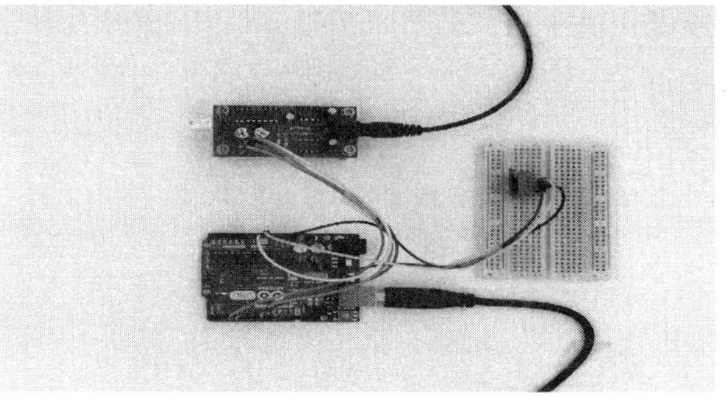

[그림 6-21] LED-to-LED 데이터 수집 시스템 송신모듈

[그림 6-21]은 LED-to-LED 데이터 수집 시스템의 전송부 모듈로서 그림 5의 D부분을 나타낸다. 부착된 센서를 통하여 얻은 실제 데이터를 RS-232방식을 통하여 데이터를 전송한다.

(2) LED-to-SmartPhone **모니터링 시스템 세부 동작원리**

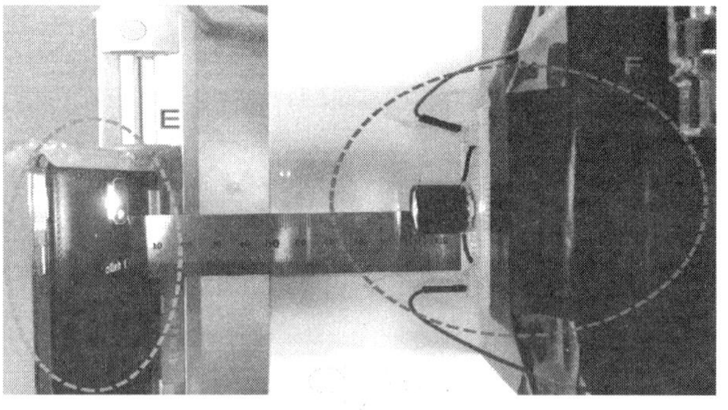

[그림 6-22] LED-to-SmartPhone 모니터링 시스템

[그림 6-22]는 LED-to-SmartPhone 모니터링 시스템 구성을 보여준다. 시스템은 수신부와 송신부로 구성 되어 있다. 빨간색 점선으로 표시한 부분은 수신부인 스마트폰을 나타내며 E라 정의한다. 파란색 점선으로 표시한 부분은 송신부를 나타내며 F라 정의한다.

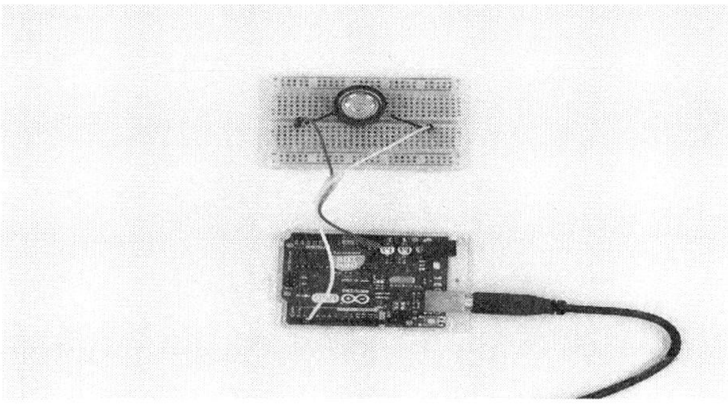

[그림 6-23] LED-to-SmartPhone 모니터링 시스템 송신모듈

[그림 6-23]은 LED-to-SmartPhone 모니터링 시스템 송신부 모듈로서 [그림 8]의 F부분을 나타낸다. 라즈베리파이에서 계속 데이터를 전달 받는데 이 데이터를 10초마다 갱신하여 전송한다. 데이터는 패킷화 과정을 거치고 전송이 되는데 패킷의 구조는 [그림 6-25]와 같다. 전송은 데이터블록이 1일 땐 LED를 켜고 0일 땐 끄는 OOK모듈레이션 방식을 적용하여 MCU의 하드웨어 레벨에서 이를 제어하여 고속으로 전송한다.

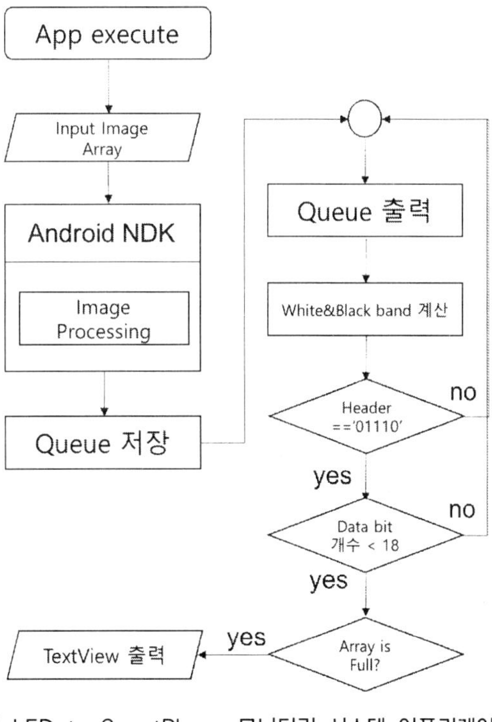

[그림 6-24] LED-to-SmartPhone 모니터링 시스템 어플리케이션 동작 과정

[그림 6-24]는 [그림 6-22]의 E부분으로서 LED-to-SmartPhone 모니터링 시스템의 어플리케이션 수신 과정을 보여준다. 어플리케이션에서 데이터의 저장을 위한 저장소로 큐와 배열을 사용한다. 큐는 촬영된 모든 프레임을 저장하고 배열은 디코딩된 값들을 저장하는 역할을 한다. 스마트폰의 메인 쓰레드는 이미지영상을 캡처한다. 캡처된 이미지프레임은 큐에 저장이 되며 디코딩 쓰레드를 생성하여 큐에 저장이 되어있는 이미지 프레임들을 차례대로 처리한다. 이미지는 배열로 이루어져 있으며 영상처리 과정을 거치게 된다. 영상처리과정은 [그림 6-26]과 같다.

영상처리의 경우 안드로이드 SDK레벨에서 처리 할 시 처리시간이 오래 걸리는 단점이 있기 때문에 영상처리는 NDK레벨에서 처리가 되며 Opencv라이브러리를 이용하도록 한다. 이후 영상처리된 이미지 배열에서 디코딩 위치를 [그림 6-28]과 같이 지정하여 읽어 들이고, 0, 1, 00, 11일 때 밴드를 이루는 픽셀 수의 범위를 [그림 6-29]와 같이 지정하여 계산된 값이 지정한 범위에 있을 때 해당 문자를 스트링 변수에 추가 한다. 이후 스트링 변수에 추출된 데이터는 KMP 알고리즘을 사용하여 문자열의 헤더인 '01110'을 찾는다.

헤더가 있다면 나머지 18비트가 존재할 시 데이터 블록부분을 디코딩 하고 배열에 저장한다. 배열이 다 차면 디코딩한 값들의 최빈값을 찾아 어플리케이션 Textview에 출력한다.

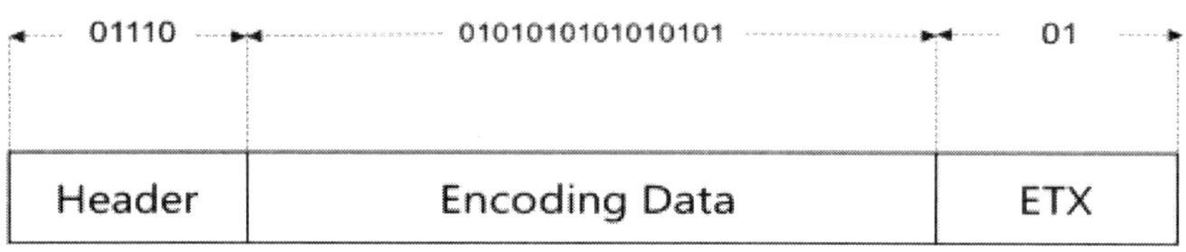

[그림 6-25] LED-to-SmartPhone 모니터링 시스템 패킷 구성도

[그림 6-25]는 LED-to-SmartPhon 모니터링 시스템의 패킷 구조를 나타낸다. 시리얼로 연결된 라즈베리파이 서버로부터 받은 8비트의 데이터를 맨체스터 인코딩 방식을 이용하여 16비트의 데이터로 인코딩한다.

그리고 헤더와 ETX를 붙여 23비트의 패킷으로 패킷화시킨다. 여기서 헤더는 스마트폰의 디코딩 과정에서 패킷의 인식을 확실히 할 수 있도록 '01110'으로 구성하였으며 헤더와 ETX는 인코딩 하지 않는다.

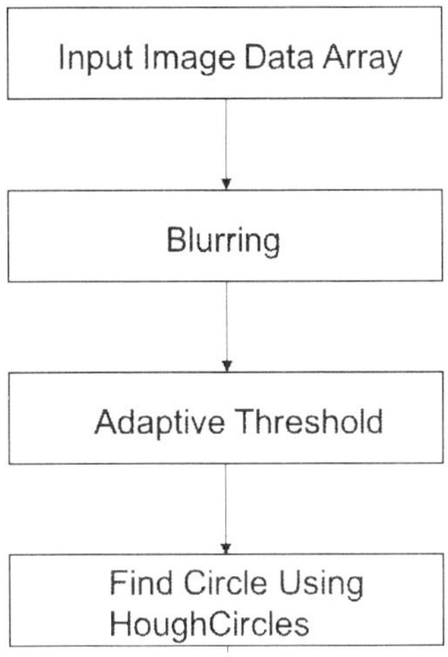

[그림 6-26] LED-to-SmartPhone 모니터링 시스템 어플리케이션 영상처리 과정

[그림 6-26]은 어플리케이션에서 사용한 영상처리 과정을 보여준다. 캡처된 이미지 프레임은 NDK 레벨에서 영상 처리가 된다. 먼저 원본 이미지는 Blurring 과정을 거치게 된다. Blurring과정은 원본의 오류율을 줄여주게 되며 kernel 1x1로 Blurring 한다. 이후에 이진화 과정을 거치게 되는데 Adaptive Thresold 메소드를 통해 이진화를 한다. Adaptive Threshold는 적응형 임계값으로 임계치를 정해준다. 그리고 HoughCircle메소드를 통하여 LED의 중심과 반지름을 구한다.

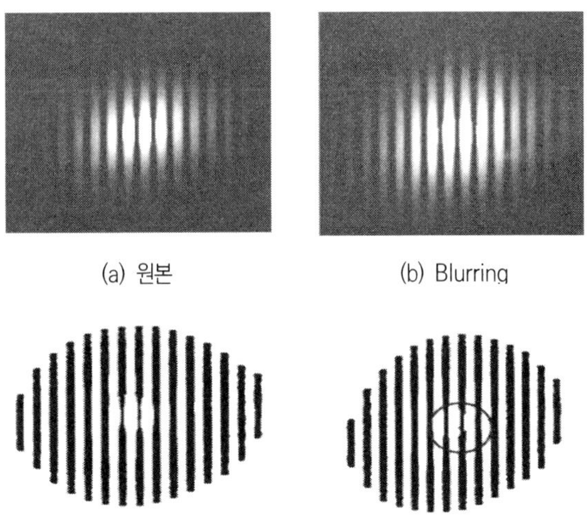

(a) 원본 (b) Blurring

(c) AdaptiveThreshold (d) HoughCircles

[그림 6-27] 영상처리 과정별 이미지

[그림 6-27]은 [그림 6-26]에서 설명한 각각의 영상처리 과정을 원본이미지에 단계별로 적용하여 실제 스마트폰 어플리케이션 화면을 캡처한 사진이다.

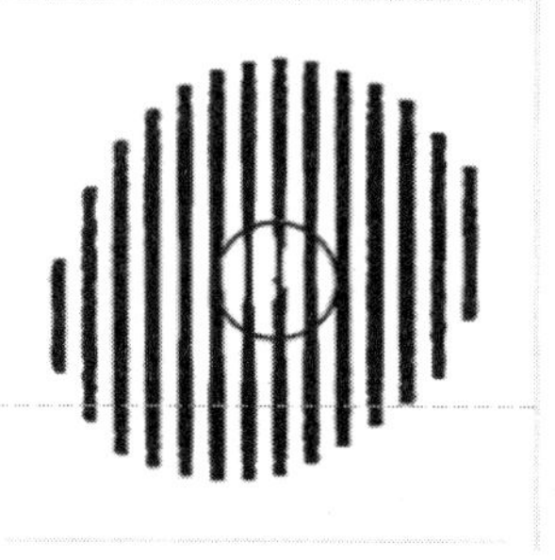

[그림 6-28] 디코딩 위치

[그림 6-28]은 디코딩 위치를 지정해준 모습을 보여준다. 기준은 HoughCircle 메소드를 통하여 얻은 반지름과 중심위치를 이용하여 지정해준다. 본 연구에서 이용한 기준선위치는 중심에서 반지름의 1.5배를 하여 지정하였다. [그림 6-28]의 주황색 점선이 이를 나타낸다. 그리고 지정된 기준선 위치에 있는 모든 검은색과 흰색 밴드의 픽셀 수를 계산한다.

[그림 6-29]는 실험을 통하여 0과 1의 개수 변화에 따른 밴드를 이루는 픽셀의 수를 나타낸다. [그림 6-29]에서 보여지는 바와 같이 0, 1, 00, 11을 이루는 픽셀의 개수의 범위는 각각 4~12, 4~12, 13~20, 13~20이다. 기준선 위치에 있는 밴드들을 이루는 각 픽셀의 수가 지정된 범위에 있을 때 문자열 변수에 해당 문자를 추가한다.

문자	범위
'0'	4 ≤ Banddark ≤ 12
'1'	4 ≤ Bandwhite ≤ 11
'00'	13 ≤ Banddark ≤ 20
'11'	13 ≤ Bandwhite ≤ 18

[그림 6-29] 0,1,00,11의 범위지정

3. 성능평가

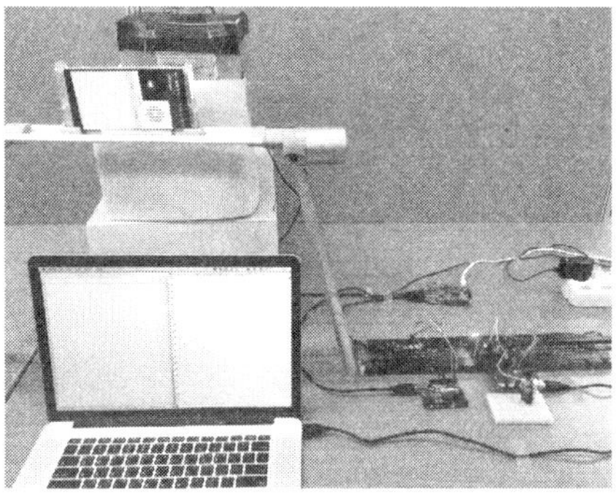

[그림 6-30] 전체 시스템 성능평가 환경

이 교재에서 제안한 시스템은 보통의 형광등이 비추는 실험실에서 성능평가를 하였다. [그림 6-30]은 전체 시스템 성능평가 환경을 보여준다. 본 연구에서 성능평가 진행은 LED-to-LED 데이터 수집 가능 여부를 확인하고 LED-to-SmartPhone 모니터링 시스템의 성능을 평가한다. 실험은 렌즈의 집광률에 따른 데이터 수신 거리를 측정하고, 본 연구에서 제안한 어플리케이션의 디코딩 성공률을 측정한다.

[그림 6-31]은 실제 온도값을 측정하여 MCU의 시리얼창과 라즈베리파이 서버의 터미널에 출력된 값을 캡쳐한 것이다. LED-to-LED 데이터 수집 송신 모듈에 시리얼로 온도센서를 연결하여 5초마다 온도값을 측청하여 데이터 수집 수신모듈에 전송한다. 수신모듈은 전달 받은 데이타를 시리얼로 연결된 라즈베리파이서버에 전송한다. 라즈베리파이의 운영체제는 라즈비언이며 출력값은 Python을 이용한 간단한 스크립트를 작성하여 실험하였다.

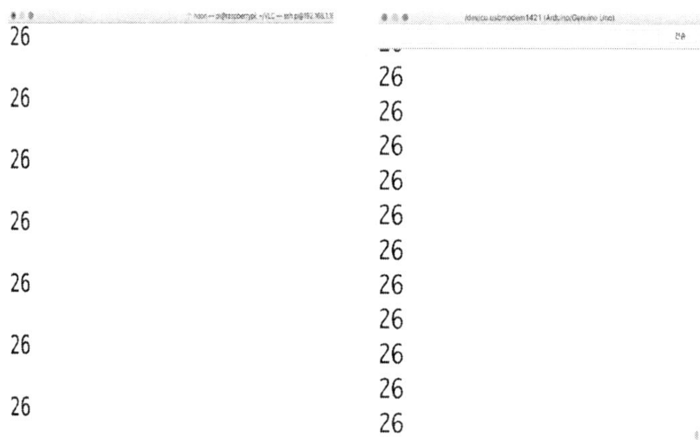

(a) 온도값 수신 (b) 온도값 송신

[그림 6-31] 라즈베리파이 및 MCU 터미널 출력창

〈표 6-4〉 안드로이드 구현환경

구 분	내용
디바이스	갤럭시 노트3
운영체제	안드로이드OS 5.0(롤리팝)
Frame Rate	maximum(24fps)
이미지 크기	640 * 480
Exposure Compensation	Minimum
AutoWhiteBalance	FALSE
Antibanding	ANTIBANDING_OFF
AutoExposure	FALSE
AutoFocus	FALSE

〈표 6-4〉는 LED-to-SmartPhone 모니터링 시스템의 성능평가에 사용되는 안드로이드 구현환경을 나타낸다. 시스템에서 사용한 디바이스는 삼성 갤럭시 노트 3를 이다. Frame Rate는 디바이스에서 지원하는 최대 프레임으로 설정하였고 이미지 프레임의 크기는 640×480으로 설정하였다. 스마트폰의 영상처리에 가장 핵심 요소는 빛의 노출로서 카메라 캡처 프레임의 명확한 밴드를 얻으려면 몇 가지 준비를 해야 한다. 밝기에 영향을 주는 안드로이드 API 파라미터로는 Exposure Compensation, AutoWhiteBalance, Antibanding, AutoExposure, AutoFocus 등이 있다. Exposure Compensation, AutoExposure은 카메라의 빛의 노출 정도를 조절하는 것으로 각각 최소값과 FALSE로 설정한다. 설정 값이 크다면 촬영한 이미지의 밴드가 형성이 안 되고 뭉쳐지는 것을 확인할 수 있었다. White Balance는 촬영하는 영상의 밝기를 직접적으로 조절하는 API로서 FALSE로 설정하였다. Antibanding, AutoFocus는 촬영된 이미지의 밴드에 영향을 주는 API로서 Antibanding은 화면에 줄무늬가 가지 않게 하는 API로서 Rolling Shutter 메커니즘에 영향을 주므로 ANTIBANDING_OFF로 설정하였고 AutoFocus는 FALSE로 설정하였다.

〈표 6-5〉 집광변화에 따른 전송 성공 여부

각도 \ 거리	6	7	8	9	10	11	12	13	14	15	16	17	18	19	20
4도	X	X	X	X	X	X	X	X	X	X	X	X	X	X	X
8도	O	O	O	O	O	O	O	O	O	△	X	X	X	X	X
10도	O	O	O	O	O	O	O	O	O	△	X	X	X	X	X
15도	O	O	O	O	O	O	O	O	O	O	O	X	X	X	X

각도 \ 거리	6	7	8	9	10	11	12	13	14	15	16	17	18	19	20
20도	O	O	O	O	O	O	O	O	O	O	O	O	O	△	△
30도	O	O	O	O	O	O	O	O	O	O	O	O	O	X	X
45도	O	O	O	O	O	O	O	O	O	X	X	X	X	X	X
60도	O	O	O	O	X	X	X	X	X	X	X	X	X	X	X

〈표 6-5〉는 LED-to-SmartPhone 모니터링 시스템 송신 모듈 집광각도의 변화에 따른 전송 성공여부를 나타낸다. 송신부 LED는 1W Power LED를 사용하였으며 Diffuzer Lens의 집광각도와 거리를 변화시켜, 스마트폰의 수신여부를 실험하였다. 송신부 데이터는 '26'을 반복적으로 보내어 스마트폰에서 디코딩 과정을 거쳐 어플리케이션 TextView에 26을 출력하는 방식으로 실험을 하였다. LED의 집광렌즈의 각도가 4도 일 땐 0, 1의 밴드가 만들어지지 않고 많이 일그러지는 것을 확인할 수 있었다. 집광각도가 8도 일 때부터 촬영된 이미지상의 밴드가 뚜렷히 나타났으며 20도 일 때는 최대 거리가 20cm까지 데이터 수신이 가능하였다. 이후 30도부터 점차적으로 거리가 멀어질수록 데이터 수신을 할 수 없었으며 30도에서 60도 사이 수신가능

거리가 급격히 감소함을 확인할 수 있었다. 결과적으로 집광각도가 20도일 때 수신가능거리가 가장 길었으며 스마트폰과 LED사이 거리가 멀어질수록 전송 성공률이 감소하는 것을 볼 수 있다.

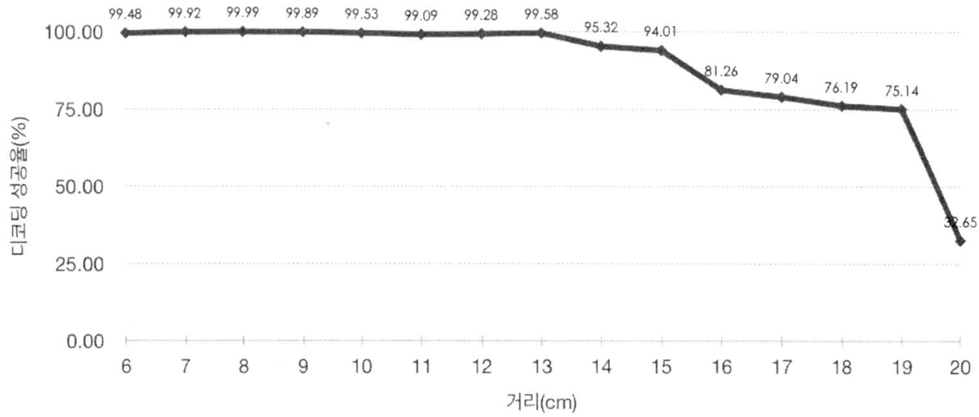

[그림 6-32] 거리에 따른 디코딩 성공률

[그림 6-32]는 본 연구에서 제안된 스마트폰을 이용한 가시광 통신기반 실내 IoT 모니터링 시스템의 거리에 따른 디코딩 성공률을 보여준다. 실험은 LED-to-LED 데이터 수집부 사이의 거리를 8cm로 고정하고 온도 센서값은 '26'도로 고정시켜 데이터를 전송한다. 스마트폰은 스마트폰과 LED사이 거리를 변화시키며 10000개의 데이터를 디코딩하여 정확히 디코딩이 안 된 경우 갯수를 카운트하여 측정하였다. [그림 6-32]는 디코딩 가능 최소 거리인 6cm부터 13cm까지 비교적 정확한 디코딩 성능을 보여준다. 하지만 14cm부터 디코딩 오류율이 높아진다. 이후 19cm에서 20cm사이 급격히 성공률이 감소하고 정확한 디코딩을 하지 않는 것을 확인할 수 있다.

4. 결 론

이 교재에서는 가시광 통신만을 사용하여 데이터를 모니터링할 수 있는 스마트폰을 이용한 실내 IoT 시스템을 제안 하였다. 먼저 LED-to-LED 양방향 가시광 통신 시스템을 이용하여 센서와 라즈베리파이를 부착하여 데이터 수집 시스템 모델을 제안 설계하였다.제안된 시스템에서의 최고의 성능을 가지는 집광각도를 찾고, 그에 따른 디코딩 성공률을 측정하기 위해 실험을 두 가지로 구성하였다. 스마트폰을 이용한 모니터링 시스템을 구성하여 집광각도 변화에 따른 전송 성공 여부를 실험을 하였고, 데이터 수집 시스템과 모니터링 시스템을 합친 전체 시스템 평가로는 거리 변화에 따른 제안된 스마트폰 소프트웨어의 디코딩 성공률을 실험 하였다. 성능 평가 결과에서 LED의 집광 각도가 20도 일 때 가장 먼 거리까지 데이터 전송이 가능하였고, 6cm부터 13cm까지 높은 디코딩 성공률을 보여준다. 14cm부터 낮아지는 디코딩 성공률은 제안된 스마트폰의 영상처리과정에서 수신 모듈의 중심과 반지름의 길이를 측정하는 부분에서 더욱 정밀한 측정방법을 고안한다면 13cm이후 거리에서도 높은 디코딩 성공률을 보여줄 것이라고 생각한다. 본 연구로 IoT 플랫폼에 가시광 통신 적용 가능성을 확인하였다. 앞으로의 계획은 구현된 시스템에 동기화 부분을 연구하여 실시간 모니터링 시스템으로 발전시키고 다양한 데이터를 동시 수집 가능하게 하며, 수집된 대량의 데이터를 가공 처리를 위한 빅데이터 분석 기능을 탑재시키도록 연구할 계획이다.

학습활동.6 교수 · 학습 방법

교수 방법

- 가시광 통신 시스템의 개발(3)에 대한 관련 용어, 구성, 방식 이해 정도를 파악한 후 수업을 진행한다.
- 교수자의 주도로 가시광 통신 시스템의 개발(3) 등의 내용을 PPT 자료로 제시한 후 설명한다.
- 가능하면 사전에 개인별 학습 자료를 준비하여 모든 학생이 참여할 수 있는 문제 해결식 수업, 협력 수업이 가능하도록 한다.
- 가시광 통신 시스템의 개발(3) 전 과정을 작업의 순서에 따라 단계적으로 실습이 이루어질 수 있도록 지도한다.
- 교재를 통해 수업을 준비하는데 있어서 필요한 모든 정보나 팁, 힌트 등 도움이 될 만한 내용들을 확인할 수 있다.
- 학생들이 만들게 될 각 모델들은 수업시간에 중점적으로 다뤄질 부분과 어휘, 질문, 답을 포함하고 있으며 또한 탐구할만한 추가적인 아이디어들도 포함하고 있다.

학습 방법

- 가시광 통신 시스템 개발(3)에 대한 관련 용어를 숙지하고, 가시광 통신 시스템의 개발(3)에 대해 이해한다.
- 가시광 통신 시스템 개발(3)의 각 단계별 중점 사항을 체계적으로 학습한다.
- 가시광 통신 시스템 개발(3)의 수행순서의 전 과정을 실습한다.
- 가시광 통신 시스템 개발(3)의 내용을 이해한다.
- 가시광 통신 시스템 개발(3)을 이해하고 숙달이 될 때까지 학습한다.

학습활동.6 평가 및 피드백

평가 준거

- 평가자는 피평가자가 수행 준거 및 평가 내용에 제시되어 있는 내용을 성공적으로 수행할 수 있는 지를 평가해야 한다.

학습내용	평가항목	성취수준		
		상	중	하
가시광 통신 시스템의 개발(3)	가시광 통신 시스템의 개발(3)을 이해할 수 있다.			

평가 방법

• 작업 포트폴리오

학습내용	평가항목	성취수준		
		상	중	하
가시광 통신 시스템의 개발(3)	가시광 통신 시스템의 개발(3)을 이해할 수 있다.			

• 필기시험

학습내용	평가항목	성취수준		
		상	중	하
가시광 통신 시스템의 개발(3)	가시광 통신 시스템의 개발(3)을 이해할 수 있다.			

• 체크리스트를 통한 관찰

학습내용	평가항목	성취수준		
		상	중	하
가시광 통신 시스템의 개발(3)	가시광 통신 시스템의 개발(3)을 이해할 수 있다.			

피드백

1. 작업 포트폴리오
   - 제출한 보고서를 평가한 후 주요 사항에 대하여 표시하여 돌려준다.
2. 필기시험
   - 평가 결과 성적이 저조한 학생은 보고서 제출 기회를 부여한다.
3. 체크리스트를 통한 관찰
   - 실습 과정에서 평가한 후 개선해야 할 사항 등을 정리하여 돌려둔다.

참 | 고 | 자 | 료

1. P. Dietz, W. Yerazunis, and D. Leigh, "Very Low-Cost Sensing and Communication Using Bidirectional LEDs," in TR2003-35, 2003.
2.]N. O. Tippenhauer, D. Giustiniano, and S. Mangold, "Toys communicating with LEDs : Enabling Toy Cars Interaction," Proc. of CCNC 2012, January 2012.
3. T.D.C. Little, Senior Member, IEEE, P. Dib, K. Shah, N. Barraford, and B. Gallagher, "Using LED Lighting for Ubiquitous Indoor Wireless Networking," Proc. of IEEE International Conference on Wireless & Mobile Computing, Networking & Communication 2008, October 2008.
4. Wang Rui, Duan Jing-yuan, Shi An-cun, Wang Yong-jie, Liu Yu-liang, "Indoor Optical Wireless Communication System Utilizing White LED Lights," Proc. of APCC 2009, October 2009.
5. Giustiniano, Domenico Tippenhauer, Nils Ole Mangold, Stefan, "Low-complexity Visible Light Networking with LED-to-LED communication," IFIP Wireless Days 2012.
6. Schmid, S., Disney Res., Zurich, Switzerland, Corbellini, G., Mangold, S., Gross, T.R. "An LED-to-LED Visible Light Communication system with software-based synchronization," Globecom Workshops (GC Wkshps 2012), 2012.
7. Seung Wan Jo, Le The Dung, and Beongku An, "LED Communication based Multi-hop Audio Data Transmission Network System," The Journal of IEEK, vol. 50, no.6, pp. 1496-1503, June 2013.
8. Seung Wan Jo, Le-The Dung, Beongku An, "LED Communication-based Multi-hop Wireless Transmission Network System," Journal of IWIT, vol.12, no.4, pp.37-42, August 2012.
9. Kyusung Shim, Le The Dung, Beongku An, "LED Communication-based PC-PC Transmission System," Journal of IWIT, vol. 12, no.4, pp. 181-187, February 2012.
10. Seung Wan Jo, Hoon Oh, Kyusung Shim, Kyuhyun Shim, Jongmyung Lee, and Beongku An, "Development of Mobile Cloud Computing Client UI/UX based on Open Source SPICE," Journal of The Institute of Electronics and Information Engineers, Vol.53, No.8, 1234-1240, August 2016.
11. Ki-Hwan Kim, Dae-Cheol Kim, Yong-Tae Shin, "The Study for Trends of Internet of Things and Next-generations' Security Technologies," Korean Society For Internet Information, Vol16, No.2, 69-70, October 2015.
12. Chao Wang, Minglun Zhang, Hetian Zhu, Xujing Guo, Xiangwen Zhai and Xiaonan Bai, "Visible light communication application scenarios based on android smart devices' led lamp," Proc. of ICOCN 2015, Nanjing, July 2015.

13. S. Singh, G. Kakamanshadi and S. Gupta, "Visible Light Communication-an emerging wireless communication technology," Proc. of RAECS 2015, Chandigarh, December 2015.
14. Seung Wan Jo, Hoon Oh and Yeon Jae Lee, "LED-to-LED Two Way Visible Light Communication System," Journal of The Institute of Electronics and Information Engineers, Vol.53, NO.1, 79-85, January 2016.
15. J. A. Baloch, S. Ahmed, S. Shigrii and J. R. Bhatti, "MUETSenses : A wireless sensor network based indoor environment monitoring system," Proc. of ISAP 2015, Hobart, November 2015.
16. Jeong-Won Kim, "A Smart Home Prototype Implementation Using Raspberry Pi," The KoreaInstitute of Electronic Communication Sciences, Vol.10, No.10, 1139-1144, October 2015.
17. Michail Vasilakis, "DynaLight : A Dynamic Visible Light Communication Link for Smartphones," Delft University of Technology, December 2015.
18. Christos Danakis, "Using a CMOS Camera Sensor for Visible Light Communication," IEEE Workshop on Optical Wireless Communications , 1244-1248, December 2012.
19. Keith B. Hunter, James M. Conrad and Andrew R. Willis, "Visible Light Communication Using a Digital Camera and an LED Flashlight," IEEE SOUTHEASTCON 2014, Lexington, 1-5, March 2014.
20. Kil-Sung Park, "Development of tranceiver using Flashlight and camera in VLWC," Advanced Science and Technology Letters, Vol.77, 23-32, December 2014.

학습 1	가시광선 무선통신의 개요
학습 2	가시광과 LED의 원리 및 응용
학습 3	가시광 통신 시스템의 구성
학습 4	가시광 통신 시스템의 개발(1)
학습 5	가시광 통신 시스템의 개발(2)
학습 6	가시광 통신 시스템의 개발(3)
학습 7	**차세대 가시광 통신 융합기술, 라이파이 기술**
학습 8	가시광 통신 국내외 표준화 동향
학습 9	가시광 통신 산업 시장 동향
학습 10	가시광 통신 특허 동향
학습 11	가시광 통신 응용과 활용

학습 목표 7-1 가시광 통신 융합기술, 라이파이(LI-Fi) 기술에 대하여 이해를 할 수 있다.

7-1 라이파이 기술의 개요

라이파이 기술은 일본 게이오 대학의 나카무라 교수가 처음 제시하였고 2011년 영국의 에딘버러 대학교의 해럴드 하스(Harald Haas)교수는 이를 LiFi(Light Fidelity, 라이파이)하는 용어로 명명하여 새로운 근거리 통신기술이라는 의미를 갖는다.

라이파이(Li-Fi)란 Wi-Fi와 유사한 양방향, 고속 및 완전 네트워크 무선 통신 기술로써 발광 다이오드 따위의 적외선에서 근자외선까지 스펙트럼의 빛을 이용한 5세대 가시광 융합통신 기술이다. 광 무선통신 기술의 일부인 무선주파수 스펙트럼 대신 발광 다이오드의 자외선통신 또는 적외선, 근자외선을 사용하며 RF 대역폭의 한계에 대한 해결방법으로 제안되었다.

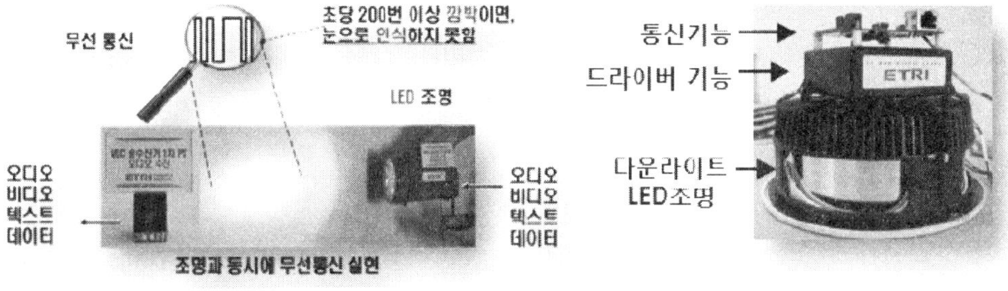

[그림 7-1] 가시광 융합통신 라이파이 기술 개념

[그림 7-1]처럼 가시광 융합 통신 기술은 LED반도체 빛에 무선통신 PHY 모듈레이션을 인가하여 어둠을 밝히는 조명기능뿐만 아니라 가시광 무선 통신이 가능한 것을 기반으로 하는 기술이다.

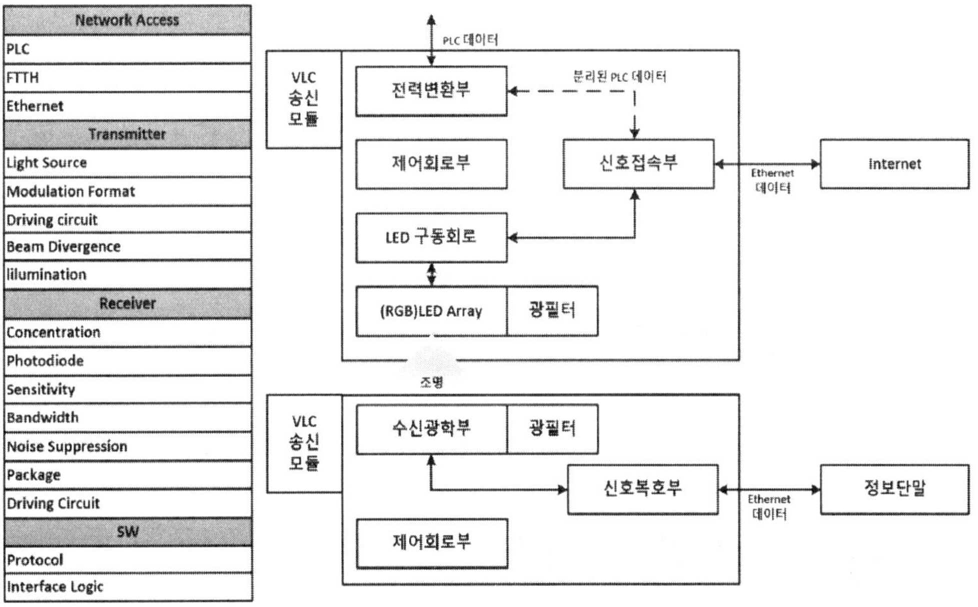

[그림 7-2] 가시광 통신시스템의 구조

자료 : 한국 광기술원, 한국 인터넷 진흥원 자료 참조

Li-Fi 기술은 발광다이오드(Light Emitting Diode : LED) 조명을 이용한 차세대 통신기술로서 백열전구와 형광등 같은 조명이 디지털 반도체 LED 조명으로 교체되면서 LED 조명장치에서 발생하는 빛(가시광)을 이용하여 데이터를 무선으로 송수신하는 가시광 통신(VLC : Visible Light Communication) 기술로서 전송매체가 전파가

아닌 가시광선을 이용하여 초고속으로 정보를 전송할 수 있는 차세대 무선 네트워크이다. [그림 7-2]는 Li-Fi 무선통신 시스템의 개념 및 구조를 보인 것이다.

송신기 역할을 하는 LED 천장 유닛으로부터 빛의 깜빡임을 통해 정보 교환이 이루어지는데, 백만 분의 1초 간격으로 깜빡이기 때문에 인간의 눈에는 인지되지 않는다.

LED전등은 초당 200번 이상 깜빡 거리므로 불이 들어오면 1, 들어오지 않는다면 0으로 해석하고 반대로 0과 1로 이루어진 디지털 신호를 LED의 깜빡거림으로 전환할 수 있다.

즉, 무선 네트워크 서버나 라우터 등에서 빛으로 신호를 입력하면, LED램프가 깜박거리며 빛을 전송한다. 그리고 그 깜빡인 빛을 다시 광검출기가 받아 디지털기기를 작동시키는 신호로 사용하게 된다는 것이다. 이것이 바로 라이파이의 원리다.

수신기가 어느 송신기로부터 정보를 받아야 하는지를 인지할 수 있으므로 혼선은 발생하지 않는다. 장소를 이동할 경우, 수신기가 원래의 송신기와 연결을 끊고 좀 더 가까운 송신기에 연결한다. 즉, 연속적이고 끊김 없는 데이터 전송이 가능한 것이다.

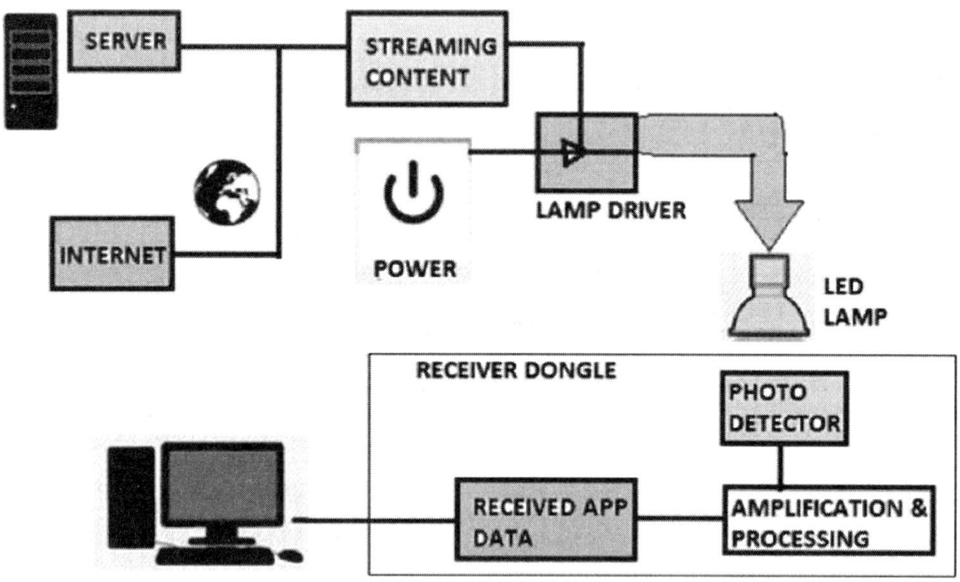

[그림 7-3] 무선통신기술 라이파이의 개념도

[그림 7-3]처럼 라이파이의 구성은 송신기와 수신기이 송신기는 스트리밍 콘텐츠, 램프 드라이버, LED램프로 구성되어 있고 Streaming Content는 인터넷을 통하여 Contents Server에서 LED에 전송하는 콘텐츠, Lamp Driver를 통하여, 빛으로 전

환된다. Lamp Driver는 Contents를 LED의 깜빡임으로 전환시켜주는 장치(핵심모듈)이고 LED Lamp는 Lamp Driver로 변환된 LED 신호(깜빡임)를 실행하는 LED 조명이다.

수신기는 Detector와 유저 디바이스로 구성되어 있고 Detector는 Led Lamp의 깜빡임을 수신 및 해석하여 장비에 전송하고 User Device는 Detector가 해석한 Digit 신호를 실행하는 장비이다.

7-2 라이파이 기술의 특징

Li-Fi는 빛을 사용하지만 항상 밝아야 할 필요는 없다. 한밤중이나 어두운 장소에서 Li-Fi가 필요할 경우에는 조명의 밝기를 인간이 보지 못할 밝기 정도로 낮출 수 있다. 공유기를 계속 켜 두어야 하는 Wi-Fi와는 달리, Li-Fi는 전구가 거의 꺼진 상태로 보이더라도 인터넷은 가능하다는 점에서 전력 소모도 대폭 줄일 수 있다.

수신기와 송신기 사이에 장애물이 있을 경우에도, 속도는 떨어지지만 벽으로부터의 반사광을 이용해 정보교환이 가능하다.

학습 7

[그림 7-3] 라이파이의 전송속도

라이파 기술의 장점은 무엇보다 빠른 속도를 들 수 있다. 그림 7-3처럼 이론상 속도는 현재 가정에 보급되는 기존 인터넷 WiFi보다는 100배 이상 빠르고, 최신 LTE기술인 LTE-A보다는 66배 이상 빠른 기술이다. 또한, 전자파 노출도 감소한다. 인터넷 연결과 조명을 동시에 사용하기 때문에 장치가 하나 줄어드는 이점이 있다. 라이파이를 사용하면 고화질의 영화도 단 몇 초 안에 내려 받기나 올리기를 할 수 있다. 아직 초기 단계이지만 가장 빠른 무선 랜보다도 빠른 속도를 내는 것으로 알려져 있다.

이에 따라 에너지 효율도 증가하며, 포화 상태인 2.4 GHz Wi-Fi 대역과 겹치지 않아 주파수 혼선도 감소시킬 수 있다. 또, 전파가 전달되는 범위 안에 있고, 비밀번호만 알아내면 누구나 접속 가능한 Wi-Fi와는 달리, Li-Fi는 제한된 공간에 설치할 수 있는 것이 장점이다.

기존의 와이파이는 호텔이나 공항 등 사람이 많이 모인 곳에서는 속도가 느려진다. 이런 곳이라면 라이파이가 훨씬 더 빠르기 때문에 사용하기 편리하다. 뿐만 아니라 바다 속처럼 무선통신이 곤란한 곳에서도 LED 광원 케이블을 가지고 들어가면 통신이 가능해진다.

현재 병원이나 비행기 등 특수한 장소에서는 무선 통신을 원천적으로 차단한다. 가시광선의 이는 주파수의 혼선 때문인데, Li-Fi는 혼선 자체가 발생하지 않기 때문에 장소에 상관없이 이론상으로는 다른 장비에 영향 없이 인터넷 연결이 가능하다는 장점도 있다.

〈표 7-1〉 와이파이와 라이파이의 비교

구분	라이파이	와이파이
주파수 대역	385~780 THz	0.3GHz ~30GHz
속 도	〉1Gbps (기존 와이파이 보다 100배 이상 빠름)	150Mbps
특 징	– 와이파이보가 광역 주파수 대역이므로 데이터 밀도가 높고 이용자수에 따른 속도저하가 거의 없다. – 전자회로와 간섭이 없어 전파간섭이 우려되는 특수 환경에서 사용가능하다. – LED가 상시 켜져 있어야 하고 빛의 전달되는 방향에 장애물이 있으면 통신이 안 된다. – 가시 공간 네에서만 통신이 가능하고 빛을 차단만하면 통신이 단절되므로 보안성이 높다. – LED 등이 있을 경우, 별도 네트워크와 통신장비를 설치할 필요가 없어 경제적이다.	– 이용자가 많으면 속도가 느려진다. – 전자회로와 간섭이 발생하여 항공기 등에서 사용하지 못함 – 유효거리 내에 장애물을 일부 통과할 수 있다. – 네트워크 침범 및 해킹의 위험이 있어 보안성이 약하다. – 별도 네트워크와 장비를 설치해야한다.

주파수 영역은 380~750테라헤르츠(THz)로서, 무선통신 전체 주파수보다도 무려 1만 배 이상 넓다. 따라서 비행기 등에서 주파수 혼선 우려로 사용하지 못했던 기존의 통신망과는 달리 라이파이는 주파수 혼선 걱정 없어 비행기 안에서도 인터넷 이용이 자유로워진다.

Li-Fi는 항공기 객실, 병원, 원자력 발전소와 같이 전자기에 민감한 지역에서 전자기 간섭을 일으키지 않는다는 점에서 유용하다. Wi-Fi와 Li-Fi는 둘 다 전자기 스펙트럼을 통해 데이터를 전송하지만 Wi-Fi는 전파를 사용하고 Li-Fi는 가시광선을 사용한다는 차이가 있다

보안에도 기존의 무선 통신망들보다 훨씬 더 강하다. 와이파이는 마음만 먹으면 눈에 보이지 않는 곳에 숨어서 도 · 감청을 할 수 있지만, 라이파이는 눈에 보이는 곳까지만 통신이 가능하기 때문에 보안관리가 훨씬 수월해진다.

미 연방통신위원회 (Federal Communications Commission)는 Wi-Fi가 최대 용량에 근접해 있기 때문에 잠재적인 주파수 위기를 가지고 있다고 경고했지만, Li-Fi는 용량에 거의 제한이 없다.

가시광선의 스펙트럼은 전체 무선 주파수 스펙트럼보다 10,000배나 더 크다. 전형적인 고속 광대역보다 훨씬 빠른 10Gbit/s 이상의 데이터 속도에 도달했다. Li-Fi는 Wi-Fi보다 10배 더 저렴할 것으로 예상된다. 또한 라이파이는 단거리 제한, 낮은 신뢰성과 높은 설치비용, 빛을 가리는 벽을 통과하지 못한다는 점인데 심지어는 손바닥으로 수신기만 가려도 통신이 되는 않는다는 점, LED 전구를 켜봐야 통신사용이 가능하다는 점, 가시광선을 덮는 야외에서는 활용할 수 없다는 점 등이 잠재적 단점이다.

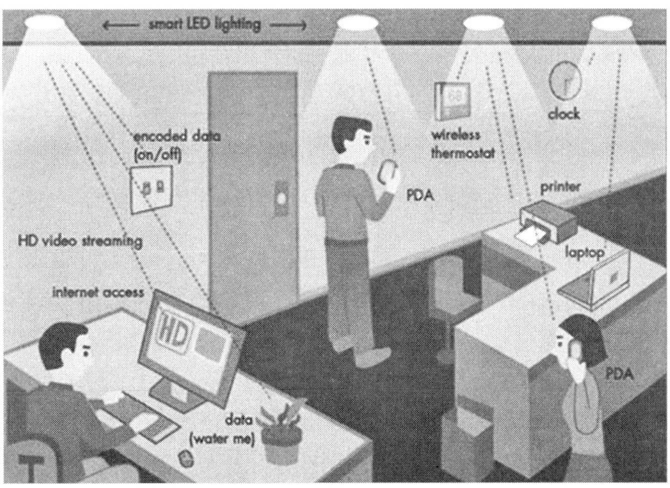

[그림 7-4] 라이파이에 따른 환경변화

7-3 라이파이의 기술

Li-Fi 기술은 OFDM 변조 및 다중화 방식을 통해 대량의 정보를 빠르게 전송하는데, OFDM 방식은 다중 반송파(multile carrier frequencies)를 이용하여 디지털 데이터를 인코딩(encoding)하는 방식으로 송신신호를 다수의 직교(orthogonal) 협대혁 반송파로 다중화 시키는 변조방식이다. 따라서 OFDM 방식은 고속의 전송률을 갖는 데이터 스트림을 낮은 전송률을 갖는 다수의 데이터 스트림으로 분할하고, 다수의 부반송파를 이용하여 동시에 전송하고, 수신측에서는 이를 다시 단일 신호로 통합하여 변조/다중화하는 방식으로서 유무선을 불문하고 광대역 디지털 통신을 위한 변조/다중화 방식으로 발전해 왔으며, 디지털 방송, DSL(Digital Subscriber Line : 디지털 가입자 회선)을 이용한 인터넷 접속, WLAN, 4G 이동통신 등 다양한 분야에서 응용되고 있다.

OFDM 변조/다중화 방식은 데이터 스트림을 여러 개의 부채널(sub-channel)로 동시에 병렬로 전송하는 다중 반송파 전송방식의 특별한 형태라고 할 수 있다. 따라서 OFDM 방식은 1개 채널의 고속의 원천 데이터 스트림을 다중의 채널로 동시에 전송한다는 측면에서는 '다중화 기술'이며, 다중의 반송파에 분할하여 실어 전송한다는 측면에서는 일종의 '변조기술'이라 할 수 있다. 각각의 부반송파는 QAM(Quadrature Amplitude Modulation : 직교진폭변조) 또는 PSK(Phase Shift Keying : 위상편이변조)와 같은 변조체계를 이용하여 낮은 심볼률에서도 변조 및 다중화가 이루어지며, 같은 대역폭을 갖는 전통적인 단일 반송파(single-carrier) 변조체계와 유사한 데이터 전송속도를 유지할 수 있다. 그리고 VLF~EHF 대역(30KHz~300GHz)에 포진되어 있는 가시광을 이용한 Li-Fi 기술은 송, 수신부를 전력선 통신과 결합하여 통신 네트워크를 구성할 수도 있으므로 언제 어디서든 유비쿼터스 통신환경을 구현할 수 있는 장점이 있다. 따라서 모든 새로운 LED조명 시설들도 네트워크 백본(backbone)으로 구축하여, 단일 실내공간에 있는 모든 디바이스들과 사물인터넷 통신환경을 구축할 수 있다. 이에 지능형 교통시스템이나 P2P초고속 정보통신과 각종 콘텐츠 전달 등 일상생활에 많은 변화를 가져다 줄 것이다.

Li-Fi 요소기술로서 주요한 가시광 통신 기술은 VLC-PHY 기술, VLC-MAC 기술, 가시광 응용 프로토콜 서비스로 구분할 수 있다.

1. VLC-PHY(VLC-Physical Layer)

가시광 통신을 위한 송수신 신호의 변조(modulation)및 복조(demodulation)에 관한 기술로서 핵심기술은 송신 PHY, 수신 PHY, LED조명 인터페이스, 광 식별번호(ID) 등이 있다.

가시광 무선통신에서 송신 물리적 접속 및 신호 규격을 위한 송신 PHY, 가시광 무선통신 수신 물리적 접속 및 신호규격을 위한 수신 PHY, 가시광 무선통신과 LED 조명 간의 인터페이스, LED 조명 인터페이스 등 표준규격을 정의하고 있다.

가시광 무선통신 라이파이 기가급 PHY 변복조 모듈레이션 기술은 가시광 무선통신 라이파이 광전환 FEM(Front End Module) 기술, 가시광 무선통신 라이파이 Gbps PHY 변복조 기술, LED 조명 융합 인터페이스 기술, 가시광 무선통신 수신 단말 기술이다.

2. VLC-MAC(VLC-Media Access Control)

가시광 통신의 2계층(layer 2) 프로토콜 기술로서 데이터 계층의 데이터 무결성 보장을 하기 위한 것으로 P2P(Peer-to-Peer) 통신에 사용할 MAC와 LAN 통신에 사용할 infrastructure MAC으로 구분하여 표준화되어 있다. 가시광 무선통신에서 VLC-PHY와 VLC-MAC의 연관성을 보면, WLAN과 IP/TCP/UDP 프로토콜을 적용하여 두 계층간의 자동차 안전 프로토콜, 조명식별번호, 위치기반 추적서비스 및 M-to-M 프로토콜 등을 제어하고 있음을 알 수 있다.

학습 7

3. VLC 응용 프로토콜 서비스

가시광 통신에서 제공할 수 있는 자동차 안전, 초정밀측위, M-to-M 무선통신 초고속 센서 등의 응용 서비스를 적용하기 위한 프로토콜을 정의하고 있으며, 자동차 안전, 측위, M-to-M, 초고속 센서 등에 따라 정보의 흐름을 표준화한다. 자동차 안전 응용 서비스는 교통신호등에서 교통정보 제공, 차량간 충돌방지를 위한 지능통신, 자동차 간 정보통신, 신호등과 자동차 간 정보통신 및 가로등과 지역 정보제공 서비스 등을 들 수 있으며, 측위응용 서비스로는 LED 조명을 이용한 위치기반 추적/측위 서비스, 실내 로봇을 이용한 위치정보 서비스 등을 제공하고 있다. 그리고 M-to-M 응용서비스는 데이터 단말기간의 M-to-M 통신, P2P, 홈 네트워크 무선통신 서비스 등이 있으며, 초고속 센서 응용서비스로는 LED 조명 또는 디스플레이 인프라를 활용하는 초고속 센서를 사용하여 거대 쇼핑몰 상점 정보, 공항 또는 역내 출발도착 정보 서비스 등을 제공하는 데 응용할 수 있다.

4. 가시광 융합 생활 통신 기술

가시광 융합 생활 통신 기술은 통신 소프트웨어 플랫폼 기술, 통신 네트워킹 프로토콜 기술, 시각장애인 보행 확대 생활 공간 복지 통신 기술, 비상 출구 정보 안내 및 자동차 충돌 방지 등의 안전 생활 통신 기술, 공연장 · 극장 · 전시장 등에서 정보를 받을 수 있는 문화 생활 통신 기술, 실내 공간에서 위치 정보와 생활 정보를 동시에 받을 수 있는 편의 생활 통신 기술 등의 기술이다.

〈표 7-2〉 라이파이 기술개발

구분	기능	제품	기업
통신 중심 기술	고속 Gbps 기술	LED 조명, LD레이저	영국 옥스퍼드, 에덴버러, 중국 푸단, 독일 HHI, 지멘스
	장거리 통신 기술	카메라 수신기	일본 게이오대학, 캐시오, 미국 인텔
조명 중심 기술	디밍 통신 기술	디밍 조명	한국 한국전자통신연구원, 유양디앤유(주)
	프리커 프리 기술	조명	한국 한국전자통신연구원, 유양디앤유(주)
서비스 중심 기술	조명 위치 서비스	조명, 수신기, SW, 스마트폰 동글	한국 한국전자통신연구원, 유양디앤유(주), 포스코엘이디(주), 현대통신(주), 네덜란드 필립스, 일본 파나소닉, 미국 GE
	조명 영상 서비스	조명, 수신기, 네트워킹, SW	한국 한국전자통신연구원
	자동차 조명 서비스	자동차 조명, 수신기	한국 한국전자통신연구원, 유양디앤유(주), 영남대학교, 이노렉스테크놀러지(주), CTL(주)

7-4 라이파이 기술의 표준

Wi-Fi와 마찬가지로 Li-Fi는 무선이며 유사한 802.11 프로토콜을 사용한다. 그러나 Li-Fi는 훨씬 넓은 대역폭을 가진 가시광선통신을 이용한다. VLC의 한 부분은 IEEE 802 작업 그룹에 의해 설정된 통신 프로토콜을 이용한다. 그러나 IEEE 802.15.7 표준은 시대에 뒤떨어져 광 무선통신 분야의 최신 기술 발전을 고려하지 못하고 있다. 직교주파수분할다중방식(O-OFDM)의 도입은 광 무선통신의 표준화를 위한 새로운 체제가 필요하다는 것을 의미한다.

그럼에도 불구하고 IEEE 802.15.7 표준은 PHY (physical layer) 및 MAC (media access control) 층을 정의한다. 이 표준은 오디오, 비디오, 멀티미디어 서비스를 전송하기에 충분한 데이터 전송률을 제공할 수 있다.

이 표준은 속도가 다른 3 개의 PHY 레이어를 정의한다.

- PHY I은 옥외 용도이고 11.67kbit/s에서 267.6kbit/s까지 작동한다.
- PHY II 레이어는 1.25Mbit/s에서 96Mbit/s에 이르는 데이터 전송률을 허용한다.
- PHY III는 색 편이 변조(CSK)라 불리는 특정 변조 방식을 사용한다. PHY III는 12 Mbit/s에서 96 Mbit/s로 전송할 수 있다.

Li-Fi 기술은 차세대 근거리 무선통신 기술을 점차적으로 대체해갈 수 있을 것으로 전망되면서 세계 각국은 관련 글로벌 시장 선점을 위해 ICT 산/학/연을 중심으로 표준화 작업에 주력하고 있으며, 주요국의 Li-Fi기술 표준화 동향을 간단히 요약하면 다음과 같다.

1. 미국의 Li-Fi 기술 표준화 동향

고속부터 저속 Li-Fi 기술에 이르기까지 막대한 예산을 투자하고 있으며, 퀄컴, 애플, 크리의 특허기술이 최근 공개되면서 더욱 가속화되고 있다. 캘리포니아 샌디에고 대학은 메타물지을 이용하여 수중에서 작동 가능한 Li-Fi 기술을 개발하여 전송속도를 최고 76배 증대시킬 수 있는 연구를 진행하고 있는데, 이 연구는 실제 상용화를 목표로 계속된 속도 개선을 이루고 있으며, 향후 10Gbps 정도로 속도를 개선시킬 수 있는 기술이 개발된다면 Li-Fi 기술이 근거리 무선통신의 대중화를 이끌 수 있는 신기술로 자리매김하게 될 것으로 전망하고 있다. 또한 미국은 정부 차원에서 차량 간 Li-Fi 무선통신 모듈 장착을 유도하는 정책을 시행하고 있다.

2. 일본의 Li-Fi 기술 표준화동향

도시바 및 파나소닉 등 LED 원천 기술 보유 기업을 중심으로 제조기업들이 활발한 연구를 진행하고 있으며, 원거리 저속 기술개발에 중심을 두고 총무성의 지원 하에 2003년부터 컨소시엄을 구성하여, 광-ID 서비스, 가시광 통신을 지능형 교통시스템, 전력선 통신과 융합하는 방안 등을 추진하고 있으며, TAMURA, SEISAKUSHO, PANASONIC, TOSHIBA, TAIYO YUDEN 등의 기업을 중심으로 핵심기술의 국제 표준화에 주력하고 있다.

3. 유럽의 Li-Fi 기술 표준화동향

유럽은 2008년 EU 경쟁력 혁신정책 지원사업의 일환으로 Li-Fi 기술을 국가표준화 대상 기술로 추진하고 있는데, LED 조명업체 중 유일하게 필립스의 'Light control system'에 관한 특허가 최근 공개되면서 더욱 가속화되고 있다. 특히 전력선통신, 전자파 무선통신, 적외선통신, 가시광 통신을 포함하여 배선을 새로이 하지 않고 1Gbps 전송속도를 제공하는 홈네트워크 국제 표준화에 주력하고 있으며, 프랑스는 Li-Fi 응용제품 및 솔루션 연구를 활발하게 진행하면서 상용화면에서 가장 빠른 행보를 보이고 있다. 조명업체인 토른사는 2015년에 20여 개의 Li-Fi 기반 LED 조명을 출시하고 테스트베드를 구축한 바 있고, 프랑스 전력공사의 자회사인 EDF 옵티멀솔루션스는 토른과 함께 프랑스 남부 도시에 Li-Fi 네트워크를 체험할 수 있는 2개의 시범용 시설을 설치한 바 있으며, 또한 국철기업인 SNCF는 파리 몽파르나스 기차역사에서 승객안내와 정보 제공용 Li-Fi 서비스를 시험운용 하고 있다. 독일의 지멘스는 고속통신 Li-Fi 기술에 많은 관심을 쏟고 있으며, 영국 옥스퍼드대학은 병렬통신 Li-Fi 네트워크의 글로발 기술개발을 추진하고 있다.

4. 아시아의 Li-Fi 기술 표준화동향

중국의 화웨이 테크놀로지와 대만의 산업기술연구소에서는 가시광 통신 기술의 특허가 공개되면서 중화권에서 관련 기술개발에 관심을 나타내며 Li-Fi 기술 표준화작업이 점차 가속되고 있다. 특히 우리나라는 2000년 중반부터 한국전자통신연구원과 삼성전자 등이 Li-Fi 핵심기술을 개발해왔으며, 선도국인 일본을 제치고 국제표준에 채택된 바 있으며, 이에 차세대 근거리 무선통신 기술로 Li-Fi 기술에 대한 관심이 높아지면서, 이에 각 국가별로 관련 국제 표준화 개념을 정립하고, 표준화 대상 항목을 설정하여 국제표준화에 주력하고 있다.

LED 조명기술을 이용한 가시광 통신이 적극적으로 추진되고 있는 가운데 자동차의 실내외 조명, 대형 전광판, 간판조명, 교통신호등과 같은 다양한 조명시장에도 LED의 비중은 급격히 늘고 있는 추세로 이에 따라 관련 표준화작업도 빠르게 진행되고 있다. 무한한 시장성장 잠재력을 가진 가시광 무선통신은 LED 조명의 빛에 의해 정보를 전달해야 하는 기술이다. 따라서 주변의 광 신호 간섭에 의한 통신장애, LED표준 부재에 따른 통신기능의 저하, 조명 인프라에 결부한 사회적 개발체계 부족 등 많은 장벽이 있으며, 이를 극복하기 위해서는 LED 조명기술과 첨단 정보통신 기술을 융합하여 특징과 장점들을 보완하여 표준기술을 정착시켜 국제경쟁력을 확보할 필요가 증대되면서, 국내에서는 산업통상자원부 주관으로 2020년까지 국내 조명의 60%를 LED 조명으로 대체한다는 목표로 'LED 조명 2060 프로젝트'가 추진되고 있으며, 이와 더불어 이를 활용한 가시광 무선통신 표준화 전망도 2013년부터 국내기술력으로 추진되고 있는 가시광 무선통신 기술의 표준화 로드맵이 계획대로 진행되기 위해서는 한국의 주도하에 국제표준으로 채택된 IEEE 802.15.7 표준을 산업간 융합을 고려하여 보다 더 개선 시켜 새로운 버전의 표준을 개발할 필요가 있다.

7-5 기술 실현의 장애요인

1. 가시광 무선통신 융합 소프트웨어 부재

디지털 LED 조명 빛을 이용한 가시광 저속 무선통신 PHY 및 VLC-LED 모듈 개발을 성공하였으나, 가시광 무선통신 서비스를 실현할 수 있는 융합 소프트웨어 및 VLC 인터페이스 응용 소프트웨어 부재로 가시광 무선통신 산업이 발전하지 못하고 있다.

가시광 무선통신 실험 시제품에 의한 시연은 많이 있었으나, 산업화 제품과 서비스로 정착하기 위하여 관련 소프트웨어 정부 정책적 지원이 필요하다.

학습 7

2. 가시광 무선통신 산업 제품 생태계 미비

가시광 무선통신 기술은 조명 산업과 통신 산업 융합으로 신산업 제품 생태계가 구성되어 있지 못한 상태에 있다. 기술 분류에서도 통신과 조명 어디에도 속하지 않는 상태이다.

가시광 무선통신 신산업이 형성되기 위하여 조명 기업, 통신 기업, 단말기업, 인프라 기업, 정부 정책, 소비자 이해도, 서비스 산업 등 생태계가 형성되어야 하나, 관망하는 상태로 생태계 형성에 어려움이 있다.

3. 기술적 애로사항

대한민국 중심으로 IEEE 802.15.7, PLASA E1.45 등 국제표준을 선도하여 세계 1등 신산업으로 등장하여 지속적으로 연구개발을 추진하여야 하나, 정부 연구개발 지원 중단으로 추가개발의 애로사항이 있다. 중국은 3,000억원 투자, 영국, 프랑스, 네덜란드, 미국 등은 2014년 연구개발에 많은 투자가 진행되어 대한민국이 선도한 기술을 외국에 넘겨야 하는 위기에 있다.

- 저속 및 중저속의 가시광 무선통신 시제품은 존재하나 초고속 가시광 무선통신 라이파이 기술에 대한 이론적 가능성만 확인된 상태이며 연구개발 시제품은 존재하지 않다.
- 3,000GHz 이하 RF 통신만 제공하는 무선통신 제품과 조명만 제공하는 제품은 판매되고 있으나, 380~780nm 파장대의 눈에 보이는 가시광 조명 기능과 초고속 무선통신 기능을 동시에 제공하는 기술은 어려움이 존재한다.
- 초고속 가시광 무선통신 라이파이용 통신 모듈레이션, 통신연동, 광원 부품, 수광 부품, 측정 장비, 표준 등의 부재로 인한 장애요인을 극복하기 위하여 많은 인력과 시간이 소요되는 연구, 개발, 시제품 개발, 무수한 시험 등이 요구된다.
- 초고속 가시광 무선통신 라이파이 제공을 위하여 초고속 전발광 모듈, 수광전 모듈, 초고속 통신 모듈레이션 기술, IoT 인터넷 데이터 접속 부품, 소형 수신 디바이스의 개발이 요구된다.

[그림 7-5] 라이파이의 기술 장애

7-6 국내외 개발 동향

1. 국내

- 국내기업인 ㈜유양디앤유는 저속 가시광 무선통신 송수신 모듈을 2015년 전시회에 출품하였다.
- 삼성전자는 저속 가시광 무선통신 실험 시제품을 개발하였고, LG이노텍은 저속 조명용 송신 부품과 수신 동글 시제품을 제작하여 2015년 미국 및 2016년 유럽 전시회에 출품 하였다.
- LG전자는 차세대 통신기술 '라이파이(Li-Fi)'로 IoT, 자동차 전장 부품 등 신성장 동력 사업 강화에 속도를 내고 있다.
- 한국전자통신연구원(ETRI)은 저속 조명 송신 모듈과 중속 광통신 모듈 시제품을 제작하여 전시회에 출품하였다.

[그림 7-6]처럼 박물관/전시장 조명 서비스로서 경기 조명박물관에 2014년 4월부터 유양디앤유가 설치하고 운용 중에 있으며, 제주 돔레저 빛 박물관에도 2014년 12월부터 설치 운용 중에 있다.

[그림 7-6] 돔레저 빛 박물관에 설치된 조명

학습 7

2. 국외

- 영국 에덴버러 대학, 옥스퍼드 대학 등에서 10Gbps급(30초안에 Full HD영화 다운) 초고속 라이파이 송수신 광통신 모듈 시제품을 선보였으며, 에덴버러 창업기업 pureLiFi는 중속 제품을 제작하였다.
- 미국 보스톤 대학교에서는 가시광 무선통신을 이용한 인터넷 개념을 제시하였으며, 프랑스는 지하철 저속 가시광 무선통신 인프라 구축을 계획하고 있다.
- 독일 HHI, 중국 화웨이, 푸단대학 등은 중저속 및 초고속 라이파이를 개발하고 있으며, 일본 파나소닉, 미국 인텔, 퀄컴, GE, 네덜란드 필립스, 독일 오스람 등은 저속 OCC(Optical Wireless Communication)를 개발하고 있다.
- 올래드컴(OLEDCOMM)은 CES에서 스마트폰 전면 카메라에 광센서를 탑재해 영상, 이미지 등을 전송할 수 있는 솔루션을 공개하였고 광센서가 없는 경우 기존 단말기 이어폰 단자에 관련 센서를 장착하면 동일한 기능 구현하였다.

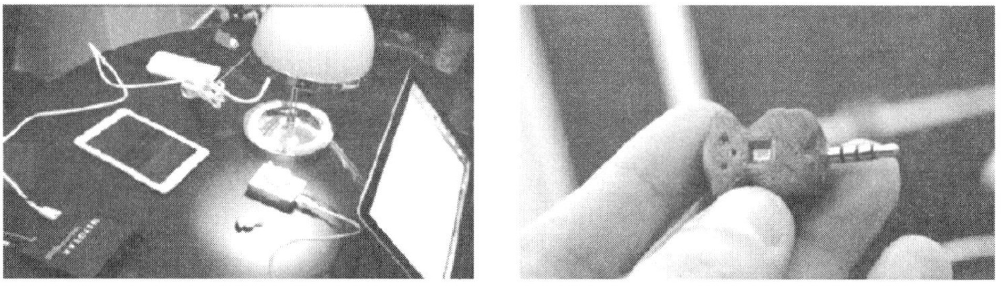

[그림 7-7] 올래트컴 CES 2014 시연모델

7-7 라이파이의 주요 응용분야

1. 주택 빌딩 오토메이션

미래의 주택 빌딩 오토메이션은 안전성과 속도를 위해 라이파이 기술에 많이 의존하게 된다. 빛은 벽을 통과할 수 없기 때문에 신호가 해킹되지 않는 장점이 있다.

2. 보안

Wi-Fi에 사용되는 무선 주파수와 달리 조명은 벽과 문을 통과할 수 없다. 회의실 또는 거실에서 창문의 커튼과 같이 투명한 물질로 Li-Fi 채널에 대한 액세스를 제한할 수 있다.

3. 수중 사용

대부분의 원격 수중 차량(ROV)은 명령을 전송하기 위해 케이블을 사용하지만 케이블 길이에 따라 ROV가 탐지할 수 있는 영역이 제한된다. 그러나 광파는 물을 통과하기 때문에 원격 수중 차량에 신호를 주고받는 용도로 Li-Fi를 적용할 수 있다.

4. 병원

많은 치료방법들이 여러 사람들을 포함하고 있기 때문에, Li-Fi 시스템은 환자 정보를 여러 사람에게 보다 잘 전달할 수 있다. Li-Fi 시스템은 더 빠른 속도를 제공할 뿐 아니라, 광파는 의료 기기와 인체에 거의 영향을 미치지 않는다.

유양디앤유가 공개한 라이파이 위치추적 시스템을 이용하면 실내에서도 자신의 위치를 파악할 수 있다. 예컨대 병원을 방문한 환자가 각종 검사실과 진료실을 찾아가거나 화재가 발생했을 때 대피 출구를 안내하는 용도로 사용이 가능하다. 별도의 수신기 없이 자신의 핸드폰을 직접 사용할 수 있는 것이 가장 큰 장점이다.

학습
7

5. 자동차

차량들은 도로 안전을 향상시키기 위해 전방과 후방 등으로 서로 통신 할 수 있다. 또한 가로등과 교통신호를 통해 현재 도로 상황에 대한 정보를 제공할 수 있다.

LG이노텍은 차량 충돌방지 등 전장 솔루션에 라이파이 기술을 적용할 계획이다.

차량 추돌 방지 시스템은 카메라와 레이저 방식으로 구현된다. 차량간 간격이 좁혀지면 레이저와 카메라 센서가 이를 인식하고 급브레이크가 작동한다. 자동차 업체들은 레이저 센서 가격이 비싸 고민하고 있다. 기존의 레이저 모듈 대신 라이파이 기술을 활용하면 차량 추돌 방지시스템을 구현하는 원가를 크게 낮출 수 있다. 자동차마다 LED전조등이 달린 만큼 라이파이 칩만 부착하면 차량간 통신을 구현할 수 있다. 이밖에 차량간 통신, 신호등과 자동차간 통신, 가로등을 통한 지역 정보 제공 등 활용처가 다양하다.

6. 스마트 TV

LG가 '빛'으로 스마트TV와 냉장고 · 에어컨 · 조명 등 여러 기기를 묶는다. 'LG 라이파이'라는 이미지를 강화해 사물인터넷(IoT) 및 지능형 자동차 산업 생태계를 주도한다는 전략이다.

7. 조명과 인터넷 융합시스템

[그림 7-8]처럼 라이파이 조명과 인터넷 융합시스템은 공공 도서관에서 사용될 수 있도록 디자인되었고, 램프 하나에 4개의 핫스팟 연결이 가능하다. 빛과 네트워크가 테이블 전체를 아우를 수 있도록 램프 산광부를 설계했다.

램프의 머리 부분은 알루미늄으로 만들었고 산광부에는 플렉시 글라스 사티니스(Plexiglass Satince)를 이용해 빛이 고르게 퍼질 수 있도록 했다. 적외선 발신기는 반사경으로 처리된 유리로 덮여있어 사람의 눈을 보호한다.

[그림 7-8] 라이파이 조명

7-8 라이파이 기술의 기대효과

초고속 가시광 무선통신(Li-Fi) 기술 보급이 활성화되면 인터넷에서 검색하여 얻을 수 없는 생활 공간 IoT 정보를 정보지식 격차 없이 누구나 얻을 수 있기 때문에 생활 안전, 편의, 복지, 공간 개발 방송 등이 가능해져서 차세대 정보통신 허브로서 기존 인터넷 데이터, SNS(Social Network Service) 데이터 등과 연계한 생활 정보 빅데이터 등 차세대 통신 인프라 서비스로 발전할 것으로 기대한다.

향후 초고속 가시광 무선통신(Li-Fi) 기술은 생활 공간 및 제조 공간 등 다양한 공간에서 인터넷, 빅데이터, 클라우드, IoT, 무선통신 분야 등 다양한 기술과 접목되어 인간 삶의 질을 향상시키는데 중요한 역할을 담당하게 될 것으로 기대한다.

초고속 가시광 무선통신(Li-Fi) 기술은 제4차 산업 완성을 위한 차세대 지능정보 무선통신 인프라로 사용되어 새로운 패러다임의 미래 정보통신 서비스 시장을 변화시킬 것으로 기대한다.

학습 7

학습활동.7 교수 · 학습 방법

교수 방법

- 차세대 가시광 통신 융합기술, 라이파이(Li-Fi) 기술에 대한 관련 용어, 구성, 방식 이해 정도를 파악한 후 수업을 진행한다.
- 교수자의 주도로 차세대 가시광 융합통신기술, 라이파이(Li-Fi) 기술 등의 내용을 PPT 자료로 제시한 후 설명한다.
- 가능하면 사전에 개인별 학습 자료를 준비하여 모든 학생이 참여할 수 있는 문제 해결식 수업, 협력 수업이 가능하도록 한다.
- 차세대 가시광 융합통신기술, 라이파이(Li-Fi) 기술 전 과정을 작업의 순서에 따라 단계적으로 실습이 이루어질 수 있도록 지도한다.
- 교재를 통해 수업을 준비하는데 있어서 필요한 모든 정보나 팁, 힌트 등 도움이 될 만한 내용들을 확인할 수 있다.
- 학생들이 만들게 될 각 모델들은 수업시간에 중점적으로 다뤄질 부분과 어휘, 질문, 답을 포함하고 있으며 또한 탐구할만한 추가적인 아이디어들도 포함하고 있다.

학습 방법

- 차세대 가시광 융합통신기술, 라이파이(Li-Fi) 기술에 대한 관련 용어를 숙지하고, 차세대 가시광 융합통신기술, 라이파이(Li-Fi) 기술에 대해 이해한다.
- 차세대 가시광 융합통신기술, 라이파이(Li-Fi) 기술의 각 단계별 중점 사항을 체계적으로 학습한다.
- 차세대 가시광 융합통신기술, 라이파이(Li-Fi) 기술의 수행순서의 전 과정을 실습한다.
- 차세대 가시광 융합통신기술, 라이파이(Li-Fi) 기술의 내용을 이해한다.
- 차세대 가시광 융합통신기술, 라이파이(Li-Fi) 기술을 이해하고 숙달이 될 때까지 학습한다

학습활동.7 평가 및 피드백

평가 준거

- 평가자는 피평가자가 수행 준거 및 평가 내용에 제시되어 있는 내용을 성공적으로 수행할 수 있는 지를 평가해야 한다.

학습내용	평가항목	성취수준		
		상	중	하
차세대 가시광 융합통신 기술, 라이파이(Li-Fi) 기술	가시광 융합통신기술, 라이파이 기술에 대하여 이해를 할 수 있다.			

평가 방법

• 작업 포트폴리오

학습내용	평가항목	성취수준		
		상	중	하
차세대 가시광 융합통신 기술, 라이파이(Li-Fi) 기술	가시광 융합통신기술, 라이파이 기술에 대하여 이해를 할 수 있다.			

• 필기시험

학습내용	평가항목	성취수준		
		상	중	하
차세대 가시광 융합통신 기술, 라이파이(Li-Fi) 기술	가시광 융합통신기술, 라이파이 기술에 대하여 이해를 할 수 있다.			

• 체크리스트를 통한 관찰

학습내용	평가항목	성취수준		
		상	중	하
차세대 가시광 융합통신 기술, 라이파이(Li-Fi) 기술	차세대 가시광 융합통신기술, 라이파이(Li-Fi) 기술에 대하여 이해를 할 수 있다.			

피드백

1. 작업 포트폴리오
   – 제출한 보고서를 평가한 후 주요 사항에 대하여 표시하여 돌려준다.
2. 필기시험
   – 평가 결과 성적이 저조한 학생은 보고서 제출 기회를 부여한다.
3. 체크리스트를 통한 관찰
   – 실습 과정에서 평가한 후 개선해야 할 사항 등을 정리하여 돌려둔다.

참 | 고 | 자 | 료

1. http://blog.skhynix.com/1686
2. https://www.sciencetimes.co.kr
3. https://namu.wiki
4. http://needjarvis.tistory.com
5. 2016년 국가경쟁력을 좌우할 미래 10대 기술, 한국과학기술정보연구원(KISTI) 2016.09.
6. 2015년 사회격차해소 미래 10대 기술, 한국과학기술기획평가원(KISTEP), 2015.02.
7. 와이파이보다 100배 빠른 '라이파이'가 온다, 중앙일보 뉴스 보도자료, 2016.09.15.
8. 한국연구재단, "미래 초연결 지능통신," 2017.6
9. 최창택 외, "2015년 KISTEP 10대 미래유망기술 선정에 관한 연구," 한국과학기술기획평가원 (KISTEP) 2015.02.6.
10. 정보통신산업진흥원, 차세대 인터넷 전송방식 LiFi, ICT 리포트.
11. Visible Light Communication (VLC)/Light Fidelity (Li-Fi) & Free Space Optics (FSO).
12. Market by Component, Applications, Marketsandmarkets, 2014.
13. 무선가시광 통신 기술, 경성대학교, 2015.
14. ICT Spot Issue, 정보통신산업진흥원, 2014.
15. 빛(Li-Fi)로 구현되는 사물인터넷 시대, 우리투자증권, 2014.
16. 중소기업 기술로드맵 2015-2017 ICT-융합, 중소기업청, 2014.
17. 가시광 통신 특허 주요 동향, INI R&C, 2014.
18. Visible Light Communications: Technologies&Application, 연세대학교, 2013.
19. LED 가시광 통신 기술 및 발전 전망, 한국산업기술평가관리원, 2011.
20. http://www.etnews.com/20150316000225
21. 김선형, "4차산업과 Li-Fi 기술동향," 한국정보기술학회지 15(2), 2017. 12.

학습 목표

8-1 가시광 통신의 국내외 표준화 동향을 이해할 수 있다.

8-1 가시광 통신의 표준화

1. 가시광 통신의 표준화 필요성

가시광 무선통신(Visible Light Communication)은 허가 주파수와 비허가 ISM(Industrial Science Medical) 주파수 외에 가용한 가시광 주파수 대역을 개발하는 효과가 있고, 이 개발된 주파수 대역에서 통신을 하려면 송신과 수신 간에 상호 규약이 있어야 하고, 가시광 무선통신으로 인하여 창출되는 서비스인 자동차 안전통신, 초정밀 측위, M-to-M, I-to-M, 가시광 이미지센서 기술 등 통신 표준 서비스가 필요하다,

가시광 무선통신은 LED(Light Emitting Diode) 조명을 이용한 통신기술이고 LED는 반도체 기술에 의해 조명, LCD, 자동차 후광등 또는 전광등에 사용되고 있으며, 그 사용 범위와 사용률이 급속하게 증가 추세이다. 이러한 인프라의 배경에 맞추어 조명과 통신을 함께 할 수 있는 서비스를 표준으로 제정함으로써 국내외 산업화에 공헌하기 위해 표준화가 필요하다.

사회적으로는 조명과 통신이 융합된 언제 어디서나 통신을 할 수 있게 하기 위하여 가시광 무선통신 표준 기술이 필요하다. 문화적으로 언제 어디서나 조명이 있는 곳에

서 통신할 수 있게 됨으로써 인류 문화적으로 센서 정보, 물체 식별 정보, 측위에 의한 LBS(Location Based Service) 위치 정보, Machine to Machine 정보 이동, 가시광 이미지센서 기술 등에 대한 표준 기술 제정이 필요하다.

경제적으로는 현재 D램 반도체 시장 규모인 300억 달러의 조명 시장 인프라를 활용할 수 있고, 1530 프로젝트가 실현되면, 국내 년 1조 6천억원의 전력이 절감되며, 세계 66조원의 가시광 무선통신 시장이 열리도록 하기 위하여 표준 기술이 필요하다.

2. 가시광 통신의 표준화의 기술 및 목표

1) 표준화의 목표

가시광 무선통신은 국제 표준 활동이 미미한 것이 특징이므로 국내 TTA 중심의 표준 활동을 적극적으로 수행하여 세계 최초 및 최고의 국내 고유 표준을 제정을 우선적으로 수행하고, 이에 대한 IPR를 확보하며, 이를 토대로 국제 표준 제정의 선도적 활동을 하여 국제 표준 규격이 되도록 하는 것을 표준화의 목표로 한다.

2) 가시광 통신의 표준화의 기술

국제전기전자기술자협회(IEEE)는 2011년 우리나라의 주도로 VLC-PHY(Physical Layer)를 국제표준기술(IEEE802.15.7)로 확정하였다. VLC-PHY는 가시광 통신을 위한 송신 모듈레이션과 수신 디모듈레이션에 관한 기술이며, 주요 기술은 송수신 PHY, LED조명 인터페이스, 광식별 번호(ID) 기술이다.

2012년부터 스마트 디바이스를 위한 IEEE802.15 IG-LED를 운영하였으며, 2014년부터IEEE802.15.7a OCC(Optical Camera Communications) 스터디 그룹으로 발전돼 논의가 진행되어 오고 있다. 스마트디바이스에 VLC 시스템 적용을 위해서는 추가적인 하드웨어 변경이나 VLC 동글을 사용해야 하는 문제점이 발생한다. 주로 광검출기(PD, Photo Diode)를 다루는 IEEE 802.15.7 보다는 스마트 디바이스 카메라(이미지 센서)를 이용해 LED 스크린, LED 디스플레이 또는 LED 조명에서 발생하는 신호 및 패턴을 수신하는 시스템에 집중해 표준화를 다룬다. 2015년 IEEE802.15 임시 회의부터 가시광뿐만 아니라 적외선과 자외선 일부 파장을 포함하는 OWC(Optical Wireless Communications)로 표준화하기 위한 OWC 태스크그룹이 공식 가동되고 있다. 주로 OCC 기술에 집중하고 추가적으로 LED-ID 및 Li-Fi 기반의 고속 OWC 기술을 표준화하고 있다.

〈표 8-1〉 가시광 통신 핵심기술

핵심기술명	기술 내용
VLC PHY 기술	가시광 통신의 Physical Layer 관련 기술
VLC 고속스위칭 기술	고속의 깜박임 제어 기술
VLC 간섭제거 기술	주변 광 간섭에 의한 통신장애 제거 기술
VLC ID 기술	VLC 조명 또는 단말기 각각의 식별번호(ID)를 정의하고 이에 따라 단말기를 제어하는 기술
VLC Infra 구축 기술	VLC 통신이 가능한 인프라 구축 기술
VLC 위치 측정 기술	VLC를 이용한 위치정보 송수신 기술

3) 가시광 통신 기술의 극복과제

(1) LED 소자의 저성능

LED는 레이저에 비해 낮은 주파수 응답을 보이기 때문에 변조할 수 있는 전송속도가 제한되며, 특히 조명용도로 사용되는 백색 LED는 통신용 LED에 비해 주파수 응답이 더 낮은 값을 보인다. 청색 필터를 사용하여 인광체에 의해 발현되는 빛의 스펙트럼을 막고 순수한 청색 LED 빛만을 수신하여 응답속도를 개선하는 방법이 연구 중이다. RGB LED를 사용하여 3가지 색깔에 각자 다른 통신신호를 전송하여 일종의 3채널 WDM 통신 채널을 만드는 방법이 연구 중이다.

(2) 빛의 깜박거림 방지 및 밝기 제어

국제 규격에 따라 인간이 느낄 수 있는 주파수 이하로 빛의 강도나 빛의 스펙트럼이 변화하도록 LED를 변조해서는 안 되며, LED 조명의 밝기 제어 기능이 가시광 통신 중에도 동작해야 한다. 통신표준에서 정의된 3가지 가시광 통신 변조기술 각각에 적합한 Flicker 방지 부호화 방식이 설계되어 계속적인 성능개선이 진행 중이다. 가변 펄스 위치 변조기법(VPPM, Variable Pulse-Position Modulation)을 사용하여 0과 1의 펄스의 폭을 조정함으로써 밝기제어를 할 수 있는 기술이 연구 중이다.

(3) 전송 속도 향상

현재의 가시광 통신은 기존의 무선랜 기술에 비해 전송속도가 떨어지는 문제점을 가지고 있어 다양한 전기적 변조기법과 광학적 기법을 이용하여 전송속도를 높이려는 시도가 지속되고 있다. 현재 IEEE802.15.7표준에서 설계한 데이터의 최대 전송 속도는 96Mbps에 불과하여 무선랜의 전송 속도에 비해 매우 낮은 수준이다.

학습 8

① 전기적 변조기법을 통한 전송속도 향상방법

전송 대역에서 각 주파수에 대한 감쇠와 전파 시간 지연 편차를 보상하기 위한 회로를 설치하여 진폭 또는 위상의 일그러짐을 약하게 하는 등화기법(equalization)을 이용하여 LED의 주파수 대역폭을 넓히는 방법, 제한된 주파수대역에서도 전송효율을 향상시키기 위해 반송파의 진폭과 위상을 동시에 결합하여 변조하는 방식인 직교진폭 변조기법(QAM, Quadrature Amplitude Modulation)을 이용하여 하나의 심볼에 여러 개의 이진데이터를 전송하는 방법, OFDM을 이용하여 주파수의 효율성을 높이는 방법 등이 개발되고 있다.

② 광학적 기법을 이용하여 전송 속도를 향상 시키는 방법

여러 개의 LED 광원에서 각기 다른 신호를 전송하고 수신단에서 이미지 센서나 PD array등을 이용하여 수신하는 일종의 MIMO기법, 각기 다른 편광에 다른 정보를 전송하는 편광다중화기법, LED 빛을 원하는 목표물에 집광시키는 광 빔포밍(Optical beamforming)기술을 이용하여 신호의 노이즈를 줄이는 기술 등이 개발되고 있다.

[그림 8-1] 빔포밍 기술 개념도

8-2 국내외의 표준화 동향

1. 국제 표준화 동향

가시광 통신 표준 활동이 가장 활발한 단체는 IEEE 802 표준화 그룹이며 802.15 WPAN 그룹에서는 가시광 무선통신 표준 작업을 위하여 IG(Interesting Group)을 2007년 11월에 신설하였고 2008년 5월에 SG(Study Group)를, 2009년 1월에 TG(Task Group)로 구성(IEEE 802.15.7 TG-VLC)하여 가시광 무선통신 PHY 및 MAC의 통신 표준화 규격 작업을 지속하고 있다. TG-VLC 활동을 시작 한 이후 2009년 8월까지 120여건의 기고서가 발표되었으며, 최근 Draft version 7까지 발표하며 2011년 안에 최종 표준 규격안을 제정하고 위해 지속적으로 활동하고 있다.

ITU-T SG 16에서는 가시광 무선통신의 응용 서비스 측면에서의 기고서를 2007년과 2008년에 발표한 바가 있으며, Ecma International 에서 TC47은 NFC(Near Field Communication) System의 표준과 기술 개발을 목적으로 하여 2009년 3월 27차(일본, 후쿠오까) 표준 회의를 통해 가시광 기술을 TC47 work item 으로 선전하여 PHY/MAC Draft 에 대하여 표준화 작업을 시작 활동하고 있다.

일본의 경우 표준화 단체인 VLCC(Visible Light Communication Consortium)를 주축으로 가시광을 이용한 저속 통신 시스템과 광 tag 관련 표준이 제정되었으며, 일본 내 전자, 정보 산업을 진흥하기 위한 협회인 전자정보기술산업협회(JEITA: Japan Electronics and Information Technology Association) 내의 AV&IT 시스템 표준화 위원회는 2007년 3월에 가시광 통신 시스템을 표준으로 제정하였고 (표준 번호: JEITA CP-1221), 6월에는 가시광 ID 시스템을 (표준 번호: JEITA CP-1222) 표준으로 제정하였다.

학습 8

1) 미국의 표준화 동향

미국은 IEEE 802.15를 중심으로 가시광 통신에 대한 워킹 그룹이 구성되어 현재 활발하게 표준화를 위한 노력을 기울이고 있다. 여기에는 미국뿐만 아니라 일본, 한국 등 관련 기관과 관련 전문가들이 모여 가시광 통신에 대한 표준화 제정을 위한 작업을 진행 중이다.

2) 일본의 표준화 동향

일본은 2003년부터 야노 연구소를 중심으로 "가시광 통신 시스템에 관한 조사보고서"를 발행하고 있다. 일본은 매년 가시광 통신에 대한 전반적인 동향을 다루고 있으며 "가시광 통신 시스템의 응용 전망"이라는 가시광 통신 분야에서 가능성 있는 4개의 응용 분야에 대한 집중 전망을 내놓고 있다. 이를 기반으로 사단법인 전자정보기술산업협회(JEITA)에서는 저속영역의 통신 시스템 규격(CP-1221), 가시광 ID 시스템(CP-1222)의 규격을 제정하였다.

앞으로는 표준화로서 중속과 고속 영역에 대한 표준화를 제정할 것으로 보이며, 응용을 만들어 내는 곳에 우선적인 투자를 할 것으로 보인다.

(1) 일본의 Visible Light Communication 컨소시엄(VLCC)

- 발족 : 2003년 11월 25일
- 활동내용 : 가시광 통신의 가능성 추구, 산업발전을 위해 참가 기업을 모집하고, 정보교환 기술발전을 꾀하고 있다. 사람과 기계가 알기 쉬운 차세대 무선통신으로서 또, 일본의 독창성 높은 기술을 넓은 세계에 제안해 나가고 있다. 컨소시엄은, 2005년 5월에 최초 컨소시엄 규격인 VLCC-STD-001을 제정했다. 본 규격은 앞으로의 컨소시엄에 있어서 표준화 활동의 기초가 되는 것이다. 물리 층에 관한 내용을 중심으로 제정되었다.
- 방향성 : 조명광통신, 유비쿼터스 가시광 통신, ITS 가시광 통신 IEEE802.15의 VLC 표준관련 마일스톤과 주요 회의를 주도하고 있다. 조명 광통신 WG으로 활동하고 있다.

3) 유럽의 표준화 동향

(1) WWRF(World Wireless Research Forum)

유럽중심의 IST(Information Society Technologies) 프로그램에서 출발하여 에릭슨, 알카텔, 노키아, 지멘스, 모토롤라 등이 중심이 되어 2001년에 설립 되었으며, 현재 150단체가 가입되어 있다. 무선과 이동 통신의 연구, 학문, 기술, 산업 등에 대한 미래 방향 및 전략을 수립하는 것을 목적으로 한다. 6개의 워킹그룹 (WG: Working Group)과 특별 그룹(Special Interest Group)으로 구성되어 있다.

(2) WG5

단거리 통신 (short range radio communication system)을 연구하고 있으며, 기

술 분야에는 WLAN/WPAN/WBAN, Home Network, Short-range Communication 등에 대하여 연구 중에 있다.

단거리 광무선 통신에 관한 백서(white-paper)를 통해서 향후 4G 이동통신에서는 주가 되는 전파를 이용한 무선 통신 외에도 광무선 통신이 상보적인 통신 시스템의 역할을 해야 함을 강조하고 있다.

2007년 6월 회의에서 'Visible Light communications briefing : update and key questions for white paper'라는 briefing문서를 발표 하여, 연구/개발 현황 및 requirement를 위한 vision, 이후 해결해야 할 기술적인 문제를 제시하였으며 현재 가시광 통신 백서 작성에 참여하고 있는 회원사에는 삼성, Oxford대 ,France Telecom, Siemens, Heinrich-Hertz-Institute 등이 있다.

2. 국내 표준화 동향

TTA의 IT 응용 서비스 기술위원회(TC4) 산하의 멀티미디어응용 PG에서는 2007년 5월에 가시광 통신서비스 실무반(WG4021)을 구성하여 표준화 로드맵 작업을 2007년부터 시작하여 2008년, 2009년에도 지속적으로 추진하고 있다.

가시광 무선통신의 표준화 항목은 OSI 7Layer 개념으로 구분하여 가시광 무선통신 PHY 기술(가시광 무선통신 PHY, 가시광 무선통신 LED 조명 인터페이스), 가시광 무선통신 MAC 기술(가시광 무선통신 MAC), 가시광 무선통신 응용 서비스 기술(가시광 무선통신 자동차 안전 서비스, 가시광 무선통신 조명식별번호, 가시광 무선통신 위치기반추적 서비스, 가시광 무선통신 M-to-M 서비스, 가시광 무선통신 I-to-M 서비스, 가시광 무선통신 저속 광 Tag 서비스, 가시광 무선 통신 국부적제한 방송서비스)로 구분하고 각 구분 마다 표준화 대상항목을 선정하여 표준화를 진행하고 있다.

1) 한국의 표준화 동향

한국은 가시광 통신에 대하여 "가시광 무선통신 멀티미디어 표준 기술 워크샵"이란 제목으로 2007년 8월 30일에 개최하였다. 2008년에는 6월 25일 "LED 융합 가시광 무선통신(VLC)표준기술 워크숍"이란 제목으로 개최하였다. 정보통신 중점기술 표준화 로드맵 2008버전에 가시광 통신에 대한 표준 로드맵의 보고서가 제출되어 있다. 일본과 함께 발 빠르게 움직이고 있다.

학습 8

(1) TTA (한국통신기술협회) 가시광 무선통신 서비스 워킹 그룹

TTA(한국통신기술협회)는 멀티미디어응용 PG 산하에 가시광 통신서비스 WG(워킹그룹)을 2007년 5월 30일에 신설하여, 가시광 통신의 실효성 및 목표 설정을 명확하게 하기 위하여 응용 서비스 모델을 표준으로 제정하고, 서비스 모델 표준에 따른 무선 가시광 송신 기술과 수신 기술, 가시광 MAC 프로토콜 및 응용 프로토콜 표준 등에 관한 작업을 진행하고 있다.

〈표 8-1〉 국제표준화 대상 항목

구분	정의	표준화 대상 항목	표준화 내용
PHY 기술	–가시광 통신을 위한 신호변조 –수신신호 복조	PHY	송수신 물리적 접속 및 신호 프로토콜
		LED 조명 인터페이스	LED 조명간의 인터페이스 프로토콜
MAC 기술	–데이터 무결성 정의 –계층2(Layer2) 프로토콜 정의	MAC	Layer 2 MAC 프로토콜
응용 프로토콜 기술	응용서비스 적용 프로토콜정의 (자동차 안전, 조명식별번호, 위치기반추적, M-to-M, 초고속 센서, 저속 광Tag, 국부적 제한 방송 등)	자동차 안전 프로토콜	자동차안전 서비스 응용계층 프로토콜
		조명식별번호	측위 서비스 응용계층 프로토콜
		위치기반 추적 서비스	위치기반 추적 서비스 프로토콜
		M2M 프로토콜	M2M 서비스 응용계층 프로토콜
		초고속 센서 프로토콜	초고속 센서 서비스 응용계층 프로토콜
		저속 광 Tag 서비스	저속 광 Tag 서비스 프로토콜
		국부적제한 방송서비스	국부적제한 방송서비스 프로토콜

자료 : 가시광 무선통신 표준화 관련 TTA 자료 참조

학습활동.8 교수 · 학습 방법

교수 방법

- 가시광 통신 국내외 표준화 동향에 대한 관련 용어, 구성, 방식 이해 정도를 파악한 후 수업을 진행한다.
- 교수자의 주도로 가시광 통신 국내외 표준화 동향 등의 내용을 PPT 자료로 제시한 후 설명한다.
- 가능하면 사전에 개인별 학습 자료를 준비하여 모든 학생이 참여할 수 있는 문제 해결식 수업, 협력 수업이 가능하도록 한다.
- 가시광 통신 국내외 표준화 동향 전 과정을 작업의 순서에 따라 단계적으로 실습이 이루어질 수 있도록 지도한다.
- 교재를 통해 수업을 준비하는데 있어서 필요한 모든 정보나 팁, 힌트 등 도움이 될 만한 내용들을 확인할 수 있다.
- 학생들이 만들게 될 각 모델들은 수업시간에 중점적으로 다뤄질 부분과 어휘, 질문, 답을 포함하고 있으며 또한 탐구할만한 추가적인 아이디어들도 포함하고 있다.

학습 방법

- 가시광 통신의 국내외 표준화 동향에 대한 관련 용어를 숙지하고, 가시광 무선통신의 국내외 표준화 동향에 대해 이해한다.
- 가시광 통신의 국내외 표준화 동향의 각 단계별 중점 사항을 체계적으로 학습한다.
- 가시광 통신의 국내외 표준화 동향의 수행순서의 전 과정을 실습한다.
- 가시광 통신의 국내외 표준화 동향의 내용을 이해한다.
- 가시광 통신의 국내외 표준화 동향을 이해하고 숙달이 될 때까지 학습한다.

학습활동.8 평가 및 피드백

평가 준거

- 평가자는 피평가자가 수행 준거 및 평가 내용에 제시되어 있는 내용을 성공적으로 수행할 수 있는 지를 평가해야 한다.

학습내용	평가항목	성취수준		
		상	중	하
가시광 통신 국내외 표준화 동향	가시광 통신 국내외 표준화 동향을 이해할 수 있다.			

평가 방법

• 작업 포트폴리오

학습내용	평가항목	성취수준		
		상	중	하
가시광 통신 국내외 표준화 동향	가시광 통신 국내외 표준화 동향을 이해할 수 있다.			

• 필기시험

학습내용	평가항목	성취수준		
		상	중	하
가시광 통신 국내외 표준화 동향	가시광 통신 국내외 표준화 동향을 이해할 수 있다.			

• 체크리스트를 통한 관찰

학습내용	평가항목	성취수준		
		상	중	하
가시광 통신 국내외 표준화 동향	가시광 통신 국내외 표준화 동향을 이해할 수 있다.			

피드백

1. 작업 포트폴리오
   - 제출한 보고서를 평가한 후 주요 사항에 대하여 표시하여 돌려준다.
2. 필기시험
   - 평가 결과 성적이 저조한 학생은 보고서 제출 기회를 부여한다.
3. 체크리스트를 통한 관찰
   - 실습 과정에서 평가한 후 개선해야 할 사항 등을 정리하여 돌려둔다.

참 | 고 | 자 | 료

1. ICT 중점기술 표준화 전략맵 Ver. 2011.
2. 정성윤, "LED기반 가시광 통신기술동향," 전기의 세계, 2011,6, pp. 25~32, 대한전기학회
3. 가시광 통신 시장현황.
4. "근거리 무선광통신 기술동향 및 개발전략 분석 연구회," 지식경제부, 한국산업기술진흥원, 2010.
5. "국제 광반도체 산업기술 워크숍," 2008.1 코엑스.
6. 친환경에너지 절감형 LED 조명기술개발 산업분석보고서," 2008.9.
7. "Global business report 해외 LED 5대 시장진출 전략," 2009.5, KOTRA.
8. "해외주요국 LED시장동향 2009," 지식경제부, KOTRA, 곽동운.
9. "2010 LED 조명산업 및 수출전략 overview," 한국미래기술교육연구원.
10. B. A. Forouzan, "Data Communications and Networking," 4th edition, McGraw-Hill.
11. "유무선 통신서비스 통계현황_2015.9월," 미래창조과학부, 2015.11.
12. 김일규, "밀리미터파 기반 5G 이동통신 기술 동향," 한국전자통신연구원, 2014.1.
13. 김동기, "5G 이동통신 기술의 전망 및 전략," The Magazine of the IEEK, 전자공학회지 2013.4.
14. "스마트폰의 NFC 탑재현황," IHS, 2014.
15. "스마트미디어 서비스 이용실태 조사," 방송통신위원회, 2012.10.
16. "LED 산업의 글로벌 시장성장 추이," 마켓리서치 자료종합, 2015.
17. "가시광 통신 관련 글로벌 시장성장 추이," 디지털저널, KDB대우증권, 2015.
18. "Li-Fi 기술 확산에 따른 수요니즈 전망," 대한무역투자진흥공사, KDB대우증권, 2015.

학습 1	가시광선 무선통신의 개요
학습 2	가시광과 LED의 원리 및 응용
학습 3	가시광 통신 시스템의 구성
학습 4	가시광 통신 시스템의 개발(1)
학습 5	가시광 통신 시스템의 개발(2)
학습 6	가시광 통신 시스템의 개발(3)
학습 7	차세대 가시광 통신 융합기술, 라이파이 기술
학습 8	가시광 통신 국내외 표준화 동향
학습 9	**가시광 통신 산업 시장 동향**
학습 10	가시광 통신 특허 동향
학습 11	가시광 통신 응용과 활용

학습 목표

9-1 가시광 통신 산업 시장동향을 이해할 수 있다.

9-1 가시광 통신 시장의 현황

가시광 통신은 넓은 주파수 대역 및 뛰어난 보안 특성으로 차세대 통신 기술로 주목받고 있으며, IoT 기술의 성장에 따라 가시광 통신의 상용화 및 성장이 확대될 것으로 전망하고 있다. 관련 시장인 실내 네비게이션 시장에서 정보보안 이슈로 인해 안정성과 보안 특성이 뛰어난 가시광 통신의 채용을 위한 글로벌 기업들의 기술 개발 진행하고 있다.

가시광 통신 시장은 2015년부터 본격적인 상용화가 시작되어 연평균 87% 성장을 통해 2020년 40%를 상회하는 93억 달러의 시장규모를 보일 것으로 예측하고 있다.

가시광 통신은 아직 초기단계로서 전송속도를 높이려는 연구개발이 계속 진행 중이며 향후기술개발이 이루어지면 넓은 주파수 대역을 이용하여 기존 무선랜의 100배까지 속도향상이 가능하다.

주파수의 무료사용, 기존 LED 조명 인프라 활용, 인체 무해성 및 높은 보안성으로 인해 가시광 통신의 응용 범위는 더욱 넓어질 것이며 특히 실내 측위 기술을 기반으로 하는 서비스 분야부터 활용도가 높아질 것으로 예상된다.

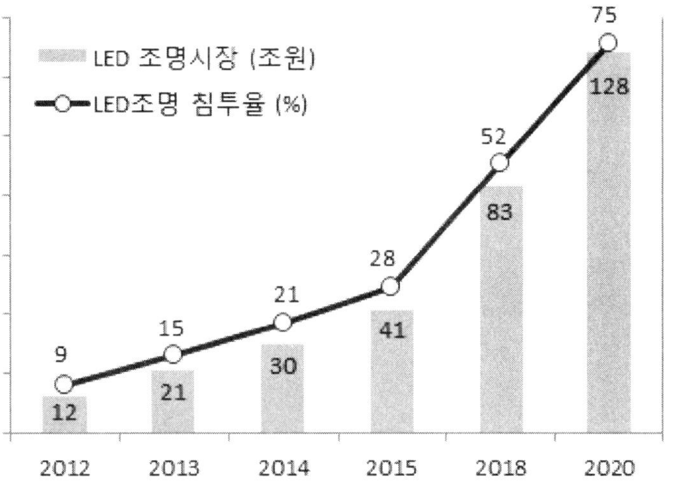

[그림 9-1] 글로벌 LED 조명 시장 규모

자료 : 메리츠 증권 리서치센터

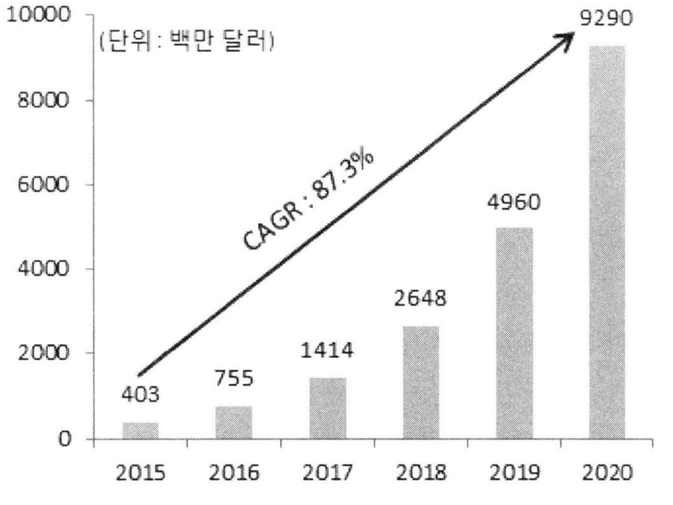

[그림 9-2] 가시광 통신 글로벌 시장 전망

자료 : Markets and Markets Analysis(2015)

2011년 우리나라의 주도로 가시광 통신 표준기술이 제정되었으며, 이 후 유럽, 미국, 일본, 한국을 중심으로 새로운 기술개발이 이루어지고 있다.

현재 국가별로 진행되고 있는 LED조명 보급정책과 IoT 시장의 확대에 따라 가시광 통신 시장도 성장하여 2020년 92억 9천만 달러 규모에 다다를 것으로 예상된다.

가시광 통신의 상용화는 현재 프랑스가 가장 활발하게 진행되고 있으며 한국은

2014년 상용화에 성공하여 대형마트 서비스에 적용된 후 대기업의 가시광 통신 기술 확보 및 관련 기업 인수에 대한 관심이 높아지고 있다.

1. 해외기업의 가시광 통신 관련 현황

1) 구글

2011년부터 전세계 미술관에 걸린 그림들을 PC에서 볼 수 있는 'Art Project'라는 실내 내비게이션 작업을 추진하고 있다.

2) 애플

2013년 실내 GPS 개발사인 WiFiSLAM을 2천만달러에 인수하였고 블루투스를 이용한 실내 위치확인 시스템인 iBeacon을 iOS7에 탑재하였다.

3) 필립스

애플의 iBeacon을 활용하여 매장용 LED조명 시스템에 기반한 실내 내비게이션 서비스를 테스트하고 있다.

4) 마이크로소프트

노키아가 인수했던 나브텍의 기술을 MS Bing 지도와 연계한다.

5) 올레드컴

프랑스의 올레드콤은 CES2014에서 스마트폰 전면 카메라에 광센서를 탑재해 영상, 이미지 등을 전송할 수 있는 Li-Fi 활용기술을 시연하였다.

6) 토른

프랑스 공공조명업체인 토른사는 20개의 Li-Fi 기반 LED 조명 테스트를 진행하였으며 프랑스 전력공사의 자회사인 EDF 옵티멀 솔루션스와 프랑스 남부 도시에 Li-Fi 기술 체험 공간을 운영 중이다.

7) SNCF

프랑스 국철 기업인 SNCF는 파리 몽파르나스 역사에서 승객정보와 정보제공용 Li-Fi 서비스를 시험 중이다.

8) 램프서브

일본의 램프서브는 야외에서 가시광 통신을 선보였으며 LED 가로등을 활용해 200m 100 Mbps 서비스 지원을 목표로 에스토니아에서 상용화 추진 중이다.

9) 바이트라이트

미국의 스타트업인 바이트라이트는 LED 조명을 이용한 실내측위시스템을 개발하였으며 더 나아가 LFC(Light Field Communication)이라는 결제시스템 개발도 추진 중이다.

2. 국내기업의 가시광 통신 관련 현황

1) ETRI

LED 빛이 초당 100회 이상 깜빡거리는 고속 스위칭 원리를 이용한 VLC 네트워크 기술을개발를 하였으며 차량 후미등의 제어기술을 최근 개발하는 등 자동차나 항공기의 안전운행을 돕는 기술 개발을 하였다.

2) 삼성전자

크리에이티브 랩 지원 과제 9개 중 하나로 Li-Fi 기반 기기 간 상호작용 솔루션을 선정하여 기술 개발에 집중하고 있다.

3) 유양디앤유

LED 조명 전문 업체로서 ETRI와 공동으로 간단한 데이터를 주고받을 수 있는 VLC 시스템을 개발하여 이마트의 고객 동선을 파악하여 스마트폰에 할인 상품 정보와 쿠폰을 보내주는 세일 내비게이션에 적용한다. 현재 전력관리, 반도체 회로 설계, LED 조명 설계 기술을 모두 보유하고 있어 추가 기술 개발이 용이하며, LG이노텍과 가시광 통신 사업화를 위한 양해각서를 체결하는 등 기업 간 협력도 활발하게 진행 중이다.

4) 세미콘라이트

플립칩 LED 제조업체로서 LED칩 성능을 결정짓는 핵심 제조기술을 바탕으로 고성능 가시광 통신 기술을 개발하고 있다. 국내 통신사업자 및 일본 업체등과 공동 연구를 진행하여 상용 통신서비스 개발 완료 시 빠른 시장진입이 가능할 것으로 보인다.

〈표 9-1〉 국내 가시광 통신 관련 기업

회사명	내 용
서울반도체	LED 제조업체로서 주력제품인 아크리치2 판매호조로 LED 조명비중 지속 확대중이며 자동차용 LED 비중도 증가 중
사파이어테크	글로벌 사파이어 단결정 시장의 25%를 점유한 회사로서, LED 조명시장 성장으로 IT향 사파이어글래스 채용 확대
한솔테크닉스	사파이어 잉곳 제조업체로서 조명 및 BLU용 LED 수요 동반 강세로 사파이어 잉곳 출하량 증가
오이솔루션	통신장비 내에서 전기신호-광신호를 변환해주는 광트랜시버 국내 1위 업체
옵티시스	영상신호용 디지털 광링크 및 관련기기 제조업체로서 광 데이터 전송 관련 기술 및 솔루션 보유
빛과전자	광송수신용 모듈 및 광소자부품 제조업체로서 FTTH용 광모듈에서 이동통신용 광모듈로 매출 확대중
필룩스	정부의 LED 시스템조명 기술개발사업의 주관기업으로 선정되었으며 스마트 조명 응용 플랫폼 개발을 진행 중

9-2 가시광 통신의 산업 구조

1. 가시광 통신의 침투율

가시광 통신의 인프라 확대를 위해서는 LED 조명 보급의 지속적 성장이 필요하다. 가장 적극적인 LED 조명 보급정책을 진행중인 유럽은 보급률이 2012년 14%에서 2020년 90%로 성장 예측하고 있다. 세계 LED 조명시장 침투율은 2013년 15%에서 2020년 75% 이상으로 확대될 것으로 전망하고 있다.

2. 가시광 통신 산업의 Supply Chain

가시광 통신 산업은 전방산업인 홈 네트워크, 스마트 가전, 실내 네비게이션 및 가시광 통신 서비스 플랫폼, 후방산업인 LED 모듈 및 전극재료, 렌즈 등의 부품소재 업체로 구성로 구성되어 있다.

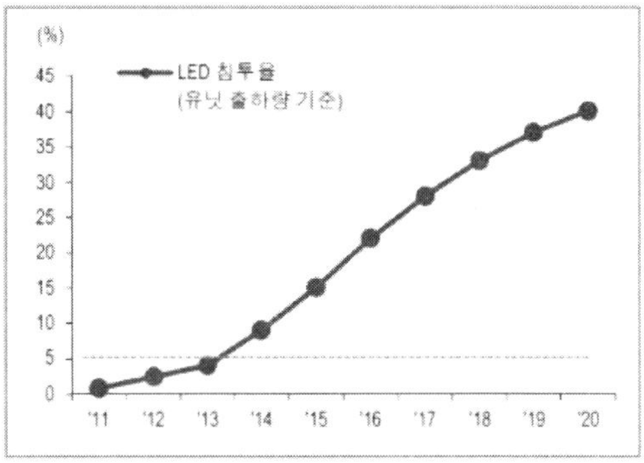

[그림 7-1] 세계 LED조명 침투율

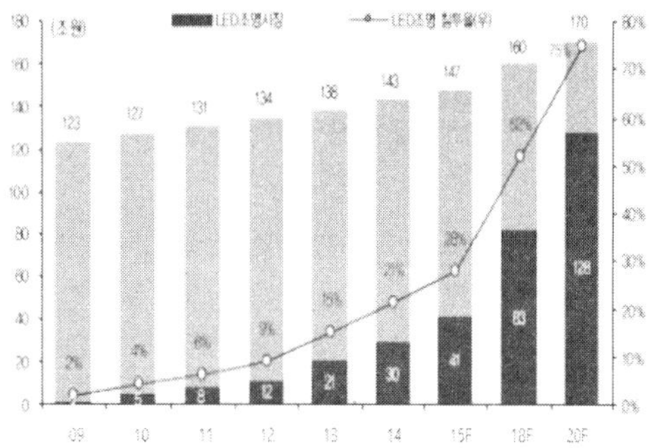

[그림 7-2] 국내 LED조명 침투율

〈표 9-2〉 가시광 통신 전후방 공급망

전방산업	가시광 통신 시스템	후방산업
지능형 교통 시스템, 스마트 홈, 스마트 오피스, 실내 무선 네트워크	가시광 통신 시스템 응용 서비스 플랫폼, 시스템	LED 칩, 모듈, 웨이퍼, 전극재료, 형광체, 렌즈
삼성전자, LG전자, SKT, 현대자동차	삼성전자, LG전자, 제일기획, 포스코엘이디, 유양디앤유	삼성전자, LG이노텍, 서울반도체, 삼성전기, 오디텍, 파인테크닉스, 포스코엘이디

3. 가시광 통신 공급망 분석

최근 미국, 유럽 업체가 상용화에 나서면서 국내 LED 칩, 패키지 제조업체들이 이에 맞서 가시광 통신 기술 주도권 확보차원에서 통신사업자와 연합전선을 구축하고 있으며 대기업-중소기업 간 전략적 기술제휴 뿐만 아니라 해외기업과도 기술 협력을 추진하고 있는 상황이다.

학습 9

〈표 9-3〉 가시광 통신 공급망 분석

공급망 단계	부품소재	부품소재 시스템	응용기기
주요내용	가시광 통신 시스템 서비스 상용화를 위한 요소 기술 및 부품	가시광 통신 시스템 상용화 기술 기반 홈, 오피스, 전시장등의 실내 네트워크 및 지능형 교통 시스템 등의 분야에 적용	홈, 오피스, 전시장 등 실내환경에서 근거리 통신이 가능한 스마트 기기 (스마트폰, TV, 청소로봇 등)
주요 제품 및 기술	LED, PD, Reader, Tag, VLC 통신 칩	부품소재 소형화 기술 및 응용서비스를 위한 H/W, S/W 플랫폼	실내 LED 조명, 가로등, 신호등, 전광판 등의 제품군과 제품에 특화된 네트워크 기술

공급망 단계	부품소재	부품소재 시스템	응용기기
해외기업	니치아화학, 오스람, 스탠리, 시티즌, 다이아 무선	V-Light, 에디온	도요타, 후지TV
국내 기업	ETRI, 서울반도체, 삼성전기, BP 솔루션, 현대통신, 이노렉스테크놀러지, 포스코엘이디, 오디텍, 파인테크닉스	유양디앤유, 포스코엘이디, 제일기획, 삼성전자, LG전자	삼성전자, LG전자, SKT, 현대자동차

4. 시사점

가시광 통신은 다음과 같은 이유들로 인해 시장 잠재력은 매우 높다고 볼 수 있으며, 현재의 LED 보급 정책과 연계하면 시장 확대 가능성은 충분할 것으로 보인다.

- 높은 전송속도, 구축비용 절감, 인체 무해성 등의 이점
- LED 조명 광원과 무선통신을 하나로 융합함으로써 개별적으로 사용할 때에 비해 탄소발생량을 감소시킬 수 있는 점
- LED 조명과 통신을 각각 제작하는 비용보다 제조원가가 낮아져 가경경쟁력을 가질 수 있다는 점이다.

가시광 통신 기술은 아래의 이유들로 인해 현재 실외응용보다는 주로 실내응용으로 초점이 맞추어져 있으나 실외응용의 제한을 극복할 수 있는 서비스 개발 어플리케이션 개발을 통해 가시광 통신 시장은 향후 뚜렷한 성장세를 기대할 수 있다.

- 햇빛, 광고판, 신호등, 자동차 전조등의 간섭광이 혼재해 있으며 여러 방향에서 변조신호가 들어올 경우 송신원을 구별하기 힘들다.
- 눈, 비, 안개 등의 기상요인에 민감하게 영향을 받으며 새똥이나 먼지 등으로 송수신기가 오염될 가능성이 있다.
- 고의로 방해광을 보내도 처벌할 법적 규제가 마땅치 않다.

현재 가시광 통신 기술은 전송거리, 속도 등은 개선세를 보이고 있으나 장애물을 통과할 수 없는 가시광의 직진성으로 인해 한계를 가지고 있음. 이에 따라 기존 기술인 무선랜이나 NFC와의 보완을 통해 부가가치를 창출하고 점진적으로 실내응용 서비스 시장을 점유해 나가는 방향으로의 접근이 필요하다.

학습활동.9 교수 · 학습 방법

교수 방법

- 가시광 통신 산업 시장동향에 대한 관련 용어, 구성, 방식 이해 정도를 파악한 후 수업을 진행한다.
- 교수자의 주도로 가시광 통신 산업 시장동향 등의 내용을 PPT 자료로 제시한 후 설명한다.
- 가능하면 사전에 개인별 학습 자료를 준비하여 모든 학생이 참여할 수 있는 문제 해결식 수업, 협력 수업이 가능하도록 한다.
- 가시광 통신 산업 시장동향 전 과정을 작업의 순서에 따라 단계적으로 실습이 이루어질 수 있도록 지도한다.
- 교재를 통해 수업을 준비하는데 있어서 필요한 모든 정보나 팁, 힌트 등 도움이 될 만한 내용들을 확인할 수 있다.
- 학생들이 만들게 될 각 모델들은 수업시간에 중점적으로 다뤄질 부분과 어휘, 질문, 답을 포함하고 있으며 또한 탐구할만한 추가적인 아이디어들도 포함하고 있다.

학습 방법

- 가시광 통신 산업 시장동향에 대한 관련 용어를 숙지하고, 가시광 통신 산업 시장동향에 대해 이해한다.
- 가시광 통신 산업 시장동향의 각 단계별 중점 사항을 체계적으로 학습한다.
- 가시광 통신 산업 시장동향의 수행순서의 전 과정을 실습한다.
- 가시광 통신 산업 시장동향의 내용을 이해한다.
- 가시광 통신 산업 시장동향을 이해하고 숙달이 될 때까지 학습한다.

학습 9

학습활동.9 평가 및 피드백

평가 준거

- 평가자는 피평가자가 수행 준거 및 평가 내용에 제시되어 있는 내용을 성공적으로 수행할 수 있는 지를 평가해야 한다.

학습내용	평가항목	성취수준		
		상	중	하
가시광 통신 산업 시장 동향	가시광 통신 산업 시장동향을 이해할 수 있다.			

평가 방법

• 작업 포트폴리오

학습내용	평가항목	성취수준		
		상	중	하
가시광 통신 산업 시장 동향	가시광 통신 산업 시장동향을 이해할 수 있다.			

• 필기시험

학습내용	평가항목	성취수준		
		상	중	하
가시광 통신 산업 시장 동향	가시광 통신 산업 시장동향을 이해할 수 있다.			

• 체크리스트를 통한 관찰

학습내용	평가항목	성취수준		
		상	중	하
가시광 통신 산업 시장 동향	가시광 통신 산업 시장동향을 이해할 수 있다.			

피드백

1. 작업 포트폴리오
   - 제출한 보고서를 평가한 후 주요 사항에 대하여 표시하여 돌려준다.
2. 필기시험
   - 평가 결과 성적이 저조한 학생은 보고서 제출 기회를 부여한다.
3. 체크리스트를 통한 관찰
   - 실습 과정에서 평가한 후 개선해야 할 사항 등을 정리하여 돌려둔다.

참 | 고 | 자 | 료

1. 심경석, "LED조명으로 정보를 전송한다," 가시광 통신, KB지식비타민, 2016.11.07.
2. Microelectronics Technology Alert (VLC), Frost & Sullivan, 2015.
3. Technical Insight(Futuretech), Frost & Sullivan, 2014.
4. Visible Light Communication(VLC)/Light Fidelity (Li-Fi) & Free Space Optics (FSO).
5. Market by Component, Applications, Marketsandmarkets, 2014.
6. 무선가시광 통신기술, 경성대학교, 2015.
7. ICT Spot Issue, 정보통신산업진흥원, 2014.
8. 빛(Li-Fi)로 구현되는 사물인터넷 시대, 우리투자증권, 2014.
9. 중소기업 기술로드맵 2015-2017 ICT-융합, 중소기업청, 2014.
10. 가시광 통신 특허 주요 동향, INI R&C, 2014.
11. Visible Light Communications: Technologies&Application, 연세대학교, 2013.
12. LED 가시광 통신 기술 및 발전 전망, 한국산업기술평가관리원, 2011.
13. http://www.etnews.com/20150316000225

학습 9

학습 1	가시광선 무선통신의 개요
학습 2	가시광과 LED의 원리 및 응용
학습 3	가시광 통신 시스템의 구성
학습 4	가시광 통신 시스템의 개발(1)
학습 5	가시광 통신 시스템의 개발(2)
학습 6	가시광 통신 시스템의 개발(3)
학습 7	차세대 가시광 통신 융합기술, 라이파이 기술
학습 8	가시광 통신 국내외 표준화 동향
학습 9	가시광 통신 산업 시장 동향
학습10	**가시광 통신 특허 동향**
학습 11	가시광 통신 응용과 활용

학습 목표

10–1 가시광 통신의 특허 동향을 이해할 수 있다.

10-1 LED 가시광 통신의 기술개발 및 특허 동향

1. 가시광 통신 관련 특허현황

무선 가시광 통신장치는 LED로 만들어지는 실내/외 조명, 광고판, 신호등, 가로등 등을 이용하여 빛으로 데이터를 전송하는 시스템으로서 전파사용이 제한된 병원, 비행기 등에서 사용가능하며 데이터의 고속 전송이 가능하므로 근거리 무선통신, 특히 단방향 정보 제공 시스템에서 주목을 받고 있다.

LED 가시광 통신분야가 기술개발 초기단계임을 감안하면 출원건수는 미약하지만 출원이 최근들어 계속 증가하고 있다. LED 가시광 통신분야가 신규시장으로서 국내 기업이 관련기술을 선점할 수 있는 좋은 기회를 지닌 분야인 것으로 평가된다.

무선 가시광 통신의 특허출원 동향을 살펴보면 휴대폰 등의 단말기와 자동차 등에서 정보 송수신에 이용하는 방법들이 주로 많으며, 조명으로 사용하면서 통신을 할 때 생기는 빛 색깔을 없애기 위한 색상보정방법, 주변의 빛에 의한 잡음을 줄이는 방법 등에 관해서도 출원되고 있다.

무선 가시광 통신은 전송속도가 빠르면서도 상대적으로 인체와 기기에 미치는 영향이 적어 전파사용이 제한된 장소에서 유용하게 사용되며, 조명과 함께 다양한 정보를 제공할 수 있는 일석이조의 효과로 인해 우리 실생활 주변에서 사용이 확대될 것으로 보인다.

2. 라이파이 기술 출원 현황

손안의 인터넷, 스마트폰 이용자 4천만 시대. 도서관, 카페 등 공공장소에서 인터넷 접속을 위해 와이파이(Wi-Fi)부터 찾는 것은 이제 일상이 되었다. 하지만 접속자가 몰리면 속도는 답답하고 해킹 문제도 불안하다.

빅데이터, 사물인터넷 시장의 성장에 따라 데이터 요구량 급증이 예상되는데, 라이파이는 기존의 통신기술의 한계를 해결하기 위한 해법이 될 것으로 전망된다.

라이파이는 켜져 있는 LED 조명을 이용하므로 추가 에너지 소비가 적고, 기존 무선통신 주파수 대역보다 1만배 넓은 가시광 대역을 이용하므로 와이파이에 비해 100배 넘는 전송속도(최대 초당 224GB, 1초에 1.5GB 영화 18편 다운로드 가능)를 구현할 수 있다.

빛이 차단되면 통신이 곤란하다는 단점이 있으나, 오히려 장소, 시간 등에 맞춰 의도적으로 빛을 차단하여 원하지 않는 곳으로 흘러나가는 신호를 방지함으로써 보안성 향상을 꾀할 수 있으며, 기존의 통신 기술들이 전자기파 간섭 문제로 병원, 항공기, 원자력발전소 등에서 사용이 극히 제한되는데 반해 라이파이는 이러한 제약이 전혀 없이 사용이 가능하다는 것도 장점이다.

이러한 와이파이의 한계를 넘기 위해 LED 조명으로 인터넷을 제공하는 기술, 이른바 라이파이(Li-Fi)에 대한 기술 출원이 꾸준하게 이루어지고 있다.

LED 조명에서 나오는 가시광(눈에 보이는 빛)에 데이터를 담아 보내는 근거리 무선통신 라이파이기술의 출원이 꾸준히 이뤄지는 것으로 나타났다.

'빛(Light)'과 '와이파이(Wi-Fi)'가 합쳐진 용어인 라이파이는 사람의 눈이 인지하지 못할 정도의 빠른 속도로 LED 조명을 켜고 끄는 것을 반복하여 데이터를 전송하는 기술로, 2015년까지의 국내 특허 출원 동향을 분석해 보면, 국내대기업이 37%로 가장 높은 비율을 차지하고 있고, 그 뒤를 대학이 25%, 외국기업과 국내중소기업이 각각 13%와 12%를 차지하고 있다.

출원인별로 보면 삼성전자가 111건으로 1위, 그 뒤로 한국전자통신 연구원과 국민대학교 산학협력단이 각각 41건과 24건으로 2위와 3위를 차지하고 있으며, 외국기업

중에서는 퀄컴이 16건으로 5위를 차지하고 있다.

사물인터넷 시장의 성장에 따라 라이파이의 상용화를 위한 국내 · 외 기업들의 노력도 이어지고 있다.

국외에서는 디즈니 연구소가 스위스 연방공과대학교와 함께 LED 불빛을 이용하여 LED 전구 상호 간 데이터를 주고 받을 수 있는 'Linux Light Bulbs'를 개발하고 있고, 최근(2016년 11월) 프랑스에서 루시벨이라는 중소기업은 LED 조명기기와 수신용 USB 키를 개발하여 상업화하는데 성공했다.

국내에서는 이마트와 중소기업인 유양디앤유가 협력하여 LED 조명에서 쇼핑 카트에 신호를 보내 위치 정보나 세일 정보 등을 알려주는 라이파이 기술을 적용한 시범사업을 한 바 있으며, 삼성전자 등 대기업도 상용화를 위한 기술개발에 앞장서고 있다.

정부와 지자체들의 지속적인 노력으로 LED 조명의 보급률이 꾸준히 증가하고 있어 라이파이 실현의 토대가 마련되고 있고, 빅데이터 및 사물인터넷 분야에서 대용량의 데이터 통신 방식을 요구하고 있다는 점을 고려하면, 라이파이 기술의 상용화와 성장의 시점이 임박해 온 것으로 보인다. 지금이야말로 라이파이 관련 기술에 대한 연구와 이에 따른 상용화 및 특허출원에 깊은 관심과 주의를 기울여야 할 때이다.

3. 가시광 통신의 핵심기술과 기술개발 및 특허동향

LED 가시광 통신의 핵심기술과 기술개발 및 특허 동향은 다음과 같다.

핵심기술명	기술개발 및 특허동향
VLC(가시광통) physical layer 기술	VLC(가시광 통신)의 PHY(physical layer)에 관한 기술
	관련 출원건수는 저조하나, 핵심특허가 존재할 가능성이 높은 기술분야
VLC 고속 스위칭 기술	고속의 깜박임(on-off switching) 제어에 관한 기술
	최근 연구개발이 시작된 분야로, 기술진입 용이하고 기술 우위 선점할 수 있는 연구개발 전략이 필요함.
VLC 간섭제거 기술	주변 광 간섭에 의한 통신 장애를 제거할 수 있는 기술
	관련 특허출원이 저조하며, 기술 선점하는 주요특허가 존재하지 않은 것으로 판단되므로, 기술진입이 용이할 것으로 판단됨.
VLC ID 기술	VLC조명 또는 단말 각각에 대한 식별번호(ID)를 정의하고, ID에 따라 단말을 제어할 수 있는 기술
	기술 선점하는 주요특허가 존재하지 않은 것으로 판단되어, 기술진입이 비교적 용이할 것으로 사료됨.

핵심기술명	기술개발 및 특허동향
VLC Infra 구축기술	VLC 통신이 가능한 인프라 구축에 관한 기술
	관련 특허가 도출되지 않아, 기술 선점을 위한 연구개발 추진 전략이 필요함.
VLC 위치 측정 기술	VLC를 이용한 위치 정보를 송수신할 수 있는 기술
	최근 관련특허가 출원되고 있어, 최근 연구개발이 시작된 기술분야로 핵심특허 확보 가능성이 높고 명확한 선점 기술이 없는 기술분야로 판단됨.

10-2 국내 특허출원 현황 및 전망

국내 가시광 무선통신 기술의 연구 개발이 2005년도부터 진행되어 특허 출원이 증가하기 시작하여 최근에 관련 기술의 특허 등록 및 공개가 증가하고 있으며, 산업계 및 학계, 연구소에서는 가시광 무선통신 기술에 대한 특허의 지속적인 출원을 추진 중이다.

무선 가시광 통신 관련 특허출원은 2004년 2건, 2005년 4건을 시작으로 2006년 13건, 2007년 20건, 2008년 9건 2009년 40건, 2010년 67건으로, 많은 건수는 아니지만 2005년 대비 3배~20배의 출원 증가율을 보이고 매년 30건 이상 꾸준하게 출원되고 있는 것으로 조사됐다. 있다. 출원인별로 보면 내국인 출원이 84%로서 외국인 출원에 비해 내국인 출원이 두드러지게 높게 나타나고 있다. 또한 기업별로 보면 대기업출원이 전체출원의 56%에 이르고 있다.

삼성전자는 2006년부터 가시광 무선통신 기술의 연구 개발된 결과를 바탕으로 관련 특허를 30건 이상 출원하였으며, 가시광 무선통신 시스템의 HW 및 SW에 걸쳐 전반적인 특허에 대한 경쟁력을 확보하고자 지속적으로 특허 발굴 및 출원을 추진 중이다.

- ETRI는 2008년부터 가시광 무선통신에 대한 본격적인 연구개발을 시작하면서, 2010년 현재 국내외 특허 20건 이상을 출원하고, 국내 산업체의 기술 경쟁력 확보를 위해 지속적인 기술이전을 통하여 특허의 활용도를 높이고자 노력 중이다.
- 국내 산학연 단체에서 최근 저속 가시광 무선통신에 관한 특허출원이 급증하고 있고, 특히 저속 가시광 통신 상용화 서비스 관점에서 2010년 본격적으로 논의가 시작되어 향후 이에 대한 특허출원을 하고 있다.

학습 10

원천 · 핵심기술인 동시에 라이센싱 협상의 주요 대상인 표준특허의 확보가 필요하다. 현재 특허청에서는 국내기업이 표준특허를 보다 더 쉽게 확보할 수 있도록 '표준특허의 전략적 창출지원 종합대책'을 마련해 시행하고 있어 이러한 정책들을 잘 활용해 국내 기업들이 표준과 연계한 특허창출에 역량을 집중할 수 있기를 기대한다.

〈표 10-2〉 국내 주요 등록 특허

특허명	특허권자	출원번호
카메라 장치를 이용하여 가시광선 근거리 통신을 수행하는 무선 단말기	삼성전자㈜	2004-0056593
포토다이오드의 기능을 갖춘 가시광 레이저 다이오드 및 그 제조 방법	삼성전자㈜	1995-0019071
적외선 무선 광통신 모듈의 구조와 적외선 무선광모듈의 위치 및 방향 조정 방법	엘지전자㈜	1998-0042339
포토다이오드	엘지전자㈜	1998-0008529
발광수단을 이용한 컴퓨터 외부 입력 기능을 가지는 무선통신 단말기 및 그 방법	㈜팬택앤큐리텔	2005-0007168
다중 반송파를 이용한 가시광 무선통신 시스템 및 그 방법	한국전자통신연구원(ETRI)	2010-0065034
가시광 무선통신 장치 및 방법	한국전자통신연구원(ETRI)	2010-0060900
가시광 통신을 이용한 차량간 통신 장치 및 그 방법	한국전자통신연구원(ETRI)	2010-0049488

출처 : ㈜윕스 WWW.WIPS.CO.KR, WIPS특허검색서비스

10-3 국외 주요 국가별 특허출원 현황 및 전망

1. 미국

조명용 LED 및 조명등에 관련된 특허는 매우 많지만 이를 이용한 가시광 무선통신 기술의 경우 일부 학계에서의 연구 개발이 초기 단계에 있어 관련된 특허는 거의 없음

그러나, 가시광을 이용한 무선통신 측면에서는 Talking Light라는 업체에서 형광등의 가시광을 이용하여 단순한 ID 정보를 전송하는 기술에 대한 특허를 가지고 있으며, 이를 포함한 6건 정도의 특허를 등록하였음

2. 유럽

영국의 옥스퍼드 대학에서는 백색 LED 조명을 이용한 가시광 무선통신과 저가형 상향 가시광 변조기, 등에 대한 특허를 출원하고 있으며, 독일은 2건의 등록 특허를 보유하고 있고 네덜란드는 1건의 등록 특허를 보유하고 있음

3. 일본

VLCC의 회원사들이 광ID 전송을 이용한 정보 안내와 가시광 Image Sensor를 이용한 가시광 무선통신, 저속의 가시광 무선통신 기술, 전력선 통신과 결합한 가시광 무선통신의 응용 방안, 가시광 무선통신을 이용한 로봇 제어, 등과 같이 가시광 무선통신 기술의 다양한 응용 방안과 시스템 구현 방안에 대한 다수의 특허를 가장 많은 17건의 등록 특허를 보유하고 있음

〈표 10-3〉 국외 주요 등록 특허

특허명	특허권자	출원번호
Dual-use electronic transceiver set for wireless data networks	Talking Lights	1999-291706
Communication system	Talking Lights	1999-291709
Communication with non-flickering illumination	Talking Lights	2004-946166
Transferring data from one device to another	Koninklijke Philips Electronics N.V.	2001-794980

학습활동.10 교수 · 학습 방법

교수 방법

- 가시광 통신 특허 동향에 대한 관련 용어, 구성, 방식 이해 정도를 파악한 후 수업을 진행한다.
- 교수자의 주도로 가시광 통신 특허 동향 등의 내용을 PPT 자료로 제시한 후 설명한다.
- 가능하면 사전에 개인별 학습 자료를 준비하여 모든 학생이 참여할 수 있는 문제 해결식 수업, 협력 수업이 가능하도록 한다.
- 가시광 통신 특허 동향 전 과정을 작업의 순서에 따라 단계적으로 실습이 이루어질 수 있도록 지도한다.
- 교재를 통해 수업을 준비하는데 있어서 필요한 모든 정보나 팁, 힌트 등 도움이 될 만한 내용들을 확인할 수 있다.
- 학생들이 만들게 될 각 모델들은 수업시간에 중점적으로 다뤄질 부분과 어휘, 질문, 답을 포함하고 있으며 또한 탐구할만한 추가적인 아이디어들도 포함하고 있다.

학습 방법

- 가시광 통신 특허 동향에 대한 관련 용어를 숙지하고, 가시광 통신 특허 동향에 대해 이해한다.
- 가시광 통신 특허 동향의 각 단계별 중점 사항을 체계적으로 학습한다.
- 가시광 통신 특허 동향의 수행순서의 전 과정을 실습한다.
- 가시광 통신 특허 동향의 내용을 이해한다.
- 가시광 통신 특허 동향을 이해하고 숙달이 될 때까지 학습한다.

학습활동.10 평가 및 피드백

평가 준거

- 평가자는 피평가자가 수행 준거 및 평가 내용에 제시되어 있는 내용을 성공적으로 수행할 수 있는 지를 평가해야 한다.

학습내용	평가항목	성취수준		
		상	중	하
가시광 통신 특허 동향	가시광 통신 특허 동향을 이해할 수 있다.			

평가 방법

• 작업 포트폴리오

학습내용	평가항목	성취수준		
		상	중	하
가시광 통신 특허 동향	가시광 통신 특허 동향을 이해할 수 있다.			

• 필기시험

학습내용	평가항목	성취수준		
		상	중	하
가시광 통신 특허 동향	가시광 통신 특허 동향을 이해할 수 있다.			

• 체크리스트를 통한 관찰

학습내용	평가항목	성취수준		
		상	중	하
가시광 통신 특허 동향	가시광 통신 특허 동향을 이해할 수 있다.			

피드백

1. 작업 포트폴리오
   - 제출한 보고서를 평가한 후 주요 사항에 대하여 표시하여 돌려준다.
2. 필기시험
   - 평가 결과 성적이 저조한 학생은 보고서 제출 기회를 부여한다.
3. 체크리스트를 통한 관찰
   - 실습 과정에서 평가한 후 개선해야 할 사항 등을 정리하여 돌려둔다.

참 | 고 | 자 | 료

1. ICT 중점기술 표준화 전략맵, Ver. 2011.
2. 해외마케팅 로드맵 보고서: 가시광 통신기반 유비쿼터스 가로등, KOPTI, 2007.

학습 1	가시광선 무선통신의 개요
학습 2	가시광과 LED의 원리 및 응용
학습 3	가시광 통신 시스템의 구성
학습 4	가시광 통신 시스템의 개발(1)
학습 5	가시광 통신 시스템의 개발(2)
학습 6	가시광 통신 시스템의 개발(3)
학습 7	차세대 가시광 통신 융합기술, 라이파이 기술
학습 8	가시광 통신 국내외 표준화 동향
학습 9	가시광 통신 산업 시장 동향
학습 10	가시광 통신 특허 동향

학습11 가시광 통신 응용과 활용

학습 목표

11-1 가시광 통신의 응용과 활용을 이해할 수 있다.

모바일 및 디스플레이 기기의 보편화로 인해 다양한 산업에서 가시광 통신을 적용할 수 있다. 다만 현재 기술수준에서는 실외보다는 실내 응용으로 집중하여 상용화를 진행 중에 있다.

가시광 통신 기술은 다음처럼 여러 분야에 응용되고 있으며, 그 응용분야와 범위는 점진적으로 증가할 것으로 판단된다. 그리고 다양한 서비스가 현재 IEEE 802.15.7 TG VLC에서 활발하게 논의되고 있다.

11-1 실내 측위 기반 서비스

GPS를 사용할 수 없는 실내에서 사용자의 위치를 확인하고 필요한 데이터를 송수신할 수 있다. 특히 백화점이나 상점에서 사용자의 위치와 근접한 상품의 상세정보를 제공할 수 있다.

스마트폰의 보급과 더불어 위치 기반 서비스(Location Based Service ; LBS)에 관심이 매우 높아지고 있다. 이러한 위치 기반 서비스를 제공하기 위해서는 사용자의 위치를 정확히 파악하는 것이 중요하다. 일반적으로 실외 통신 환경에서는 GPS(Global

Positioning System) 기술을 이용한 측위 기술이 보편화되었으며, 이를 활용한 다양한 위치 기반 서비스가 활용되고 있다. 하지만 GPS는 실내 환경에서 활용될 수 없으며, 삼각 측량, 전파 지도 등의 다양한 측위 기법 등을 통해 사용자의 위치를 측정하여야 하나 주파수 간섭, NLOS(Non Line of Sight), 동기화(Synchronization) 등의 문제로 인한 측위 정확도를 보장할 수 없다. 하지만 가시광 무선 통신을 활용한 실내 측위 기법을 사용할 경우 최대 1m 이내에서 최소 수 cm까지의 측위 성능 보장이 가능하며, 이를 토대로 다양한 위치 기반 서비스와의 연계가 가능하다.

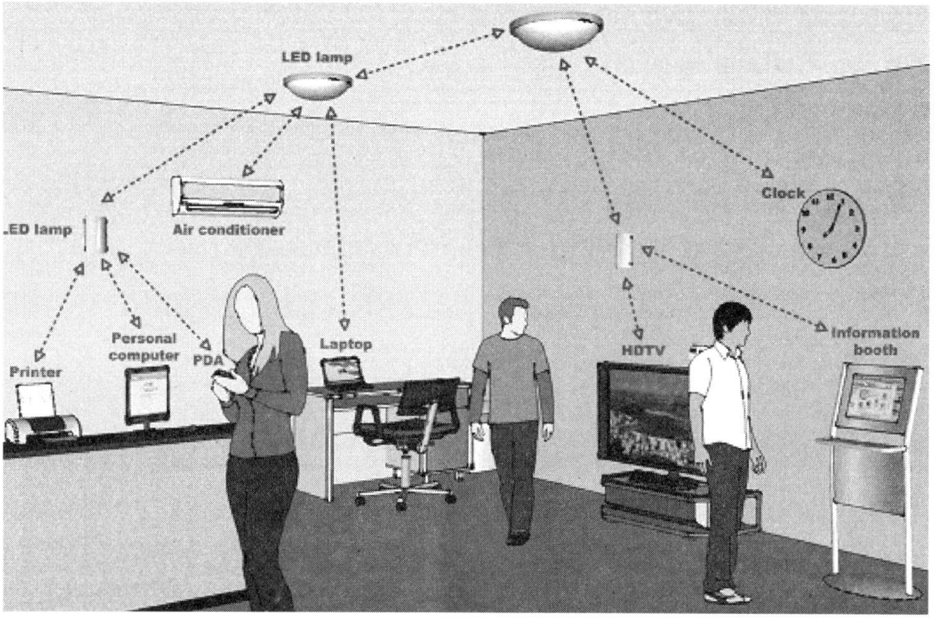

[그림 11-1] LED-ID를 이용한 위치 기반 서비스

실내 환경에서 가시광 무선 통신을 이용할 경우 기존 RF 신호를 이용한 측위 기법에 비해 매우 높은 측위 정확도를 제공할 수 있다. 특히 가장 간단하게는 Cell-ID와 유사하게 LED 조명마다 ID를 부여하고 해당 ID를 수신하는 영역내에서 측위하는 기법이 있는데, 이는 가시광 무선 통신의 통신 영역이 해당 LED의 발광 영역과 동일하다는 특성을 이용한 것이다. 이와 더불어 보다 정밀한 측위를 위해 현재 가시광 무선 통신 환경에서 가시광 무선 통신 측위 기법들에 대한 연구가 진행되고 있다

이와 관련하여 2012년 일본 Nakagawa Lab, Inc.에서는 스마트폰의 이어폰 인터페이스에 가시광 수신 모듈을 직접 연결하여 가시광 무선 통신을 이용한 위치 기반 서비스 제공이 가능한 응용 서비스 모델을 개발하였다. LED 수신 장치를 스마트폰에

연결하면, 박물관이나 미술관 등의 전시품 소개 및 백화점 입구 등에서 쿠폰 발생이나 상품 소개문과 같은 서비스를 스마트폰을 통해 제공받을 수 있다. 이와 더불어 2012년 일본의 게이오 대학에서는 시작 장애인이나 노인들의 복잡한 실내 환경에서 길안내 서비스를 제공할 수 있는 응용 서비스 모델을 개발하였다. 장애인용 길안내 시스템은 LED ID를 이용해 해당 위치의 정보를 사용자 수신기(스마트폰)로 전송하고, 수신 장치와 헤드폰(Headphone)을 연결하고 사용자에게 현재의 위치와 목적지까지의 진행 방향 등을 음성을 통해 전달하는 구조를 가지고 있다.

11-2 특수시설 내부 통신

전자파 장애를 발생하지 않아 병원, 항공기, 잠수함, 우주선 등 전자파에 민감한 장소의 통신수단으로 적합하다. 일반적으로 병원의 수술실이나 중환자실 그리고 항공기 내부에서는 RF(Radio Frequency) 신호를 발생시킬 수 있는 스마트 기기의 사용이 불가능하다. 이는 스마트 기기에게 발생하는 RF 신호가 환자의 관리 장비 및 항공 기기와의 간섭을 유발할 수 있기 때문이며, 이러한 간섭은 관리 장비의 신뢰성 저하와 오작동의 원인으로 작용하여 인명 및 경제적 피해를 야기한다. 하지만 가시광 무선 통신의 경우 해당 장비들이 사용하는 ISM 대역을 사용하지 않기 때문에 [그림 11-2]와 같이 기기간 통신 간섭없이 병원이나 항공기 내부에서도 사용자에게 편리한 인터넷 서비스 제공이 가능하다.

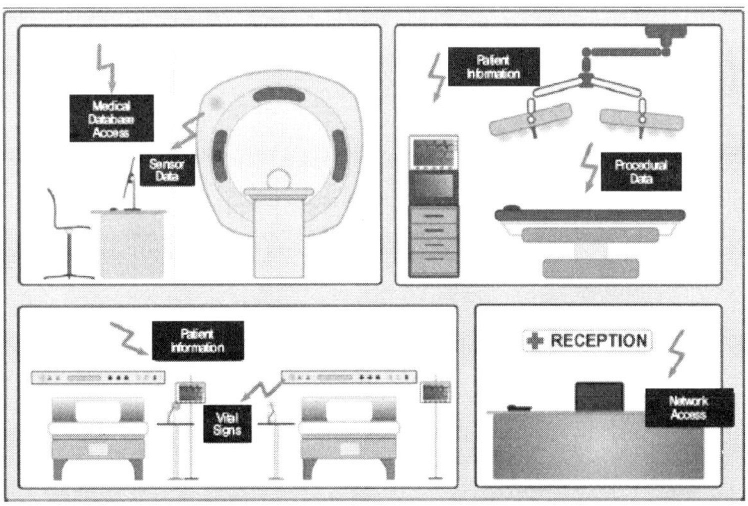

[그림 11-2] VLC의 병원에서 응용

가시광 무선 랜 시스템(Visible Local Area Network ; VLAN)은 빌딩 및 집 그리고 병원이나 항공기 내부 등의 응용 서비스 환경에서 가장 빈번하게 활용될 수 있는 기술로서, 개발환경도 LED 스탠드를 시작으로 LED 조명, 가로등에 이르기 까지 매우 다양하게 구성될 수 있다. 먼저 미국 LVX System 사에서 개발한 VLAN 시스템은 LED를 이용한 실내 조명 장치와 노트북과 연결할 수 있는 수신 모듈을 이용해 Wi-fi 기술을 대체 할 수 있는 VLAN 시스템으로 전송 거리 3m와 최대 전송속도 3Mbps급의 인터넷 서비스를 제공할 수 있다.

[그림 11-3] 삼성전자의 LED 스탠드

국내에서도 VLAN 서비스 제공을 위해 LED 스탠드를 이용한 통신 시스템을 개발하였다. [그림 11-3]에서 보는 바와 같이 LED스탠드와 서버를 연결하고, 브로드캐스트 정보를 통해 노트북에 연결된 전용 수신기를 이용해 인터넷 서비스를 제공받을 수 있다. 이러한 LED 스탠드는 서재나 공부방 그리고 항공기 내부등에서 효과적으로 사용될 수 있을 것으로 기대된다.

이와 더불어 2011년 일본의 Nakagawa Lab, Inc.에서는 근거리 음성 전송 서비스를 위한 가시광 무선통신 송수신 모듈을 개발하였다. LED 조명용 송신장치와 핸디형 스피커와 하단부의 수신기가 연결된 음성용 수신 장치를 개발하였다.

11-3 전시물 및 광고판

LED 전등을 사용하는 전시물 또는 광고판에서 관련 설명이나 할인 쿠폰 등의 데이터를 송수신한다. 최근 근거리 환경에서 스마트폰을 이용한 광고 및 정보 전달 기술로 각광 받고 있는 기술이 QR 코드(Quick Response Code)및 AR 마커(Augmented Reality Maker) 기술이다. 이러한 근거리 인식 기술은 스마트폰의 카메라로 촬영된 영상의 고유 패턴 인식을 통해 해당 정보의 홈페이지를 연결하거나 해당 제품의 정보를 전달하는데 매우 효율적이다. 하지만 QR 코드 및 AR 마커는 사람의 눈으로 해당 정보와 내용을 확인할 수 없기 때문에 보안상의 문제점을 가질 수 있다. 반면, LED를 이용한 전광판을 통해 코드를 생성할 경우 사용자에게 해당 광고의 정보를 눈으로 확인할 수 있을 뿐 아니라 코드 자체의 정보도 함께 전달할 수 있어 안전한 정보 전달이 가능하다.

최근 일본의 토쿠시마 대학 (The university of Tokushima)에서는 블루투스 제어가 가능한 소형 헬기를 이용하여 LED 전광판(Panel)에 AR 마커 및 QR 코드 인식 시스템을 구축하고, 4~6m 높이에 촬영한 이미지를 통대로 해당 정보를 인식하는 실험 수행 결과를 발표하였다. CV로 표시되는 AR 마커 영상과 QR 코드 패턴을 정확히 인식할 수 있었으며, AR 마커의 경우 약 90% 이상의 인식률을 제공하였으며, QR 코드의 경우 약 55% 정도의 인식 성공률을 나타내었다.

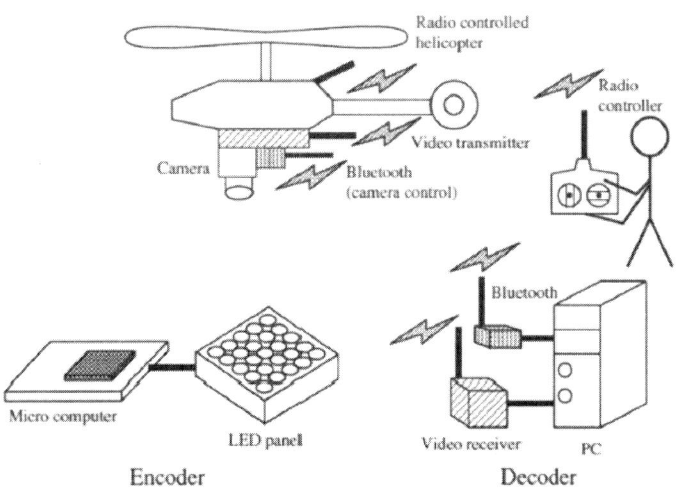

[그림 11-4] 가시광 무선 통신을 이용한 QR 코드 및 AR 마커 인식 시스템 구성도

11-4 IoT 가전제품

LED는 인체에 무해하기 때문에 가정 및 실내에서 사용하는 가전제품 및 센서에 장착하여 가정 내 IoT 서비스에 응용한다. 스마트 빌딩의 경우 LED를 이용한 경관 조명 및 실내조명 시스템이 구축되어 있고, 이를 기반으로 스마트 미터링(Smart Metering)을 통한 전력 감소 및 근무자가 없는 사무실의 경우 자동적으로 조명을 제어하는 지능형 빌딩 관리 시스템을 구현할 수 있다. 또한 스마트 홈의 경우 [그림 11-5]와 같이 거실, 주방, 침실, 공부방 등에서 가시광 무선 통신 기술을 이용한 인터넷 서비스 제공이 가능하며, PLC와 결합되어 가정 내 전력 감시를 위한 스마트 그리드 시스템 적용을 위한 융합 연구도 함께 이루어질 수 있다.

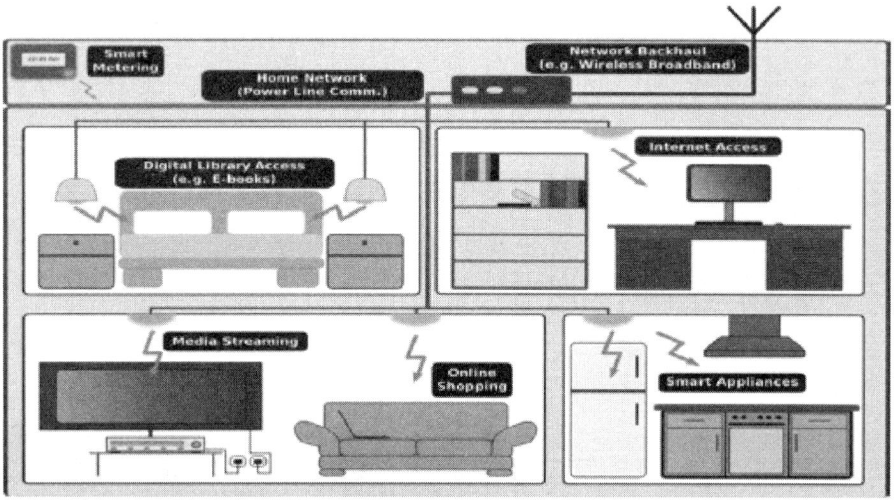

[그림 11-5] VLC 응용 모델 : 스마트 홈

11-5 수중 근거리 통신 시스템

최근 해양 방위 산업 및 해양 레저 그리고 해양 조사등의 산업이 활성화됨에 따라 수중 환경에서도 수신호(Hand Signal)가 아닌 IT 기술을 적용한 통신 기술 개발이 요구되고 있다. 이에 따라 2011년 국토해양부를 통해 수중 무선 통신 네트워크 기술이 개발되었고, 현재 LIG 넥스원을 통해 상용화를 수행하고 있다. 하지만 통신 속도가 수kbps에 불과하고, 비싼 개발 비용을 동반하기 때문에 해양 레저 및 해양 조사 환경에서 사용될 만큼 가격 경쟁력을 갖추기 위해서는 많은 시일이 소요될 것으로 분석된다. 하지만 가시광 무선 통신을 사용할 경우 수중 환경에서도 LED 손전등과 수신기를 이용한 근거리 음성 통신이 가능하고, 가격 측면에서도 경쟁력을 갖출 수 있어 그 활용 가능성이 매우 높다고 할 수 있다.

일본의 Nakagawa Lab, Inc.은 가장 활발하게 가시광 무선통신 응용 서비스 개발이 앞장서고 있으며, 특히 수중 환경에서도 가시광 무선 통신 기술의 적용 사례 및 이와 관련한 응용 서비스 개발을 위한 연구를 시도하고 있다. 이중 해양 레저 환경에서 매우 활용성이 높을 것으로 분석되는 가시광 무선 통신 기술을 이용한 가시광 스마트 마스크와 수중 양방향 통신 기술에 대해 설명한다.

먼저, 해양 레저 중에서 스킨스쿠어다이빙 (Skin-scuba Diving)에서 다이버간 통신을 위해 수신호가 아닌 음성 통신용 가시광 스마트 마스크 구성도 및 활용 한다. 마이크와 휴대용 LED 손전등을 이용해 물속 환경에서도 음성 데이터를 송신할 수 있는데, 손전등에 결합된 수신기와 골전도 이어폰을 통해 음성 데이터를 수신하는 구조를 가지고 있다. 또한 스마트 마스크는 수중 환경에 서 다이버 간의 통신을 물론 물위에 떠있는 배와의 다이버 간의 통신 시스템도 지원할 수 있는 특징을 가지고 있다.

이와 더불어 스마트 마스크보다 수중 환경에서 통신 속도와 통신 거리를 향상시키기 위한 연구도 진행되고 있다. 양방향 통신이 가능한 가시광 무선 통신 송수신 모듈을 이용해 외부 인터넷과 연결하고, 데이터 전송 시 수중 환경을 가정한 실험 환경이다. 양방향을 통신 방향에 수조를 설치하고, 물속에서 빛의 분산을 방지하기 위해 렌즈(Lens)를 이용해 빛의 집광 능력을 향상시켜 인터넷 서비스가 가능한 실험 결과를 볼 수 있다.

11-6 지능형 교통 시스템

학습 11

자동차 전후방 LED를 이용한 자동차-자동차, 자동차-교통시설 간 통신 등 지능형 자동차 교통 시스템에 적용할 수 있으며, 해양 교통에서 선박-선박, 선박-등대 간 충돌방지 시스템에 활용 가능하다.

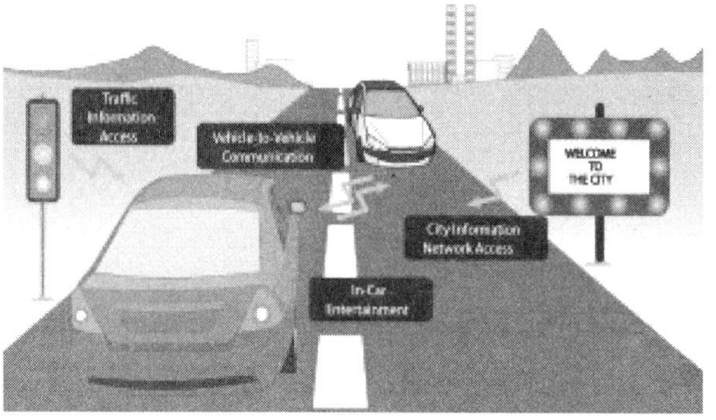

[그림 11-6] VLC 응용 모델 : 지능형 자동차

1. 지능형 교통시스템의 개요

최근 각광받고 있는 지능형 교통 시스템에도 향후 가시광 통신을 적용할 수 있을 것으로 예상된다. 이러한 가시광 통신 기반 지능형 교통 시스템은 LED 교통 인프라의 재활용이 가능하고 전자파도 문제가 적다. 또한, 터널과 같은 GPS를 사용할 수 없는 곳에서 보조 측위기술로 사용 가능하며 최근 연구가 활발한 레이더를 이용한 차량 위치 측위 기술의 성능 및 안정성 향상을 위한 보조 기술로 사용이 가능하다. 이렇듯 지능형 교통 시스템에서의 가시 광통신 적용은 차량과 차량, 차량과 인프라 간의 통신을 통한 원활한 교통흐름에 도움을 줄 수 있다.

최근 스마트카에 이용할 수 있는 기술들이 지속적으로 개발되고 있으며 지능형 교통사고 예방 기술에 대한 연구도 활발히 진행되고 있다. 그 예로 전방차량과의 거리를 계산하여 위험을 알려주는 기술이나 차선 이탈 방지 시스템 등이 실제 차량에 적용되고 있다 하지만 이러한 기술에는 레이저와 같은 센서를 별도로 부착하여 사용해야 하기 때문에 추가적인 인프라 구축 비용이 필요하다. 따라서, 스마트카에 이용할 수 있는 기술들을 위한 별도의 센서 구축이 아닌 블랙박스와 같은 기존에 활용되는 영상센서를 기반으로 개발한다면 인프라를 구축할 필요 없이 기술들을 사용할 수 있는 가능성이 있어 기술의 활용가치를 높일 수 있다.

지능형 교통 시스템에 가시광 통신을 적용하여 블랙박스와 같은 영상센서를 통해 수신된 영상에서 이동하는 전방차량의 후미등을 검출하고 이에 포함된 가시광 통신 정보를 분석하여 전방차량과의 거리를 추정하는 방법이 있다.

2. 스마트 차의 이용기술

1) 가시광 통신을 이용한 영상센서 기반 차량 간 거리추정 기법

(1) 거리 추정 기법

전방차량의 후미등 사이 pixel 폭을 이용하여 차량 간 거리를 추정한다. 전방차량의 후미등 사이 실제거리를 변하지 않지만 이미지상에서 후미등 사이 pixel 폭은 거리에 따라 지속적으로 변화한다. [그림 11-7]에서 d 값은 이미지상의 후미등 사이 pixel 폭을 나타낸다.

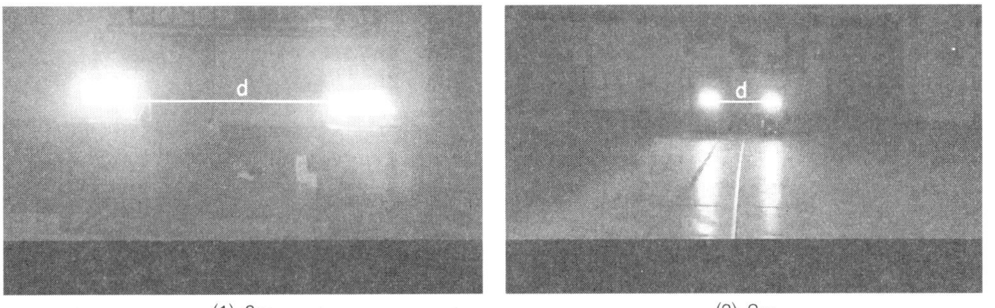

(1) 2m (2) 8m

[그림 11-7] 거리에 따른 후미등 사이 pixel 폭 영상

2m에서 촬영한 이미지의 d 값보다 8m에서 촬영한 이미지의 d 값이 작은 것을 확인할 수 있다. 이러한 특성을 이용하여 일정 구간별로 d 값을 구하여 데이터베이스를 확보한다. 그 후 비선형 회귀분석을 통해 d 값에 따른 전방차량과의 거리를 나타내는 함수식을 도출할 수 있다. 하지만 d 값을 그대로 사용하는 경우 영상센서의 해상도에 따라 같은 거리에서의 d 값이 다르게 나타나게 된다. 그러므로 영상센서의 해상도 영향을 줄이기 위해 영상 전체 폭에 대한 d 값의 비율 값인 r 값을 사용한다. 식 (1)에서 보는 바와 같이 새로운 비율 값 r을 정의하면 해상도에 의한 영향을 줄일 수 있다.

$$\text{I mage width} : d = 1000 : r \qquad (1)$$

[그림 11-8]에서 1280x720 해상도와 1920x1080 해상도에서의 비율 값 r이 비슷한 것을 확인할 수 있다. 또한, 비율의 배율을 1000배로 정하였는데 그 이유는 거리 데이터의 소수점 영역까지 더욱 고려하여 보다 정밀한 거리를 구분하기 위해서이다.

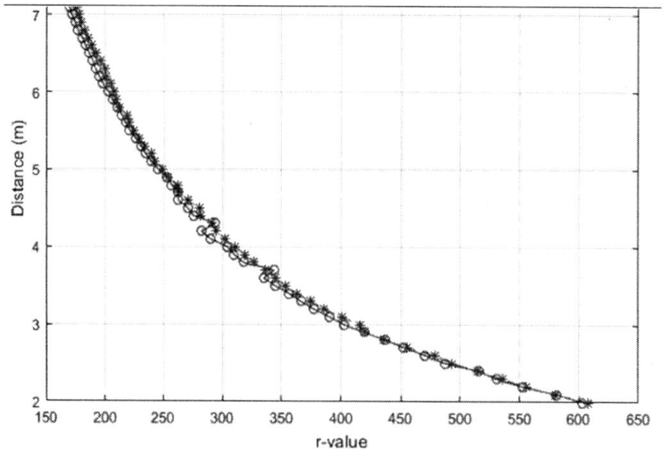

[그림 11-8] 해상도에 따른 r값의 그래프

(2) 후미등을 이용한 가시광 통신 기술

후미등 검출뿐만 아니라 데이터를 전송하기 위해서 On-Off Keying(OOK) 변조방식을 기반으로 한 가시광 통신을 사용한다. OOK 변조방식의 경우 후미등 LED가 켜진 경우 '1'의 데이터, 꺼진 경우 '0'의 데이터를 나타낸다. 그림 3의 전송 패킷은 후미등에서 전송하는 데이터로써 Sync 패킷과 Information 패킷으로 나뉘게 된다. Sync 패킷에서는 후미등 LED의 깜박임을 이용하여 후미등 영역을 검출할 수 있게 하며 Data 포맷의 시작점을 알 수 있게 해준다.

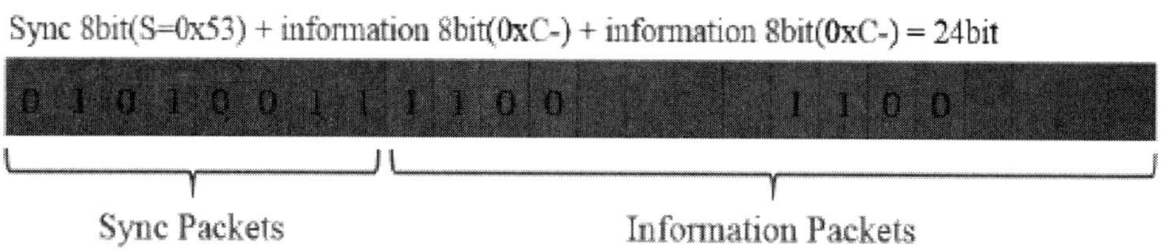

[그림 11-9] 가시광 통신의 전송 패킷

그러므로 데이터는 깜박임이 많이 나타나는 [0, 1, 0, 1, 0, 0, 1, 1]의 포맷으로 Sync 패킷을 전송한다. Data 포맷은 표 1과 같이 차량의 후미등 사이 거리 정보를 전송하며 현재는 1.1m, 1.3m, 1.5m의 경우만 표시하였지만 추후 차량의 폭에 따라 다양한 데이터를 전송할 수 있다.

〈표 11-1〉 Information 패킷의 Data

Upper 4bits	Lower 4bits	Data
0011	0011	1.1m
0011	1100	1.3m
0110	0110	1.5m

(3) 후미등 검출 기법

영상센서를 통해 받은 영상을 이용하여 전방차량의 후미등을 검출하고 데이터를 분석한다. [그림 11-10]은 후미등 검출방법의 전체 Block Diagram을 나타낸다.

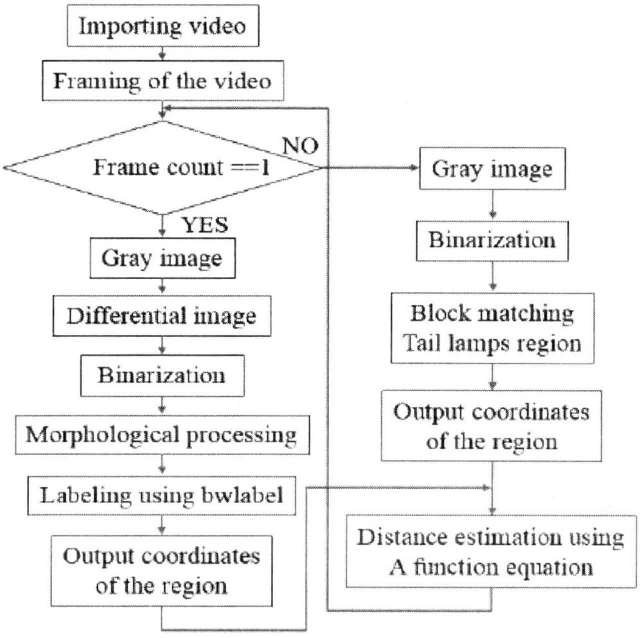

[그림 11-10] 후미등 검출의 Block Diagram

먼저, 영상센서에서는 촬영한 이동상황 영상을 frame화 한다. 후미등에서 OOK 변조방식으로 데이터를 전송하기 때문에 영상은 On frame과 Off frame으로 분리된다. 첫 번째 frame일 때, 영상의 Differential, Binarization, Morphology와 같은 영상처리 기법을 사용하여 후미등을 검출한다. Differential은 On frame과 Off frame의 영상 차를 구하는 방식으로써 깜박이는 후미등을 제외한 변하지 않는 배경 부분을 제거하여 후미등을 검출하는 기법이다. 하지만 첫 번째와 두 번째 frame이 [1,

1] 또는 [0, 0]일 경우, 후미등을 검출할 수 없다. 이러한 경우 다음 frame부터 영상처리를 시작한다. Differential 기법으로 영상처리를 한 후, Binarization과 Morphology 기법으로 남은 잡음들을 줄이게 된다.

Binarization은 Threshold 값을 사용하고 Morphology는 침식 기법을 사용하여 잡음을 줄인다. [그림 11-11]은 영상처리 전의 영상과 영상처리 후의 영상을 보여준다. 영상처리로 잡음을 제거한 영상에서 후미등을 검출한다. 이후, 첫 번째 frame이 아닐 때는 Block matching을 통해 후미등을 검출한다. Block matching은 최근 frame에서 검출한 후미등 영역을 Region of Interest(ROI)로 설정하고 다음 frame에서 ROI 영역 주변에서 후미등을 추적하여 검출하는 방식이다. 영상 내에서 전방차량의 움직임이 크지 않기 때문에 적은 연산량과 빠른 속도로 후미등의 ROI 영역을 검출할 수 있다. 또한, 후미등 ROI 영역은 이동상황을 고려하여 영역 마진을 두도록 설정한다. 그리고 잡음의 영향을 줄이기 위해서 후미등 양쪽의 ROI를 두개의 영역으로 나누어서 검출한다. 마지막으로 각 후미등의 ROI 영역을 검출하였으므로 ROI 영역의 중심좌표를 구할 수 있다. 제안된 기법은 ROI의 중심좌표 구할 때 가시광 통신에 의한 영상의 깜박임을 이용하는 Differential 기법을 활용하기 때문에 기본적으로 3개 이상의 영상을 활용하는 multi-x-frame을 활용하여 추출한다. ROI 영역의 중심좌표 중 x좌표의 차를 구하면 후미등 사이 pixel 폭인 d값을 구할 수 있다.

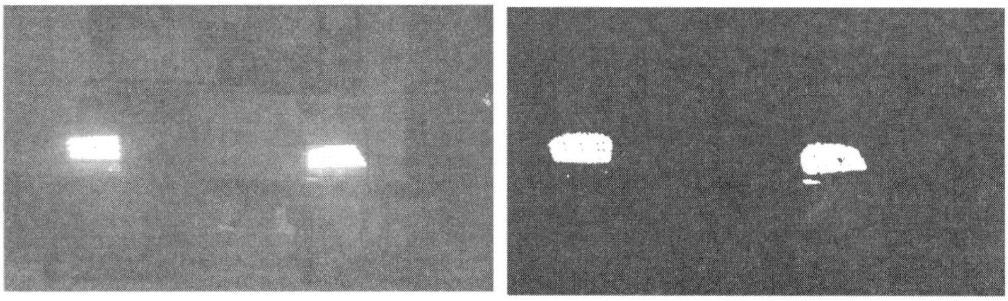

(a) 영상처리 전의 영상　　(b) 영상처리 후의 영상

[그림 11-11] 후미등 검출 기법에 대한 영상

3. 자동차용 LED조명 기술

1) 개요

자동차에도 기존전구를 LED조명으로 급속히 대체하고 있다. 자동차 실내에는 LCD 및 계기판(내비게이션, 라디오, 에어컨, 주행기록계 등)의 백라이터와 실내램프가 있

다. 외부에는 브레이크 표시램프, CHMSL(자동차 후위 중앙에 별도로 장착하는 정지등, Center High Mount Stop Lamp), 후진 표시등, 주간 주행등(DTRL: DayTime Running Lights), 전후방 방향표시램프, 사이드마커 램프 등이 있다. 최근 국내외 차량의 경우 하향 및 상향 전조등에도 LED를 채택하고 있다.

LED조명은 많은 장점으로 인해 자동차시장 에서 인기를 얻고 있다. 우선 현재 조명의 출력량이 100루멘/와트 이상의 획기적인 수준에 도달했다. 이는 에너지를 절약하고 CO2 배출을 줄일 수 있음을 의미한다. 또한 매우 빠른 신호의 전달로 인해 운전자의 안전성을 최대로 높일 수 있다. 예를 들어 브레이크 표시램프의 경우에 표시램프가 더 빨리 반응할수록 더 빨리 감지할 수 있다.

2) 자동차가 LED조명을 채택 이유

- 현재 LED조명의 출력량이 획기적인 수준에 도달(100루멘/와트 이상)
- 수은, 유독가스 등 유해물질을 사용하지 않는 환경 친화적인 조명
- 우수한 컬러 렌더링과 다양한 색상을 제공하여, 자연에 가깝게 물체 식별가능
- 수명이 길고, 신뢰성이 높아, 유지보수가 필요 없으므로, 다양한 디자인 가능
- 탑재가 용이하여, 자동차 핸들의 조명 버튼, 도난방지의 깜빡임 표시등 가능
- 뛰어난 광량조절 기능(dimming capability)
- 매우 빠른 턴 온 및 턴 오프 응답으로 안전성 확보

자동차용 LED조명은 전조등, 방향지시램프 등과 같은 외장램프가 내장램프보다 더욱 성장할 것으로 전망된다. 외장램프 시장의 성장이 두드러지는 것은 기존의 할로겐 및 제논 램프가 LED 램프로 교체되는 것에 기인한다.

또한, AFS(Adaptive Front-lighting System), HUD (head-up display) 등과 같은 첨단지능형 자동차용 조명기기의 채용도 서서히 확대되고 있으며, 향후 괄목할만한 성장세를 보여 줄 것으로 예상된다. 향후 차세대 지능형 LED조명의 채택 확대에 따라, 보다 높은 기술적 수준이 요구되는 DRL(Daytime Running Lamp)와 RCL(Rear Combination Lamp)의 채용이 급속히 확산될 것이다. 특히 자동차 전조등에 요구되는 기술적 난이도가 높은 수준이나, 외국의 선발 자동차 부품업계의 적극적인 도입과 시제품 및 양산이 이루어져 있으므로, 앞으로 이 부품에 대한 시장이 급속히 형성될 것으로 보인다.

3) 자동차용 LED의 핵심원천기술

자동차에 LED 조명시스템을 성공적으로 적용하기 위해서는 먼저 방열설계 기술 및 방열재료 경량화가 필요하다. 자동차 엔진의 열 및 히터, 냉각기 등의 영향에 의한 LED조명의 신뢰성 저하를 방지하기 위해 방열구조 기술이 필요하고 LED자체 발열을 해결하기 위한 PCB, reflector, heat sink 등의 방열설계 및 구조설계, 구동회로설계 기술 등이 필요하다. LED 조명시스템의 중량 증가는 자동차 주행 효율의 저하를 가져오기 때문에, LED 조명 시스템에서 가장 많은 중량을 차지하는 방열 재료의 경량화가 매우 중요한 요소기술이다.

또한 자동차 조명에 적합한 LED 광학 및 조명기구 기술로는 자동차의 디자인 특성을 살리면서 조명관련 광학기준에 적합하도록 하는 LED의 배치기술이 중요하다. 또한 광학렌즈 및 반사판 설계기술, 자동차 외부환경의 악조건(방수 및 방염, 충격, 진동 등)에서도 동작이 가능하도록 광학, 조명기구 재료 및 구조 설계기술이 필요하다.

그리고 자동차 환경에 적합한 조명 제어 및 저가격화 기술로는 에너지 절감효과 및 배터리 수명보장을 위한 LED조명 제어기술(주행속도에 따른 DRL 및 전조등 제어, 주위 밝기에 따른 전조등 밝기 조절 등)이 요구된다. 또한 LED의 고효율화에 따른 LED수량 절감과 이에 따른 광학 및 반사판의 재질 효율화에 의한 저가격화 기술이 요구된다.

다음에는 핵심원천기술 분야에 대해 앞으로 바람직한 기술개발 방향을 살펴보면 다음과 같다. 우선 고신뢰성 방열 제어기술은 기술발전 단계이며, 기술적 우위를 선점하고 있는 선진국의 다수 기업체가 존재하고 있다. 기술력 확보를 위해서는 선점특허 회피설계를 통한 기술획득전략이 필요하며, 장수명 내구성 LED 칩의 최적화 공정기술 등과 연계한 전략이 필요하다.

극한환경에서 고신뢰성 및 내구성 LED 패키지공정 및 설계기술은 최근 연구개발이 매우 활발하게 이뤄지는 기술 발전단계에 있다. 이 분야도 기술적 우위를 선점하고 있는 해외 선발기업이 특허를 선점하고 있어, 개발방향을 면밀히 검토 후에 추진되어야 할 것이다. 기술력 확보를 위해서는 R&D 전략수립이 필요하며, 기술적 우위를 선점하고 있는 다수의 장벽특허로 우회하는 방향을 찾아야 할 것이다. 내구성의 최적배광 LED 조명기구 설계 및 제작기술은 여러 경쟁기업에 의해 많은 기술개발 성과와 관련 특허가 선점되어 있다. 경쟁기업과의 전략적 제휴를 통해 분쟁을 회피하거나, 새로운 신기술을 통해 대응전략을 수립해야 할 것이다. 또한 이는 LED소재 및 부품기술과 연계한 R&D전략이 필요하다.

극한환경 변화에 신속 대응하는 고신뢰성 구동회로 기술은 최근까지 다양한 경쟁기업에 의해 많은 기술개발 성과를 나타내고 있으며, 이미 성숙한 기술 분야이다. 기술을 선점하고 있는 기업이 많으나, 향후 시장이 확대될 가능성이 높아 기술력 확보가 필요하다. 자동차용에 적합한 구동회로 기술을 중심으로 적절한 연구개발 전략이 필요하다.

자동차용 인공지능형 LED 조명시스템 제어기술은 아직 미개척분야로 기술적 중요성을 감안하여 집중적 개발을 진행할 필요가 있다. 향후 시장이 확대될 가능성이 큰 분야이므로, 기술력 확보를 위한 적극적인 연구개발 전략이 필요하다.

자동차에서 디자인을 자유롭게 할 수 있는 패키지 및 조명기구 개발기술은 다른 기술에 비해 최근에 연구개발이 진행되어 오고 있는 분야이다. 경쟁기업이 적은 편이나 기술진입이 용이하여, 향후 경쟁이 치열할 것으로 보인다. 자동차용 LED조명은 디자인이 필수분야이므로, 최근 연구개발의 집중도가 높아지고 있다.

그리고 자동차용 LED조명의 시험평가 기술도 마련되어 있어야 한다. 시험평가에 사용되는 평가장비 관련 기술분야를 중심으로 R&D전략이 필요하다.

자동차용 LED기술은 현재 세계적인 기술도입단계에 있는 기술로서, 세계 각국들이 LED기술의 선점을 위해 국가 전략적 차원에서 기술개발정책을 집중적으로 수립하고 있다. LED기술을 선점하고 있는 미국, 유럽, 일본의 선진기업들은 높은 기술장벽을 형성하고 있으며, 후발 주자의 진입을 막기 위한 특허소송을 빈번하게 단행하는 상황이다.

하지만 LED기술은 부가가치가 높은 기술이고, 향후 비약적으로 발전할 가능성이 높은 분야이므로, 국가적 차원의 전략적 육성이 필요하다.

우리나라는 LED산업의 높은 성장 가능성에 따라, 최근 여러 대기업의 LED 진출이 급속히 확대되고 있으나, 대부분이 LED칩 및 패키지 부문에 주력하고 있다. LED의 대표적 응용분야인 조명분야는 중소기업 중심의 영세한 산업구조이므로, 대기업과 중소·벤처기업의 전략적 협력 체제를 통한 경쟁력 확보가 필요하다.

한국은 원천기술 확보 측면에서는 미국, 유럽, 일본의 기술선진국에 비해 늦은 편이나, 세계 최고수준의 반도체·디스플레이 기술력을 기반으로 집중적인 R&D 투자가 이뤄진다면, 고효율LED기술을 중심으로 원천기술 확보가 가능하고 기술 선점이 가능하게 될 것이다.

〈표 11-2〉 자동차용 LED의 핵심원천기술

핵심 기술	기술 개요
고 내구성 LED 패키지 공정 및 설계기술	외부환경의 악조건(방수, 방염, 충격, 진동 등)에서도 동작 가능한 LED 패키지 공정 및 설계 기술
고신뢰성 방열제어기술	엔진, 히터, 냉각기 등의 영향에도 LED의 신뢰성 저하를 방지할 수 있는 방열 제어 기술
최적배광 LED 조명기구설계 및 제작기술	외부환경의 악조건에서도 동작 가능한 최적의 배광LED 조명기구 설계 및 제작기술
극한환경대응 고신뢰성 구동회로 기술	외부환경의 악조건에서도 신뢰성 있게 동작하는 LED조명 구동회로 기술
인공지능형 LED조명시스템 제어기술	제어가 어려운 위치의 LED조명을 제어하거나 여러 LED조명을 지능형으로 제어하는 기술
디자인 자유로운 패키지 및 조명기구 기술	자동차의 디자인 특성을 살리면서 조명관련 광학기준에 적합한 LED 램프의 배치 및 설계기술

학습활동.11 교수 · 학습 방법

교수 방법

- 가시광 통신의 응용과 활용에 대한 관련 용어, 구성, 방식 이해 정도를 파악한 후 수업을 진행한다.
- 교수자의 주도로 가시광 통신의 응용과 활용 등의 내용을 PPT 자료로 제시한 후 설명한다.
- 가능하면 사전에 개인별 학습 자료를 준비하여 모든 학생이 참여할 수 있는 문제 해결식 수업, 협력 수업이 가능하도록 한다.
- 가시광 통신의 응용과 활용 전 과정을 작업의 순서에 따라 단계적으로 실습이 이루어질 수 있도록 지도한다.
- 교재를 통해 수업을 준비하는데 있어서 필요한 모든 정보나 팁, 힌트 등 도움이 될 만한 내용들을 확인할 수 있다.
- 학생들이 만들게 될 각 모델들은 수업시간에 중점적으로 다뤄질 부분과 어휘, 질문, 답을 포함하고 있으며 또한 탐구할만한 추가적인 아이디어들도 포함하고 있다.

학습 방법

- 가시광 통신의 응용과 활용에 대한 관련 용어를 숙지하고, 가시광 통신의 응용과 활용에 대해 이해한다.
- 가시광 통신의 응용과 활용의 각 단계별 중점 사항을 체계적으로 학습한다.
- 가시광 통신의 응용과 활용의 수행순서의 전 과정을 실습한다.
- 가시광 통신의 응용과 활용의 내용을 이해한다.
- 가시광 통신의 응용과 활용을 이해하고 숙달이 될 때까지 학습한다

학습활동.11 평가 및 피드백

평가 준거

- 평가자는 피평가자가 수행 준거 및 평가 내용에 제시되어 있는 내용을 성공적으로 수행할 수 있는 지를 평가해야 한다.

학습내용	평가항목	성취수준		
		상	중	하
가시광 통신의 응용과 활용	가시광 통신의 응용과 활용를 이해할 수 있다.			

학습 11

평가 방법

- 작업 포트폴리오

학습내용	평가항목	성취수준		
		상	중	하
가시광 통신의 응용과 활용	가시광 통신의 응용과 활용를 이해할 수 있다.			

- 필기시험

학습내용	평가항목	성취수준		
		상	중	하
가시광 통신의 응용과 활용	가시광 통신의 응용과 활용를 이해할 수 있다.			

- 체크리스트를 통한 관찰

학습내용	평가항목	성취수준		
		상	중	하
가시광 통신의 응용과 활용	가시광 통신의 응용과 활용를 이해할 수 있다.			

피드백

1. 작업 포트폴리오
   - 제출한 보고서를 평가한 후 주요 사항에 대하여 표시하여 돌려준다.
2. 필기시험
   - 평가 결과 성적이 저조한 학생은 보고서 제출 기회를 부여한다.
3. 체크리스트를 통한 관찰
   - 실습 과정에서 평가한 후 개선해야 할 사항 등을 정리하여 돌려둔다.

참 | 고 | 자 | 료

1. 윤수근 외 3, "후미등의 가시광 통신을 이용한 이동상황에서의 영상센서 기반 차량간 거리 측정기법," 대한전기학회 논문지 66(6) pp. 935~941. 2017.6.
2. 주대영, "자동차용 LED조명기술과 시장동향," 과학기술정책, (178), 2010.3. PP.34-38.
3. Y. Tanaka, T. Komine, S. Haruyama and M. Nakagawa, "Indoor Visible Light Data Transmission System Utilizing White LED Lights," IEICE Trans. Communication, E86-B, pp. 2440-2454, 2003.
4. IEEE Standard Association, "IEEE Std. for Local and metropolitan are networks-Part 15.7: Short-Rang Wireless Optical Communication Using Visible Light," IEEE computer Society, Sept. 2011.
5. 국토해양부 해양정책국 해양영토개발과, "세계최고 수준 수중 무선통신 네트워크 기술 개발," 한국개발연구원 연구결과 보고서, 2011년.
6. http://www.lvx-system.com/
7. http://www.naka-lab.jp/
8. Ukida, H., et, al., "Visual Communication Using LED Panel and Video Camera for Mobile Object," In proc. of IEEE conference on Imaging Systems and Techniques (IST), pp. 321-326, Jul. 2012.
9. Deok-Rae Kim, et, al.,"Outdoor Visible Light Communication for inter-vehicle communication using Controller Area Network," In proc. of Fourth International conference on communications and electronics(ICCE), pp. 31-34, Aug. 2012.
10. TTAK.KO-10.0290, "가시광 무선통신 조명의 위치 정보 제공 기본 구조," 2008년 12월
11. 황준호, et, al., "가시광 무선 통신을 이용한 LBS 서비스 및 위치 측정 기술 동향," 한국통신학회지(정보와통신), vol. 28, no.12, pp. 61~68, 2011년 11월
12. 황준호, 유명식, "가시광 무선 통신을 이용한 TDoA 기반 실내 측위 시스템에서 파일럿 신호 인식 방식에 따른 측위 성능 분석," 한국통신학회 논문지, vol. 37, no.9, pp. 787~794, 2012년 9월.
13. S. Y. Jung, et, al., "TDOA-based optical wireless indoor locolization using LEd ceiling lamps," IEEE Trans. on Con. Elec., vol. 57, no. 4, Apr. 2011.
14. Madoka Nakajima, et, al.,"Indoor navigation system for visually impaired people using visible light communication and compensated geomagnetic sensing," In proc. of IEEE International Conference on Communications in China (ICCC), pp. 524-529, Aug. 2012.

저자약력

남 상 엽

- 공학박사
- 삼성종합기술원 정보시스템연구소 근무
- 모토로라반도체통신 기술연구소 근무
- 국제대학교 교수(현재)

안 병 구

- 공학박사(New Jersey Institute of Technology : NJIT)
- 포항산업과학연구원(RIST) 선임연구원 근무
- 홍익대학교 소프트웨어융합학과 교수(현재)

이 규 대

- 공학박사(고려대학교 전자공학과)
- 미국 조지아텍 연구교수(2001)
- 공주대학교 교수(현재)
- ICGHIT2018 General chair

가시광 통신 기술 활용

2018년 10월 15일 1판 1쇄 발행

저 자 남상엽 · 안병구 · 이규대
발행인 남 승 우

발행처 도서출판 상尙 학學 당堂

서울시 동작구 사당로9가길 6(사당동)
TEL : 02) 595-1692~4
FAX : 02) 595-1394
E-mail : namdoo6@unitel.co.kr

신고 : 2-155호 (1968. 11. 29)

정가 22,000원

ISBN 978-89-6587-172-9 93560

※ 이 책의 저작권은 저자에게 있으며, 저자의 동의 없이 복사 · 인용 · 복제 · 전재를 금합니다.

〈디자인〉 편집 엄해숙 / 표지 토틀컴